여행은 꿈꾸는 순간, 시작된다

KB201092

여행 준비
체크리스트

D-60	여행 정보 수집 & 여권 만들기	☐ 가이드북, 블로그, 유튜브 등에서 여행 정보 수집하기 ☐ 여권 발급 or 유효기간 확인하기
D-50	항공권 예약하기	☐ 항공사 or 여행 플랫폼 가격 비교하기 ★ 저렴한 항공권을 찾아보고 싶다면 미리 항공사나 여행 플랫폼 앱 다운받아 　가격 알림 신청해두기
D-40	숙소 예약하기	☐ 교통 편의성과 여행 테마를 고려해 숙박 지역 먼저 선택하기 ☐ 숙소 가격 비교 후 예약하기
D-30	여행 일정 및 예산 짜기	☐ 여행 기간과 테마에 맞춰 일정 계획하기 ☐ 일정을 고려해 상세 예산 짜보기
D-20	현지 투어, 교통편 예약 & 여행자 보험 및 필요 서류 준비하기	☐ 내 일정에 필요한 패스와 입장권, 투어 프로그램 확인 후 예약하기 ☐ 여행자 보험, 국제운전면허증, 국제학생증 등 신청하기
D-10	예산 고려하여 환전하기	☐ 환율 우대, 쿠폰 등 주거래 은행 및 각종 앱에서 받을 수 있는 　혜택 알아보기 ☐ 해외에서 사용할 수 있는 여행용 체크(신용)카드 준비하기
D-7	데이터 서비스 선택하기	☐ 여행 스타일에 맞춰 로밍, 포켓 와이파이, 유심, 이심 결정하기 ★ 여러 명이 함께 사용한다면 포켓 와이파이, 장기 여행이라면 　유심이나 이심, 가장 간편한 방법을 찾는다면 로밍
D-1	짐 꾸리기 & 최종 점검	☐ 짐을 싼 후 빠진 것은 없는지 여행 준비물 체크리스트 보고 확인하기 ☐ 기내 반입할 수 없는 물품을 다시 확인해 위탁수하물용 캐리어에 　넣기 ☐ 항공권 온라인 체크인하기
D-DAY	출국하기	☐ 여권, 비자, 항공권, 숙소 바우처, 여행자 보험 증서 등 필수 준비물 　확인하기 ☐ 공항 터미널 확인 후 출발 시각 3시간 전에 도착하기 ☐ 공항에서 포켓 와이파이 등 필요 물품 수령하기

여행 준비물
체크리스트

필수 준비물

- ☐ 여권(유효기간 6개월 이상)
- ☐ 여권 사본, 사진
- ☐ 항공권(E-Ticket)
- ☐ 바우처(호텔, 현지 투어 등)
- ☐ 현금
- ☐ 해외여행용 체크(신용)카드
- ☐ 각종 증명서(여행자 보험, 국제운전면허증 등)

기내 용품

- ☐ 볼펜(입국신고서 작성용)
- ☐ 수면 안대
- ☐ 목베개
- ☐ 귀마개
- ☐ 가이드북, 영화, 드라마 등 볼거리
- ☐ 수분 크림, 립밤
- ☐ 얇은 외투

전자 기기

- ☐ 노트북 등 전자 기기
- ☐ 휴대폰 등 각종 충전기
- ☐ 보조 배터리
- ☐ 멀티탭
- ☐ 카메라, 셀카봉
- ☐ 포켓 와이파이, 유심칩
- ☐ 멀티어댑터

의류 & 신발

- ☐ 현지 날씨 상황에 맞는 옷
- ☐ 속옷
- ☐ 잠옷
- ☐ 수영복, 비치웨어
- ☐ 양말
- ☐ 여벌 신발
- ☐ 슬리퍼

세면도구 & 화장품

- ☐ 치약 & 칫솔
- ☐ 면도기
- ☐ 샴푸 & 린스
- ☐ 바디워시
- ☐ 선크림
- ☐ 화장품
- ☐ 클렌징 제품

기타 용품

- ☐ 지퍼백, 비닐 봉투
- ☐ 보조 가방
- ☐ 선글라스
- ☐ 간식
- ☐ 벌레 퇴치제
- ☐ 비상약, 상비약
- ☐ 우산
- ☐ 휴지, 물티슈

출국 전 최종 점검 사항

① 여권 확인
② 항공권의 출국 공항 터미널 확인
③ 위탁수하물 캐리어 크기 및 무게 측정
  (항공사별로 다르므로 홈페이지에서 미리 확인)
④ 기내 반입 불가 품목 확인
⑤ 유심, 포켓 와이파이 등 수령 장소 확인

리얼
포르투갈

여행 정보 기준

이 책은 2025년 2월까지 취재한 정보를 바탕으로 만들었습니다.
정확한 정보를 싣고자 노력했지만, 여행 가이드북의 특성상
책에서 소개한 정보는 현지 사정에 따라 수시로 변경될 수 있습니다.
변경된 정보는 개정판에 반영해 더욱 실용적인 가이드북을 만들겠습니다.

한빛라이프 여행팀 ask_life@hanbit.co.kr

리얼 포르투갈

초판 발행 2024년 1월 2일
개정판 1쇄 2025년 3월 27일

지은이 우지경 / **펴낸이** 김태현
총괄 임규근 / **팀장** 고현진 / **책임편집** 김윤화
교정교열 지소연 / **디자인** 천승훈 / **지도·일러스트** 디자인 릿
영업 문윤식, 신희용, 조유미 / **마케팅** 신우섭, 손희정, 박수미, 송수현 / **제작** 박성우, 김정우 / **전자책** 김선아

펴낸곳 한빛라이프 / **주소** 서울시 서대문구 연희로 2길 62 한빛빌딩
전화 02-336-7129 / **팩스** 02-325-6300
등록 2013년 11월 14일 제25100-2017-000059호
ISBN 979-11-94725-02-2 14980, 979-11-85933-52-8 14980(세트)

한빛라이프는 한빛미디어(주)의 실용 브랜드로 우리의 일상을 환히 비추는 책을 펴냅니다.

이 책에 대한 의견이나 오탈자 및 잘못된 내용은 출판사 홈페이지나 아래 이메일로 알려주십시오.
파본은 구매처에서 교환하실 수 있습니다. 책값은 뒤표지에 표시되어 있습니다.
한빛미디어 홈페이지 www.hanbit.co.kr / 이메일 ask_life@hanbit.co.kr
블로그 blog.naver.com/real_guide_ / 인스타그램 @real_guide_

지금 하지 않으면 할 수 없는 일이 있습니다.
책으로 펴내고 싶은 아이디어나 원고를 메일(writer@hanbit.co.kr)로 보내주세요.
한빛라이프는 여러분의 소중한 경험과 지식을 기다리고 있습니다.

포르투갈을 가장 멋지게 여행하는 방법

리얼
포르투갈

우지경 지음

HB 한빛라이프

"나랑 같이 스페인 갈래?" 1년 만에 전화를 건 친구 민효의 첫마디는 보이스 피싱인가 싶을 만큼 비현실적이었다. 혼자 가는 포상 휴가 겸 출장이 잡혔단다. 근사한 호텔에 재워주고 맛있는 밥도 사줄 테니 따라만 오란다. 이것 참, 도무지 거절할 수 없는 제안이 아닌가. 나는 웃으며 대답했다. "대신 조건이 있어. 포르투갈부터 여행하고 스페인으로 가자."

2014년 친구 덕에 궁금했던 포르투갈을 처음으로 여행했다. 리스본에서는 파스텔빛 건물 사이로 햇살이 춤추는 골목을 걷다 마주한 풍경에 반하고, 포르투에서는 아침부터 찬란한 히베이라의 풍경에 반했다. 두 도시의 골목은 마치 하나하나 맛보기 전에는 맛을 알 수 없는 초콜릿 상자 같았다. 그때 생각했다. 이렇게 좋은데 왜 포르투갈 단독 가이드북이 없지? 여행을 다녀온 후 나는 신문과 매거진에 부지런히 포르투갈 여행 기사를 썼다. 그다음 해에는 다시 포르투갈을 여행하고 가이드북을 썼다.

"여행한 나라 중 어디가 제일 좋았어요?"(여행작가라는 직업이 탄로 났을 때 가장 많이 듣는 말이다)라는 질문을 받을 때면 잠시 망설이는 척하다 아련한 눈빛으로 이렇게 말하곤 했다. "포르투갈이 정말 좋았어요. 가보면 거기서 살고 싶어질지도 몰라요."

코로나19 이후 다시 찾은 포르투갈의 거리에는 여전히 느긋하고 온화한 공기가 흘렀다. 세계 각국에서 온 여행자들은 포르투갈의 햇살 아래 비로소 여유를 찾았다는 듯 미소 짓고 있었다. 긴 여행에서 돌아와, 설렘 반 걱정 반으로 포르투갈 여행을 준비하는 여행자를 떠올리며 원고를 썼다.

나의 원고와 사진은 여행자의 시선에서 모든 파트를 촘촘하게 편집한 김윤화 편집자님, 글이 잘 전달되도록 교정·교열을 본 지소연 교정자님, 포르투갈의 매력이 한껏 드러나게 디자인한 천승훈 디자이너님, 지도와 일러스트를 멋지게 그려준 박은정 일러스트레이터님이 있었기에 더욱 단단한 가이드북이 되어 세상에 나올 수 있었다. 한 권의 책을 위해 각자 맡은 분야에서 긴 시간과 에너지를 아낌없이 쏟은 전문가 네 사람에게 감사의 인사를 전한다.

무심코 책을 집어 든 독자님이 '리얼 포르투갈'의 책장을 넘기다 문득 리스본행 비행기 표를 알아본다면 기쁠 것이다. 이 책이 곧 포르투갈로 여행을 떠날 독자님의 든든한 여행 친구가 된다면 더욱 기쁠 것이다. 기대가 현실이 되길 기대하며,

Boa viagem!

우지경   12년 차 여행작가. 공간 수집가, 음식 탐험가. 여행하며 낯선 나라에 익숙한 공간과 메뉴가 늘어나는 게 참 좋다. 여행의 경험을 사진과 글로 알리는 것은 더 좋다. 이 즐거운 일을 오래오래 하기 위해 매일 수영하고 글을 쓴다. 전 세계의 멋진 수영장에서 헤엄치는 작가가 되고 싶다. 《떠나고 싶은 마음은 굴뚝같지만》, 《스톱오버 헬싱키》, 《배틀트립》을 썼으며, 서점과 도서관 등에서 글쓰기 강의를 하고 있다. 《오스트리아 홀리데이》, 《홍콩 마카오 홀리데이》, 《괌 홀리데이》, 《타이완 홀리데이》, 《반나절 주말여행》도 공저로 썼다.

인스타그램 @traveletter

©leewoojeong

일러두기

- 이 책은 2025년 2월까지 취재한 정보를 바탕으로 만들었습니다. 정확한 정보를 싣고자 노력했지만, 여행 가이드북의 특성상 책에서 소개한 정보는 현지 사정에 따라 수시로 변경될 수 있습니다. 여행을 떠나기 직전에 한 번 더 확인하시기 바라며 변경된 정보는 개정판에 반영해 더욱 실용적인 가이드북을 만들겠습니다.

- 포르투갈어의 한글 표기는 국립국어원의 외래어 표기법을 최대한 따랐습니다. 다만, 우리에게 익숙하거나 그 표현이 굳어진 지명과 인명, 관광지명 등은 관용적인 표현을 사용했습니다.

- 지역 구분의 경우, 포르투와 리스본의 시내 중심은 여행자가 쉽게 이해할 수 있도록 상 벤투 역과 아우구스타 거리를 기준으로 구역을 나누었습니다. 해당 구역의 지명은 원어로 함께 병기했습니다.

- 대중교통 및 도보 이동 시의 소요 시간은 대략적으로 적었으며 현지 사정에 따라 달라질 수 있으니 참고용으로 확인해주시기 바랍니다. 택시 이동 요금의 경우 우버, 볼트 등과 같은 모바일 차량 배차 서비스 앱을 기준으로 합니다. 일반 택시보다 저렴하고, 예상 요금과 소요 시간도 미리 알 수 있어 포르투갈 여행 시 적극 이용하기를 추천합니다.

- 전화번호의 경우 국가 번호와 지역 번호를 넣어 +351-220-123-456의 형태로 표기했습니다. 포르투갈은 보통 지역 번호가 들어간 전화번호를 세 자리씩 끊어 표기하므로 해당 표기를 따랐습니다. 국제 전화 사용 시 국제 전화 서비스 번호를 누르고 표기된 + 이후의 번호를 그대로 누르면 됩니다.

- 이 책에 수록된 지도는 기본적으로 북쪽이 위를 향하는 정방향으로 되어 있습니다. 정방향이 아닌 경우 별도의 방위 표시가 있습니다.

주요 기호

🏃 가는 방법	📍 주소	🕐 운영 시간	❌ 휴무일	€ 요금	📞 전화번호
🏠 홈페이지	🏃 명소	🛍 상점	🍴 맛집	✈ 공항	🚆 기차역
Ⓜ 포르투 지하철역	🇱 리스본 지하철역	ⓑ 버스 터미널/정류장	🚊 트램 정류장		
아센소르/푸니쿨라 정류장	케이블카 정류장	페리 터미널/선착장	❶ 관광안내소		

구글맵 QR코드

각 지도에 담긴 QR코드를 스캔하면 소개된 장소들의 위치가 표시된 구글맵을 스마트폰에서 볼 수 있습니다. '지도 앱으로 보기'를 선택하고 구글맵 앱으로 연결하면 거리 탐색, 경로 찾기 등을 더욱 편하게 이용할 수 있습니다. 앱을 닫은 후 지도를 다시 보려면 구글맵 앱 하단의 '저장됨'-'지도'로 이동해 원하는 지도명을 선택합니다.

리얼 시리즈 100% 활용법

PART 1
여행지 개념 정보 파악하기

포르투갈에서 꼭 가봐야 할 장소부터 여행 시 알아두면 도움이 되는 국가 및 지역 특성에 대한 정보를 소개합니다. 여행지에 대한 개념 정보를 수록하고 있어 여행을 미리 그려볼 수 있습니다.

PART 2
테마별 여행 정보 살펴보기

포르투갈을 가장 멋지게 여행할 수 있는 각종 테마 정보를 보여줍니다. 자신의 취향에 맞는 키워드를 찾아 내용을 확인하세요. 파트 3에 소개된 장소는 페이지가 연동되어 있어 더 자세한 정보를 확인할 수 있습니다.

PART 3
지역별 정보 확인하기

포르투갈에서 가보면 좋은 장소들을 지역별로 소개합니다. 볼거리부터 쇼핑 플레이스, 맛집, 카페 등 꼭 가봐야 하는 인기 명소부터 저자가 발굴해낸 숨은 장소까지 포르투갈을 속속들이 소개합니다.

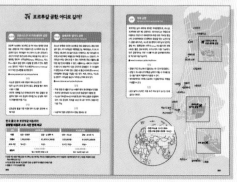

PART 4
실전 여행 준비하기

여행 시 꼭 준비해야 하는 정보만 모았습니다. 예약 사항부터 일정을 짜는 데 중요한 추천 코스 정보까지 여행을 준비하는 순서대로 구성되어 있습니다. 차근차근 따라 하며 빠트린 것은 없는지 잘 확인합니다.

차례

Contents

작가의 말   004

일러두기   006

PART 1

미리 보는
포르투갈 여행

우리가 포르투갈에 가야 하는 이유   014

포르투갈 한눈에 보기   020

포르투갈 여행 기본 정보   024

적기를 찾는 포르투갈 여행 캘린더   026

주요 사건으로 보는 포르투갈 역사   028

현지에서 유용한 포르투갈어   030

포르투갈 추천 여행 코스   032

PART 2

가장 멋진
포르투갈 테마 여행

🏃 포르투 vs 리스본 매력 비교   044

포르투갈의 유네스코 세계문화유산   048

구석구석 골목 따라 동네 산책   052

푸른 아줄레주의 낭만   056

마누엘 양식 들여다보기   058

대서양의 푸른 해변 즐기기   060

사우다드의 노래, 파두   062

영화와 소설로 미리 만나는 리스본   063

🍴 해산물 천국 포르투갈 먹킷리스트   064

한국인 입맛에 잘 맞는 해물밥   066

포르투갈 소울 푸드 바칼라우   068

고기 러버를 위한 메뉴   070

포르투갈 레스토랑 이용 가이드   072

매일 먹어도 좋은 파스텔 드 나타   074

향긋하고 진한 포르투갈식 커피   076

로컬 맥주의 청량한 매력   077

포르투갈 와인의 세계   078

포트와인 셀러 투어   080

🛍 포르투갈의 개성 만점 대표 브랜드   082

감성 가득 포르투갈 기념품   084

로컬 식료품 가이드   086

PART 3

진짜 포르투갈을
만나는 시간

포르투

리스본에서 포르투로 가는 법	094
포르투 공항에서 시내로 이동	095
포르투의 대중교통	096
포르투 지하철 노선도	098
교통카드와 시티패스	099
포르투 시내 한눈에 보기	100
포르투 2박 3일 추천 코스	102
AREA … ① 상 벤투 역 남쪽	106
AREA … ② 상 벤투 역 북쪽	125
AREA … ③ 빌라 노바 드 가이아	142
AREA … ④ 보아비스타·포즈·마토지뉴스	155

포르투 근교

포르투 근교 한눈에 보기	170
AREA … ① 아베이루·코스타 노바	172
AREA … ② 브라가·기마랑이스	184

리스본

포르투에서 리스본으로 가는 법	200
리스본 공항에서 시내로 이동	201
리스본의 대중교통	202
리스본 지하철 노선도	204
리스본의 투어 상품	206
교통카드와 시티패스	207
리스본 시내 한눈에 보기	208
리스본 2박 3일 추천 코스	210
AREA … ① 아우구스타 거리 주변	214
AREA … ② 아우구스타 거리 서쪽	229
AREA … ③ 아우구스타 거리 동쪽	246
AREA … ④ 벨렘	261

리스본 근교

리스본 근교 한눈에 보기	276
AREA … ① 신트라	278
AREA … ② 카스카이스·카보 다 호카	292

포르투갈 중부

포르투갈 중부 한눈에 보기	308
AREA … ① 오비두스	310
AREA … ② 나자레	318
AREA … ③ 알코바사·바탈랴	328
AREA … ④ 토마르·파티마	338
AREA … ⑤ 코임브라	346

포르투갈 남부

포르투갈 남부 한눈에 보기	362
AREA … ① 라구스	364
AREA … ② 알부페이라·파루	376

리얼 가이드

●

도루강 유람, 하벨루 크루즈	114
아줄레주 벽화가 아름다운 성당 TOP 3	130
동 루이스 1세 다리를 오르는 3가지 방법	145
한눈에 보는 포트와인 셀러 투어	148
1번 트램 타고 푸른 해변으로	159
마토지뉴스 해변에서 서핑하기	162
알고 타면 더 재밌는 몰리세이루 보트 투어	177
바다를 낀 이색 사진 여행지, 코스타 노바	182
살아 있는 박물관 기마랑이스 산책	192
코메르시우 광장에서 떠나는 리버 크루즈	220
아센소르 타고 가는 전망대	234
페리 타고 가는 알마다	244
28번 트램 앉아서 타는 법	250
발품 팔아 꼼꼼 비교! 알파마·그라사 전망대	254
제로니무스 수도원 관람 포인트	265
리스본 근교를 하루에 다 둘러보는 루트	283
페나성과 정원 구석구석 즐기기	286
색다른 대서양을 경험하다! 아제냐스 두 마르	291
카스카이스 해변 즐기기	298
유럽의 최서단 카보 다 호카	302
오비두스의 이색 축제	314
알코바사 수도원 관람 포인트	334
포르투갈 고딕 양식의 걸작 바탈랴 수도원	336
성모 마리아가 강림한 곳으로! 파티마 성소	344
여행자를 위한 구대학의 주요 볼거리	351
자연이 빚은 해안 절벽, 폰타 다 피에다드 즐기는 법	371
신비로운 비경 탐험, 베나길 동굴	374
알부페이라의 양대 해변 즐기기	381
공항 옆 항구 도시 산책, 파루	384

PART 4

실전에 강한 여행 준비

한눈에 보는 여행 준비	390
포르투갈 공항, 어디로 갈까?	392
숙소는 어느 지역이 좋을까?	394
여행 일정 정하기와 경비 절약의 팁	396
어떤 교통편을 예약할까?	397
어떤 입장권과 투어를 예약할까?	402
현지에서 어떤 앱이 필요할까?	403
해외 데이터는 어떤 것으로 사용할까?	404
한국에서 포르투갈로, 출입국 절차	405
찾아보기	406

PART 1

미리 보는
포르투갈
여행

우리가 포르투갈에 가야 하는 이유

Reason 1

마음을 빼앗는 포르투의 야경

▶P.146

Reason 2
파스텔 드 나타를 먹으며 보내는 달콤한 시간 ▸ P.074

Reason 3

대서양과 마주 보는
세상의 끝
▶P.302

Reason 4

전망대에서 펼쳐지는
주황빛 지붕의 향연
▶P.254

Reason 5

인생 사진을 찍을 수
있는 줄무늬 마을
▶P.182

Reason 6

오돌토돌 물결무늬 바닥,
칼사다 포르투게사가 있는 광장에서
현지 분위기 만끽 ▶**P.222**

Reason 7

리스본 대성당 앞을 지나는
28번 트램의 낭만 ▶**P.252**

Reason 8

서핑부터 해수욕까지
파도치는 해변에서 맛보는 여유 ▶**P.322**

Reason 9

극강의 신선함과 재료 본연의 맛을
자랑하는 해산물 요리
▶P.064

Reason 10

술꾼이라면 사랑해 마지않을 포트와인의 깊이감 ▶**P.148**

포르투갈 한눈에 보기

★ 최소 이동 시간 기준

Norte

Centro

Spain

Alentejo

Lisboa

Atlantic
Ocean

Algarve

브라가
버스 25분
기마랑이스
기차 1시간 10분
기차 1시간 10분
포르투
기차 1시간 15분
기차 1시간 20분
버스 35분
코스타 노바 · 아베이루
코임브라
기차 2시간 50분
버스 1시간 30분
버스 30분
바탈랴 파티마
버스 40분
나자레
토마르
버스 20분
알코바사
버스 1시간 10분
오비두스
버스 2시간
버스 1시간 45분
기차 2시간
버스 1시간
신트라
버스 40분
버스 1시간 35분
카보 다 호카
버스 1시간 30분
버스 40분
카스카이스
리스본
기차 40분
기차 40분
비행기 45분
기차 2시간 30분
비행기 1시간 10분
버스 3시간 40분
라구스 · 알부페이라
파루
기차 1시간 10분
기차 30분

북부
Norte

포르투갈 북부는 여름에 가장 시원하고 겨울에는 비가 가장 많이 오는 지역이다. 중심 도시는 포르투갈 제2의 도시 포르투이고 근교 여행지로 브라가와 기마랑이스가 있다.

포르투 Porto

포르투갈의 어원이 된 항구 도시이자 포트와인의 발상지. 빈티지한 매력이 넘치는 포르투갈 제2의 도시다.

MUST VISIT

상 벤투 역 P.108, 렐루 서점 P.129, 동 루이스 1세 다리 P.144, 모루 정원 P.146, 포트와인 셀러 투어 P.148

브라가 Braga

포르투갈에서 가장 오래된 도시로 산 위 성당을 오르는 '오감의 계단'과 '삼덕의 계단'이 아름답다.

MUST VISIT

봉 제수스 두 몬트 P.189

기마랑이스 Guimarães

포르투갈 초대 왕을 배출한 도시로 건국의 역사가 깃든 유적이 오롯이 남아 있다.

MUST VISIT

기마랑이스성 P.193, 브라간사 공작 저택 P.194

중부
Centro

대서양에 면한 서쪽 해안을 따라 지역색 짙은 소도시가 점점이 이어진다. 중부 내륙에는 유네스코 세계문화유산에 등재된 고색창연한 세 수도원이 근거리에 모여 있다.

아베이루 Aveiro

옛 기차역이 아름다운 운하의 도시. 달콤한 오부스 몰레스를 맛보며 몰리세이루 배를 타는 재미가 있다.

MUST VISIT

아베이루 운하 & 몰리세이루 P.176, 엠1882 P.181

코스타 노바 Costa Nova

오색찬란한 줄무늬 마을로 유명해진 어촌 마을. 마을 뒤 코스타 노바 해변도 아름답다.

MUST VISIT

코스타 노바 줄무늬 마을 P.182

코임브라 Coimbra

고풍스러운 대학 도시로 대학 도서관이 아름답기로
유명하며, 코임브라의 감미로운 파두도 즐길 거리다.

MUST VISIT

코임브라 대학교 P.350

알코바사·바탈랴 Alcobaça·Batalha

중부 내륙의 호젓한 소도시로 유네스코
세계문화유산으로 등재된 수도원을 보러 간다.

MUST VISIT

알코바사 수도원 P.333, 바탈랴 수도원 P.336

토마르·파티마 Tomar·Fátima

토마르의 크리스투 수도원이 기사단의
숨결이 깃든 유적지라면, 파티마 성소는
기도를 위해 찾는 순례 성지다.

MUST VISIT

크리스투 수도원 P.341, 파티마 성소 P.344

나자레 Nazaré

매년 겨울 거대한 파도를 타러
세계 각국의 서퍼들이 몰려온다.
기독교의 성지 순례로도 유명하다.

MUST VISIT

수베르쿠 전망대 P.323,
나자레 등대 P.325

오비두스 Óbidos

중세 성벽에 감싸 안긴 오비두스는
초콜릿 잔에 따라 먹는 달콤한 체리주,
진지냐로 유명하다.

MUST VISIT

오비두스성 P.313, 바 이븐 에릭 렉스 P.316

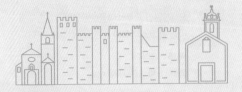

리스본
Lisboa

리스본(포르투갈어로 리스보아)은 포르투갈 수도를 뜻할 뿐 아니라 신트라 와 아제냐스 두 마르, 카보 다 호카, 카스카이스 지역을 포함한 대도시권을 의미한다. 북부나 중부에 비해 일조량이 많고 기온이 따뜻하다.

리스본 Lisboa

트램과 아센소르를 타고 누비는 언덕의 도시. 골목을 탐험하다 만나는 전망대 위에서 환상적인 도시 전망을 즐길 수 있다.

MUST VISIT

코메르시우 광장 P.218, 아센소르 다 비카 P.234, 타임아웃 마켓 P.236, 상 조르즈 성 P.249, 제로니무스 수도원 P.264, 포르타스 두 솔 전망대 P.255

신트라 Sintra

왕족의 여름 궁전이 남아 있는 신트라에는 동화 속 풍경을 누비는 즐거움이 있다.

MUST VISIT

페나성 & 정원 P.285, 무어성 P.287, 피리퀴타 I P.290

카스카이스 Cascais

고급 리조트가 즐비한 여름 휴양지로 해변과 구시가를 동시에 즐길 수 있다.

MUST VISIT

하이냐 해변 P.298, 산타 마르타 등대 박물관 P.297

알렌테주
Alentejo

'테주강 건너'라는 뜻의 알렌테주Além-Tejo는 포도밭과 올리브 농장이 펼쳐지는 중남부 내륙 지방이다. 대중교통이 발달하지 않아 렌터카로 둘러보기 좋으며, 대표 도시로는 중세 성곽과 성당이 남아 있는 에보라Évora가 있다.

알가르브
Algarve

포르투갈에서 연중 가장 맑고 따뜻한 지역이다. 남부 해안가의 대표 도시는 라구스Lagos와 파루Faro로 초여름부터 초가을까지 휴가지로 인기다.

라구스 Lagos

남부 특유의 해안선을 따라 아름다운 해변이 곳곳에 펼쳐진다. 여름철에는 수영과 일광욕을, 다른 계절에는 트레킹을 즐기기 좋다.

MUST VISIT

도나 아나 해변 P.370, 카밀루 해변 P.370, 베나길 동굴 P.374

알부페이라·파루 Albufeira·Faro

눈이 부시게 흰 구시가와 긴 해변이 이어지는 완벽한 휴가지다. 알부페이라에 머물며 베나길 동굴 투어를 하면 돌고래 관람도 가능하다.

MUST VISIT

알부페이라 구시가 P.380, 페스카도르스 해변 P.381

포르투갈 여행 기본 정보

국명

포르투갈 Portugal

포르투칼이 아니라 포르투갈로
읽어야 한다.

시차

포르투갈 10:00
→ 한국 18:00

한국보다 8시간 느리다.
서머타임(3월 마지막 월요일부터
10월 마지막 토요일까지) 기간에는
9시간 느리다.

수도

리스본 Lisbon

포르투갈어로는
리스보아Lisboa라고 표기한다.

비행시간

인천-리스본
약 15시간 35분~
인천-포르투(1회 경유 시)
약 18시간~

인천에서 리스본까지는 대한항공
이 매주 수·금·일요일에 직항을 운
항한다. 인천에서 포르투까지 직
항이 없어 파리, 암스테르담, 프랑
크푸르트, 아부다비, 이스탄불 등
을 경유해서 가야 한다.

언어

포르투갈어

글자는 알파벳 사용

비자

관광 90일 무비자 입국

통화

유로 €

EU 가입국으로 1999년부터
유로를 쓴다.

환율

€1 = 약 1,500원

화폐

동전 8종

€0.01(=1센트)

€0.02(=2센트)

€0.05(=5센트)

€0.10(=10센트)

€0.20(=20센트)

€0.50(=50센트)

€1

€2

지폐 7종

€5

€10

€20

€50

€100

€200

€500

전압

220V, 50Hz

우리나라 전기제품 대부분의 플러그를 꽂을 수 있다.

와이파이

한국과 비교하면 속도가 느린 편이지만 호텔, 버스, 지하철역, 레스토랑 등 곳곳에서 무료 와이파이를 이용할 수 있다. 이동할 때 지도나 교통 관련 앱을 원활하게 쓰려면 현지 심카드를 구입해 사용하는 방법을 추천한다.

팁

필수 아님

레스토랑이나 카페에서 팁은 필수가 아니다. 고마움을 표현하고 싶을 때는 5~10% 정도 팁을 줘도 좋다.

전화

· 포르투갈 국가 번호 +351

· 리스본 지역 번호 **21**
· 포르투 지역 번호 **22**

물가

서유럽 국가 중 저렴한 편이나 유로 환율이 오르면 체감 물가가 올라간다. 리스본보다 포르투 물가가 낮고, 포르투보다 소도시 물가가 낮다. 커피나 맥주 가격은 한국보다 저렴하지만, 지하철 요금은 한국보다 비싸다.

아메리카노
€2(한화 약 3,000원)
VS
3,500원

에그타르트
€1.5(한화 약 2,250원)
VS
3,000원

맥주
€1.5(한화 약 2,250원)
VS
5,000원

지하철 기본요금
리스본 €1.85(한화 약 2,750원)
VS
서울 1,550원

주요 대중교통

포르투갈 국영 철도 CP를 이용해 포르투갈 도시 간 이동이 가능하다. 리스본과 포르투를 오갈 때나 리스본 근교, 포르투 근교를 여행할 때 유용하다. 버스는 기차보다 요금은 저렴하면서도 편안한 시설로 여행자의 발이 되어주는 교통수단이다. 리스본과 포르투는 지하철, 시내버스, 트램 등 대중교통이 발달했다.

기차 CP

버스 Bus

지하철 Metro

트램 Tram

아센소르 Ascensor

긴급 연락처

여행 중 여권 분실, 각종 사건 사고로 인한 긴급 상황 발생 시 리스본 주재 대한민국 대사관에서 도움을 받을 수 있다. 현금과 신용카드를 분실 또는 도난당하거나 여행 기간을 연장해 여행 경비가 부족할 경우, 긴급 경비를 신청하면 1회 최대 $3,000 상당의 유로화를 지원받을 수 있다. 신청인의 국내 연고자가 외교부 영사콜센터로 송금하면 대사관에서 신청자에게 긴급 경비를 지급하는 시스템이다.

주포르투갈 대한민국 대사관

🚶 지하철 Az선 상 세바스티앙São Sebastião 역에서 도보 11분
📍 Avenida Miguel Bombarda 36-7, 1050-165
🕘 09:00~12:00, 14:00~17:00 ✖ 주말, 공휴일
📞 +351-217-937-200(근무 시간 외 +351-910-795-055)
🏠 overseas.mofa.go.kr/pt-ko/index.do

적기를 찾는 포르투갈 여행 캘린더

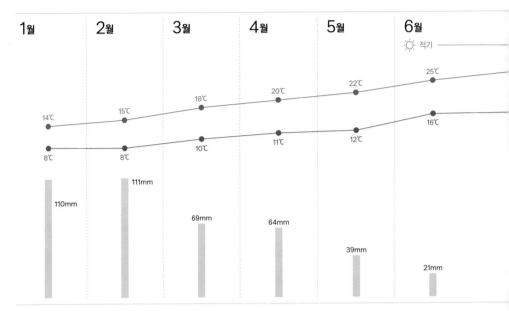

| 1월 | 2월 | 3월 | 4월 | 5월 | 6월 |

☼ 적기

14℃ / 15℃ / 18℃ / 20℃ / 22℃ / 25℃

8℃ / 8℃ / 10℃ / 11℃ / 12℃ / 16℃

110mm / 111mm / 69mm / 64mm / 39mm / 21mm

봄
3~5월

포근한 봄은 춥지도 덥지도 않아 걷기 좋은 계절이다. 오렌지 나무를 가로수로 심어놓아 거리에 오렌지 꽃향기가 진동하는 계절이기도 하다. 강가나 바닷가는 바람이 세고 일교차가 커지니 겉옷과 스카프를 챙겨 가자.

여름
6~9월

비가 내리지 않고 맑은 날이 이어져 여행하기 가장 좋은 계절이다. 평균 기온 16~30℃를 오가는 날씨로, 한국의 여름처럼 습도가 높지 않아 그늘에 있으면 시원하다. 햇살이 강하므로 선크림과 모자, 선글라스는 필수다.

법정 공휴일　★ 2025년 기준

- **1/1**　새해 첫날
- **4/20**　부활절
- **4/25**　자유의 날(카네이션 혁명 기념일)
- **5/1**　노동절
- **6/10**　포르투갈의 날
　　　　(시인 루이스 드 카몽이스의 죽음을 기리는 날)
- **6/19**　성체축일
- **8/15**　성모승천일
- **10/5**　공화국 선포 기념일
- **11/1**　모든 성인의 날
- **12/1**　독립기념일
- **12/8**　성령 수태일
- **12/25**　성탄절

대표 축제

5월 첫째 주 금요일

케이마 다스 피타스 Queima das Fitas

in 코임브라 P.346

코임브라 대학교 졸업 시즌, 5월 첫째 주 금요일부터 약 일주일간 파두 공연과 학과별 졸업생 퍼레이드가 열리며 밤늦도록 흥겨운 파티 분위기가 이어진다. 케이마 다스 피타스는 '리본 태우기'라는 뜻으로 코임브라 대학교 졸업생들이 전공서에 묶는 리본을 태우는 의식에서 유래한 이름이다. 법학과는 빨간색, 약학과는 보라색, 의대는 노란색 등 학과마다 리본도 가지각색이다.

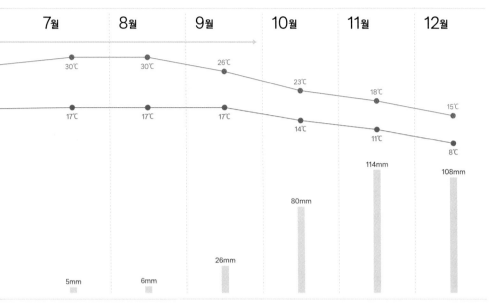

● 평균 최고기온   ● 평균 최저기온   ▪ 강수량

| 7월 | 8월 | 9월 | 10월 | 11월 | 12월 |

30℃ 30℃ 26℃ 23℃ 18℃ 15℃

17℃ 17℃ 17℃ 14℃ 11℃ 8℃

114mm 108mm 80mm 26mm 5mm 6mm

가을
10~11월

평균 기온 11~23℃ 정도의 날씨로 다른 유럽 도시에 비해 따뜻한 편이다. 아침저녁으로 선선한 바람이 불어와 일교차가 크니 긴소매와 외투를 챙겨야 한다. 11월로 갈수록 비가 자주 내려 습한 날씨가 이어진다.

겨울
12~2월

평균 최저기온은 8℃, 평균 최고기온은 15℃ 정도로 한국의 늦가을 날씨와 비슷하다. 겨울에도 노천카페나 레스토랑에서 시간을 보내기 좋다. 단, 북부로 갈수록 비가 자주 내리므로 우산이나 우비를 가지고 다니기를 추천한다.

6월 12~14일
산투 안토니우 축제 Festa de Santo António
in 리스본 P.196

매년 6월에 리스본의 수호성인 안토니우를 기리는 축제가 열린다. 풍어를 기원하며 정어리를 나눠 먹는 것이 전통이 되어 정어리 축제로도 불린다. 산투 안토니우를 기리는 성당이 있는 아우구스타 거리 동쪽 알파마의 골목을 비롯해 리스본 곳곳에 정어리 굽는 냄새가 진동을 한다. 6월 13일 밤에는 리베르다드 거리에서 화려한 퍼레이드도 열린다.

6월 24일
상 주앙 축제 Festa de São João
in 포르투 P.090

시작은 성인 상 주앙의 탄신일을 기리기 위한 종교 축제였으나, 포르투 시민들의 거리 축제로 변화했다. 전날인 6월 23일 오후부터 자정까지 히베이라 광장과 도루강 변에서 퍼레이드, 콘서트, 불꽃놀이 등이 열린다. 상 주앙 축제의 하이라이트는 서로의 복을 빌어주는 **뿅망치** 때리기다. 밤이면 **뿅망치**를 든 사람들이 무작위로 머리를 때리며 논다. 뿅망치는 노점상에서 살 수 있다.

주요 사건으로 보는 포르투갈 역사

1~710년
로마 제국 시대

로마 제국의 지배를 받기 전 포르투갈은 페니키아인, 그리스인 등 다양한 민족이 이주해 살던 땅이었다. 로마 제국이 2차 포에니 전쟁 이후 이베리아반도(현재 스페인·포르투갈)로 세력을 확장하며 포르투갈까지 영토를 확장했다. 이후 로마제국이 쇠퇴하자 서고트족이 이베리아반도를 점령하여 포르투갈은 서고트족의 영토가 되었다.

spot 마샤두 드 카스트루 국립 미술관 P.352

711~1249년
이슬람(무어) 점령기

711년 이슬람교를 믿는 북아프리카 무어인Moor이 지브롤터 해협을 건너 이베리아반도 전역을 점령했다. 무어인은 500년 넘게 이베리아반도를 지배하며 무어 양식 건축물을 짓고 오렌지 재배를 보편화하는 등 문화적으로 다양한 영향을 끼쳤다. 당시 무어인들이 이베리아반도를 알안달루스Al-Andalus라 부르고 현재 포르투갈 땅을 알가르브Al-Gharb라 부른 것이 포르투갈 남부 알가르브 지명의 유래다.

spot 무어성 P.287, 오비두스성 P.313

1143~1249년
포르투갈 건국과 국토회복운동

11세기 말 이베리아반도에는 카스티야, 레온, 갈리시아 같은 가톨릭 왕국과 이슬람 왕국이 혼재되어 있었다. 포르투 북쪽 갈리시아 왕국의 알폰소 6세에게는 두 딸이 있었는데, 둘째 테레사와 결혼한 엔히크가 받은 땅이 지금의 포르투갈 북부였다. 테레사와 엔히크의 아들 아폰수 1세는 1139년 무어인과의 전투에서 승리한 후 포르투갈 왕국을 세웠고 이때부터 포르투갈 역사가 본격적으로 시작됐다. 1143년에는 카스티야의 왕이 아폰수 1세를 포르투갈 왕으로 인정했고, 얼마 뒤 교황이 포르투갈을 독립 왕국으로 인정했다. 아폰수 1세는 1143년부터 포르투갈어로 레콩키스타Reconquista라고 일컫는 국토회복운동을 벌이며 영토를 넓혀나갔다. 국토회복운동은 1249년 아폰수 3세가 알가르브를 점령하며 끝을 맺었다.

spot 알코바사 수도원 P.333, 구대성당 P.354

대항해 시대, 포르투갈 전성기를 이끈 인물들

— 왕족 —

엔히크 왕자
Infante Dom Henrique
1394~1460

주앙 1세의 셋째 아들로 아프리카에 탐험대를 보내 마데이라와 아조레스 제도를 발견했다. 항해사, 지리학자, 지도 전문가를 육성하고 조선소를 세워 항해용 범선 카라벨Caravel을 만들었다.

주앙 2세
João II
1455~1495

포르투갈 13대 왕으로 아프리카 탐험을 추진하여 희망봉 발견이라는 업적을 쌓았다. 1494년에는 스페인과 '토르데시야스 조약'을 맺어 식민지 분할선을 정했다.

마누엘 1세
Manuel I
1469~1521

주앙 2세를 이어 1498년 인도 항로 개척과 1500년 브라질 발견을 이루어 해상무역 강국으로서 입지를 다지며 마누엘 양식 건축을 발전시켰다. 평생 행운이 따라 행운왕이라 불리기도 했다.

1415~1700년
대항해 시대

500여 년 전 대서양 너머 다른 세상이 있다고 믿은 엔히크 왕자는 항해사와 지도 제작자 등을 불러들여 원정대를 꾸렸다. 원정대는 나침반에 의존해 거친 바다를 항해하며 새 항로를 찾아냈다. 탐험가 바스쿠 다 가마는 인도를, 페드루 알바레스 카브랄은 브라질을 발견해 후추와 금을 가득 싣고 금의환향했다. 브라질, 아프리카 해안, 인도, 마카오 등에 상업 거점을 마련한 포르투갈은 16세기에 향신료 무역을 독점하며 식민지를 둔 대제국으로 변모했다. 19세기 독일 지리학자들은 엔히크 왕자에게 '항해왕the Navigator'이라는 별명을 붙여주었다. 대항해 시대의 포문을 연 엔히크 왕자와 원정대의 모습은 리스본 벨렝의 발견 기념비에서 찾아볼 수 있다.

`spot` 발견 기념비 P.263, 라구스 구시가 P.368

1755년 11월 1일
리스본 대지진

리스본을 강타한 대지진으로 건물 1만여 채가 붕괴됐다. 모든 성인의 날All Saints day을 맞아 수많은 사람이 성당에 모여 있었는데, 진도 8.5~9의 지진으로 스테인드글라스가 깨지고 촛대가 넘어지며 곳곳에서 화재가 일어났다. 지진이 발생한 지 40분 뒤 해일까지 밀어닥쳐 많은 사람이 목숨을 잃었다. 대항해 시대에 축적한 부로 휘황찬란했던 리스본이 하루아침에 무너져 내린 것이다. 폐허가 된 리스본 재건에 앞장선 이는 퐁발 후작이었다. '가이올라'라는 새로운 건축 공법을 이용해 내진 설계가 된 건물을 짓고 거리를 넓혔다. 이때 재건된 곳이 바로 아우구스타 거리와 코메르시우 광장이다. 한편, 카르무 수도원은 대지진과 화재의 상처를 그대로 품은 채 자리를 지키고 있다.

`spot` 아우구스타 거리 P.216, 코메르시우 광장 P.218, 카르무 수도원 P.231

1974년 4월 25일
카네이션 혁명

안토니우 드 올리베이라 살라자르는 식민지 전쟁을 고집한 독재자였다. 1970년 그가 사망하고 4년이 지난 뒤에도 정권의 변화가 없자 청년 장교들이 반란을 일으켰다. 혁명은 시민 저항이라는 거대한 물결과 합류해 단 하루 만에 성공을 거뒀다. 군부 혁명 소식을 접한 시민들은 광장으로 나가 군인들에게 카네이션을 건넸고, 군인들은 총을 쏘지 않겠다는 뜻으로 총구에 꽃을 꽂았다. 포르투갈 사람들은 이날을 카네이션 혁명 또는 4월 25일 혁명이라 부른다. 이후 비밀경찰이 해산되고 검열이 사라졌으며, 포르투갈 식민지들이 차례로 독립했다. 4월 25일은 '자유의 날'이라는 명칭의 국경일이 되었고, 리스본 테주강 위에 놓인 살라자르 다리의 이름도 '4월 25일 다리'로 바뀌었다.

`spot` 4월 25일 다리 P.245

탐험가

바르톨로메우 디아스
Bartolomeu Dias
1451~1500

1487년 리스본을 출발해 1488년 아프리카 남단에 당도했다. 본국으로 돌아오는 항해에서 남아프리카 공화국 서남쪽 끝 곶, 즉 희망봉을 발견했다. 희망봉은 이후 인도 항로 발견의 토대가 됐다.

바스쿠 다 가마
Vasco da Gama
1460~1524

유럽에서 아프리카를 거쳐 인도까지 항해한 항로 개척가인 동시에 원주민을 학살하고 식민지 시대를 연 인물이다. 1497년, 1502년, 1524년 3번에 걸쳐 인도로 항해를 떠났다.

페드루 알바레스 카브랄
Pedro Álvares Cabral
1468~1520

1500년 13척의 함선을 이끌고 인도를 향해 항해하던 도중 풍랑으로 표류하다가 브라질에 도착해 그곳을 포르투갈 영토라 선언했다. 이후 인도 캘리컷과 서해안을 경유해 1501년 리스본으로 귀환했다.

현지에서 유용한 포르투갈어

💬 자주 주고받는 인사말

안녕하세요.	(아침 인사) 안녕하세요.	(점심 인사) 안녕하세요.	(저녁 인사) 안녕하세요.
Olá.	Bom dia.	Boa tarde.	Boa noite.
🔊 올라	🔊 봉 디아	🔊 보아 타르드	🔊 보아 노이트

(헤어질 때) 안녕.

Tchau. 🔊 차우
Tchau tchau. 🔊 차우차우

비쥬 문화

포르투갈 사람들은 만나거나 헤어질 때 양쪽 볼을 가까이 대고 쪽 소리를 내는 '비쥬'로 친근함을 표현한다(볼에 입을 맞추는 것은 아님). 포르투갈 친구를 사귀게 된다면 시도해보자.

고마워요.

Obrigada. 🔊 오브리가다 (여성)
Obrigado. 🔊 오브리가두 (남성)

★ 포르투갈어는 고맙다는 표현을 성별에 따라 다르게 한다. 여자는 '다'로 끝나고, 남자는 '두'로 끝난다. 앞에 무이투Muito를 붙이면, '매우 고맙습니다'가 된다.

천만에요.

De nada.
🔊 드 나다

★ 고맙다는 인사를 받았을 때는 "드 나다"로 답하는 것이 예의다.

미안해요.

Descupa. 🔊 디스쿠파 (여성)
Descupe. 🔊 디스쿠피 (남성)

네.	아니오.	즐거운 여행 하세요.
Sim.	Não.	Boa viagem!
🔊 씽	🔊 낭	🔊 보아 비아젬!

📷 숙소나 관광지에서 자주 보는 단어

입구	출구	엘리베이터	지상 층
Entrada	Saída	Elevador	Térreo
🔊 엔트라다	🔊 사이다	🔊 엘레바도르	🔊 테헤우

화장실

Casa de Banho
🔊 카사 드 바뉴

★ 화장실은 표기가 다양하다. M/F 표기 시에는 M(Masculino)이 남자 화장실, F(Feminino)가 여자 화장실이며, H/M 표기 시에는 H(Homem)가 남자 화장실, M(Mulher)이 여자 화장실이다.

★ 포르투갈 건물의 0층은 한국 건물의 1층이다. 이 같은 지상 층을 테헤우라 부른다. 엘리베이터에는 00이나 RC로 표기한다.

리셉션	예약, 예약석	표	휴관
Recepção	Reserva	Bilhete	Fechado
🔊 헤셉상	🔊 헤제르바	🔊 빌례트	🔊 페샤두

음식점에서 유용한 표현

레스토랑에서 웨이터를 부를 땐, 올라 Olá!

레스토랑에서 "저기요!" 하고 종업원을 부르고 싶을 때
경쾌하게 "올라!"를 외치면 된다.

메뉴판 부탁해요.

Cardápio, por favor.

🔊 카르다피우, 포르 파보르

아메리카노 한 잔 주세요.

Um abatanado, por favor.

🔊 웅 아바타나두, 포르 파보르

계산서 주세요.

Conta, por favor.

🔊 콘타, 포르 파보르

만능 문장, 포르 파보르 Por Favor

영어의 '플리즈(please)'에 해당하는 말로
앞에 명사를 붙이면 뭐든 달라고 부탁할 수 있다.

영어 메뉴판이 있나요?

Tem cardápio em inglês?

🔊 텡 카르다피우 엥 잉그레스

주문 가능한가요?

Poderia pedir?

🔊 푸데리아 페디르?

아뇨, 괜찮습니다.

Não, obrigada(obrigado).

🔊 낭, 오브리가다(오브리가두)

★ 직원이 추가 비용을 받는 식전 빵이나 올리브 등을
내주려 할 때 부드럽게 거절하고 싶다면 써보자.

 ## 메뉴판 읽을 때 알아두면 좋은 단어

빵	**포르투갈어 '팡'이 한국으로 와 '빵'이 되었다?**		치즈
Pão	빵이라는 단어의 기원이 포르투갈어라는 설이 있다. 포르투갈이 일본에 '팡'을 소개했고,		Queijo
🔊 팡	한국이 일본을 통해 팡을 받아들이며 발음이 팡에서 빵으로 변했다는 설이다.		🔊 퀘이주

올리브	샐러드	해산물	염장 대구	생선
Oliva	Salada	Marisco	Bacalhau	Peixe
🔊 올리바	🔊 사라다	🔊 마리스쿠	🔊 바칼랴우	🔊 페이스

문어	고기	돼지고기	소고기	닭고기
Polvo	Carne	Porco	Bife	Frango
🔊 폴보	🔊 카르네	🔊 포르쿠	🔊 비페	🔊 프랑구

맥주	와인	물	탄산수	디저트
Cerveja	Vinho	Água	Água com gás	Sobremesa
🔊 세르베자	🔊 비뉴	🔊 아구아	🔊 아구아 콩 가스	🔊 소브리메사

📍 포르투갈 추천 여행 코스

COURSE ①
리스본과 포르투 매력 탐구
7박 8일 코스

- ✈ **항공편** 리스본 오전 IN, 포르투 저녁 OUT

- 🛏 **숙소 위치** 리스본 아우구스타 거리 서쪽(타임아웃 마켓 주변) 4박, 포르투 상 벤투 역 남쪽에서 3박으로 머무르기를 추천한다.

- 🚌 **주요 교통수단** 리스본 중심가는 도보로 이동이 가능하며 대중교통은 트램과 지하철을, 리스본 근교에서는 기차와 버스를 이용하자.

- 🔍 **참고 사항** 리스본과 리스본 근교의 명소를 둘러볼 때는 리스보아 카드를 이용하면 경제적이다.

- 포르투
- 코스타 노바 • • 아베이루
- 신트라
- 카보 다 호카 • • • 리스본
- 카스카이스

DAY 1 리스본

아우구스타 거리 서쪽 + 주변 + 동쪽

- 숙소 체크인
- **점심 식사** 타임아웃 마켓 P.236
  디저트로 만테이가리아의 나타 맛보기
- 코메르시우 광장 P.218

- 산타 루치아 전망대 P.254
- 포르타스 두 솔 전망대 P.255
- 상 조르즈 성 P.249 노을 감상
  트램 23분
아우구스타 거리 서쪽
- **저녁 식사** 프라데 도스 마레스 P.238

DAY 2 리스본

벨렝
- **카페** 파스테이스 드 벨렝 P.269
- 제로니무스 수도원 P.264
- 발견 기념비 P.263
- 벨렝탑 P.266
- **점심 식사** LX 팩토리 P.270
  트램 20분
아우구스타 거리 서쪽 + 주변
- 아센소르 다 비카 P.234
- 산타 카타리나 전망대 P.234
- **카페** 아 브라질레이라 P.239
- 카르무 수도원 P.231
- **저녁 식사** 우마 마리스퀘이라 P.225

DAY 3 신트라·카보 다 호카·카스카이스

신트라
- 페나성 & 정원 P.285
- 무어성 P.287
- **점심 식사** 메타모포시스 P.290
  버스 40분
카보 다 호카 P.302
  버스 40분
카스카이스
- 하이냐 해변 P.298
- 히베이라 해변 P.299
- **저녁 식사** 하이펀 P.301

DAY 4 리스본

아우구스타 거리 동쪽
- 아줄레주 국립 박물관 P.257
- **점심 식사** 코펜하겐 커피 랩 P.259
- 도둑시장 P.260
- 국립 판테온 P.253

지하철 2분

아우구스타 거리 주변
- 리버 크루즈 P.220

도보 15분 + 페리 8분

알마다
- 보카 두 벤투 파노라마 엘리베이터 P.245
- 카스텔루 정원 P.245
- **저녁 식사** 폰투 피날 P.244

DAY 5 리스본-포르투

아우구스타 거리 서쪽
- 숙소 체크아웃

기차 2시간 50분

상 벤투 역 남쪽 + 북쪽
- 숙소 체크인
- **점심 식사** 제니스 P.137
- 카르무 성당 P.131 아줄레주 감상
- 렐루 서점 P.129
- 알마스 성당 P.130 아줄레주 감상
- **쇼핑** 볼량 시장 P.139 쇼핑 및 저녁거리 구입

지하철 4분

빌라 노바 드 가이아
- 모루 정원 P.146 노을 아래 피크닉 즐기기

기념품 쇼핑은 플로레스 거리와 판타스틱 월드 오브 포르투기스 캔에서

루아 다스 알다스 전망대에서 히베이라 광장으로 이동할 때 포르투갈 대표 브랜드들이 모여 있는 플로레스 거리에 들러 쇼핑을 즐겨보자. 그 밖에 와인 셀러 투어에서는 한국에서 구하기 힘든 포트와인을, 판타스틱 월드 오브 포르투기스 캔에서는 알록달록한 정어리 통조림을 살 수 있다.

DAY 6 포르투

상 벤투 역 남쪽
- 포르투 대성당 P.109
- 루아 다스 알다스 전망대 P.110
- **쇼핑** 플로레스 거리 P.110
- **점심 식사** 칸티나 32 P.118

도보 9분

빌라 노바 드 가이아
- 동 루이스 1세 다리 P.144
- 테일러스 P.150 포트와인 셀러 투어
- **쇼핑** 판타스틱 월드 오브 포르투기스 캔 P.154

도보 14분

상 벤투 역 남쪽
- **저녁 식사** 뮤로 두 바칼랴우 P.121
- 히베이라 광장 P.113 야경 감상

DAY 7 아베이루·코스타 노바

아베이루
- 아베이루 옛 기차역 P.178 아줄레주 감상

버스 40분

코스타 노바
- 코스타 노바 줄무늬 마을 P.182 인생 사진 남기기
- 코스타 노바 해변 P.183 바닷가 산책

택시 15분

아베이루
- **점심 식사** 오 바이루 P.179
- 아베이루 운하 & 몰리세이루 P.176
- **쇼핑** 엠1882 P.181 오부스 몰레스 쇼핑

기차 1시간 15분

상 벤투 역 남쪽
- **저녁 식사** 아 그라데 P.120

DAY 8 포르투

상 벤투 역 남쪽 + 북쪽
- 숙소 체크아웃 후 짐 맡기기
- 클레리구스탑 P.132
- **점심 식사** 브라상 알리아도스 P.135
- 짐 찾은 뒤 포르투 공항으로 이동

COURSE ②
포르투에 흠뻑 취하는 포토제닉 5박 6일 코스

✈ **항공편** 포르투 오전 IN, 포르투 저녁 OUT

⌂ **숙소 위치** 상 벤투 역 남쪽에 위치한 숙소에 머물기를 추천한다.

🚌 **주요 교통수단** 포르투 내에서는 지하철, 포르투 근교에서는 기차와 버스를 이용한다.

🔍 **참고 사항** 포트와인에 관심이 많다면 근교 여행(브라가·기마랑이스)을 도루밸리 와이너리 투어로 대체해도 좋다. 대중교통으로 다녀오기 힘든 곳이니 마이리얼트립이나 에어비앤비 익스피리언스에서 투어를 미리 예약해두자.

브라가
● 기마랑이스
● 포르투
코스타 노바 ●● 아베이루

DAY 1 포르투

상 벤투 역 남쪽 + 북쪽

○ 숙소 체크인

○ 점심 식사 아데가 상 니콜라우 P.120

○ 히베이라 광장 P.113

○ 비토리아 전망대 P.108

○ 카페 루프톱 플로레스 P.119

○ 저녁 식사 브라상 알리아도스 P.135

DAY 2 포르투

상 벤투 역 남쪽

○ 포르투 대성당 P.109

○ 루아 다스 알다스 전망대 P.110

○ 쇼핑 플로레스 거리 P.110

○ 점심 식사 파롤 다 보아 노바 P.121

도보 11분

빌라 노바 드 가이아

○ 동 루이스 1세 다리 P.144

○ 테일러스 P.150 포트와인 셀러 투어

○ 쇼핑 판타스틱 월드 오브 포르투기스 캔 P.154

○ 저녁 식사 메르카두 베이라 리우 P.152

○ 가이아 케이블카 P.147

○ 모루 정원 P.146 노을 감상

DAY 3 아베이루·코스타 노바

아베이루
- 아베이루 옛 기차역 P.178 아줄레주 감상

버스 40분

코스타 노바
- 코스타 노바 줄무늬 마을 P.182 인생 사진 남기기
- 코스타 노바 해변 P.183 바닷가 산책

택시 15분

아베이루
- (점심 식사) 오 바이루 P.179
- 아베이루 운하 & 몰리세이루 P.176
- (쇼핑) 엠1882 P.181 오부스 몰레스 쇼핑

기차 1시간 15분

상 벤투 역 남쪽
- (저녁 식사) 아 그라데 P.120

DAY 4 포르투

상 벤투 역 북쪽
- 카르무 성당 P.131
- 렐루 서점 P.129
- (카페) 베이스 포르투 P.137
- 알마스 성당 P.130
- (점심 식사) 볼량 시장 P.139

버스 20분

보아비스타
- 세랄베스 현대미술관 P.158
- (저녁 식사) 로툰다 다 보아비스타 P.164

DAY 5 브라가·기마랑이스

브라가
- 봉 제수스 두 몬트 푸니쿨라 P.189
- 봉 제수스 두 몬트 P.189
- (점심 식사) 호텔 두 엘레바도르 레스토랑 P.191
- 봉 제수스 계단 P.188

버스 25분

기마랑이스
- 브라간사 공작 저택 P.194
- 기마랑이스성 P.193

기차 1시간 10분

상 벤투 역 남쪽
- (저녁 식사) 칸티나 32 P.118

DAY 6 포르투

상 벤투 역 남쪽
- 숙소 체크아웃 후 짐 맡기기

트램 30분

포즈
- 페르골라 다 포즈 P.160
- 카스텔로 두 케이주 P.161
- (점심 식사) 프라이아 다 루즈 P.165

트램 30분

상 벤투 역 남쪽
- 짐 찾은 뒤 포르투 공항으로 이동

코스타 노바에서 찍는 인생 사진은 오전에!

코스타 노바의 줄무늬 집들은 모두 동향이다. 오후에 갈 경우 역광을 피하기 힘드니 아베이루 역에서 바로 코스타 노바로 이동해 인생 사진부터 찍고 나서 아베이루로 이동하자.

COURSE ③
리스보아 카드로 떠나는 리스본 5박 6일 코스

✈ **항공편** 리스본 오전 IN, 리스본 저녁 OUT

🏠 **숙소 위치** 리스본 5박은 아우구스타 거리 주변 또는 서쪽의 타임아웃 마켓 근처에 숙소를 잡아 이동 시간을 절약하자.

🚌 **주요 교통수단** 리스본 내에서는 트램과 지하철, 리스본 근교로 이동할 때는 기차와 버스를 활용한다.

🔍 **참고 사항** 리스보아 카드 72시간권을 이용하는 코스다. 이전에 비해 혜택은 줄었지만 리스본과 리스본 근교의 명소를 둘러보기에 가장 효율적인 방법이다.

신트라
카보 다 호카 •• •리스본
카스카이스

DAY 1 리스본

아우구스타 거리 주변 + 동쪽

- ○ 숙소 체크인
- ○ **점심 식사** 봉자르딩 P.225
- ○ 산타 루치아 전망대 P.254
- ○ 포르타스 두 솔 전망대 P.255
- ○ 상 조르즈 성 P.249 노을 감상
- ○ **저녁 식사** 샤피토 아 메사 P.258

🎟 리스보아 카드 72시간권 사용
DAY 2 리스본

벨렝
- ○ **카페** 파스테이스 드 벨렝 P.269
- ○ 제로니무스 수도원 P.264 ＊무료입장
- ○ 벨렝탑 P.266 ＊무료입장

트램 35분

아우구스타 거리 서쪽
- ○ **점심 식사** 타임아웃 마켓 P.236
- ○ 아센소르 다 비카 P.234 ＊무료 탑승
- ○ 산타 카타리나 전망대 P.234
- ○ **쇼핑** 큐티폴 P.242 커트러리 쇼핑
- ○ **쇼핑** 베르트란드 서점 P.242 책 구경
- ○ 카르무 수도원 P.231
- ○ 산타 주스타 엘리베이터 P.217 ＊무료 탑승
- ○ 아센소르 다 글로리아 P.235 ＊무료 탑승
- ○ 상 페드루 알칸타라 전망대 P.235 야경 감상
- ○ **저녁 식사** 아 세비체리아 P.238
- ○ **바** 파빌량 시네스 P.241 칵테일 한 잔

🎟 리스보아 카드 72시간권 사용

DAY 3 신트라·리스본

신트라
- 페나성 & 정원 P.285 ★할인
- 무어성 P.287
- 점심 식사 로마리아 드 바코 P.290
- 헤갈레이라 별장 P.288 ★할인
- 카페 피리퀴타 I P.290

기차 40분

아우구스타 거리 주변
- 아우구스타 개선문 P.219 ★무료입장
- 리스본 스토리 센터 P.221 ★무료입장
- 코메르시우 광장 P.218 노을 감상
- 저녁 식사 판다 칸티나 P.226

🎟 리스보아 카드 72시간권 사용

DAY 4 리스본

아우구스타 거리 동쪽 + 주변
- 아줄레주 국립 박물관 P.257 ★무료입장
- 점심 식사 아줄레주 국립 박물관 카페 P.257
- 파두 박물관 P.253 ★할인
- 리버 크루즈 P.220

도보 15분 + 페리 8분

알마다
- 보카 두 벤투 파노라마 엘리베이터 P.245
- 카스텔루 정원 P.245
- 저녁 식사 폰투 피날 P.244

DAY 5 카보 다 호카·카스카이스

카스카이스
- 카이스 두 소드레 역

버스 40분

카보 다 호카 P.302

버스 40분

카스카이스
- 점심 식사 하이펀 P.301
- 노사 세뇨라 다 루즈 요새 P.296
- 산타 마르타 등대 박물관 P.297
- 지옥의 입 P.300
- 하이냐 해변 P.298

기차 40분

아우구스타 거리 서쪽
- 저녁 식사 아카소 P.237

DAY 6 리스본

아우구스타 거리 주변
- 숙소 체크아웃 후 짐 맡기기

지하철 5분

아우구스타 거리 동쪽
- 굴벤키안 미술관 P.256
- 점심 식사 굴벤키안 미술관 내 카페

지하철 5분

아우구스타 거리 주변
- 짐 찾은 뒤 리스본 공항으로 이동

COURSE ④
구석구석 한 바퀴!
포르투갈 일주 13박 14일 코스

✈ **항공편** 리스본 오전 IN, 포르투 저녁 OUT

🛏 **숙소 위치** 리스본 아우구스타 거리 주변 4박, 라구
스 구시가 2박, 알부페이라 구시가 2박, 코임브라 1박,
포르투 상 벤투 역 남쪽 4박을 추천한다.

🚇 **주요 교통수단** 리스본에서 라구스는 버스, 알부페
이라에서 코임브라는 기차, 코임브라에서 포르투는
기차를 이용하면 효율적이다.

🔍 **참고 사항** 리스본, 라구스, 알부페이라, 코임브라, 포
르투 순으로 둘러보는 코스다. 이동 시간 절약을 위해
신트라, 카보 다 호카, 카스카이스와 오비두스는 리스
본에서, 아베이루와 코스타 노바는 포르투에서 당일
치기로 다녀오자.

DAY 1 리스본

아우구스타 거리 주변 + 서쪽

○ 숙소 체크인

○ 호시우 광장 P.222

○ 아우구스타 거리 P.216

○ (점심 식사) 우마 마리스퀘이라 P.225

○ (카페) 카스트루 P.226

○ 산타 주스타 엘리베이터 P.217

○ 카르무 수도원 P.231

○ 상 페드루 알칸타라 전망대 P.235

○ 아센소르 다 글로리아 P.235

○ (저녁 식사) 바이 더 와인 P.241

DAY 2 리스본

벨렝

○ 벨렝탑 P.266

○ 제로니무스 수도원 P.264

○ (카페) 파스테이스 드 벨렝 P.269

트램 30분

아우구스타 거리 서쪽

○ (점심 식사) 타임아웃 마켓 P.236

○ 아센소르 다 비카 P.234

○ 루이스 드 카몽이스 광장 P.232

트램 5분

아우구스타 거리 주변 + 동쪽

○ 코메르시우 광장 & 아우구스타 개선문 P.218

○ 산타 루치아 전망대 P.254

○ 포르타스 두 솔 전망대 P.255

○ 상 조르즈 성 P.249

○ (저녁 식사) 오리베스 페티스케이라 P.259

DAY 3 신트라·카보 다 호카·카스카이스

신트라

○ 페나성 & 정원 P.285

○ 무어성 P.287

○ (점심 식사) 로마리아 드 바코 P.290

버스 40분

○ 카보 다 호카 P.302

버스 40분

카스카이스

○ 하이냐 해변 P.298

○ 산타 마르타 등대 박물관 P.297

○ 노사 세뇨라 다 루즈 요새 P.296

○ (저녁 식사) 하이펀 P.301

DAY 4 오비두스

오비두스

○ 상 티아고 P.315

○ 오비두스성 P.313

○ (점심 식사) 마둑 P.316

○ 바 이븐 에릭 렉스 P.316 진지냐 시음 및 쇼핑

버스 1시간

아우구스타 거리 주변

○ (저녁 식사) 판다 칸티나 P.226

DAY 5 리스본-라구스

아우구스타 거리 주변

○ 숙소 체크아웃

버스 3시간 50분

라구스

○ 숙소 체크인

○ (점심 식사) 펄 푸드 트레일러 P.372

○ 인판트 동 엔히크 광장 P.368

○ 산타 마리아 드 라구스 성당 P.368

○ 총독의 성 P.368

○ 폰타 다 반데이라 요새 P.368

○ 바타타 해변 P.369

○ 이스투단트스 해변 P.369

○ (저녁 식사) 타니노스 와인 앤 키친 P.372

DAY 6 라구스

○ (카페) 아비가일스 카페 P.373

○ 도나 아나 해변 P.370

○ (점심 식사) 카밀루 P.373

○ 카밀루 해변 P.370

○ 폰타 다 피에다드 등대 P.371

○ (저녁 식사) 마레 P.372

DAY 7 라구스-알부페이라

라구스

- 숙소 체크아웃

    버스 1시간 10분

알부페이라

- 숙소 체크인
- 파우 다 반데이라 전망대 P.380
- 페스카도르스 해변 P.381
- 알부페이라 구시가 P.380

    택시 10분

- 저녁 식사 아데가 티코스타 P.383

DAY 8 알부페이라

알부페이라

- 베나길 동굴 투어 P.374
- 점심 식사 키오스크 마르 P.383
- 알부페이라 전망대 P.380
- 페네쿠 계단 P.380
- 터널 해변 P.381
- 알부페이라 구시가 P.380
- 저녁 식사 오 카트라이우 P.382

DAY 9 알부페이라-코임브라

알부페이라

- 숙소 체크아웃

    기차 4시간 25분

코임브라

- 숙소 체크인
- 코임브라 대학교 P.350
- 케브라 코스타스 거리 P.353
- 카페 산타크루즈 카페 P.356
- 망가 정원 P.352
- 페헤이라 보르게스 거리 P.355
- 저녁 식사 솔라 두 바칼랴우 P.357

DAY 10 코임브라-포르투

코임브라

- 숙소 체크아웃

    기차 1시간 20분

상 벤투 역 남쪽

- 숙소 체크인
- 히베이라 광장 P.113
- 점심 식사 비냐스 달류 P.121
- 하벨루 크루즈 P.114 도루강 유람

    도보 10분

빌라 노바 드 가이아

- 동 루이스 1세 다리 P.144
- 그라함 P.151 포트와인 셀러 투어

○ **쇼핑** 판타스틱 월드 오브 포르투기스 캔 P.154

○ 가이아 케이블카(상행) P.147

○ 모루 정원 P.146

○ 가이아 케이블카(하행) P.147

○ **저녁 식사** 메르카두 베이라 리우 P.152

DAY 11 아베이루·코스타 노바

아베이루

○ 아베이루 옛 기차역 P.178

버스 35분

코스타 노바

○ 코스타 노바 줄무늬 마을 P.182

○ 코스타 노바 해변 P.183

택시 15분

아베이루

○ **점심 식사** 오 바이루 P.179

○ 아베이루 운하 & 몰리세이루 P.176

○ **쇼핑** 엠1882 P.181

기차 1시간 15분

상 벤투 역 남쪽

○ **저녁 식사** 타임아웃 마켓 P.116

DAY 12 포르투

상 벤투 역 북쪽+남쪽

○ 카르무 성당 P.131

○ 렐루 서점 P.129

○ **점심 식사** 베이스 포르투 P.137

○ 클레리구스탑 P.132

○ 비토리아 전망대 P.108

○ 포르투 대성당 P.109

○ 루아 다스 알다스 전망대 P.110

○ **쇼핑** 플로레스 거리 P.110

○ **저녁 식사** 아 그라데 P.120

DAY 13 포르투

상 벤투 역 북쪽

○ 수정궁 정원 P.134

택시 20분

마토지뉴스

○ **점심 식사** 라그 세뇨르 두 파드랑 P.165

○ 카스텔로 두 케이주 P.161

○ 페르골라 다 포즈 P.160

택시 10분

○ 세랄베스 현대미술관 P.158

버스 30분

○ **저녁 식사** 브라상 알리아도스 P.135

DAY 14 포르투

상 벤투 역 남쪽

○ 숙소 체크아웃 후 짐 맡기기

도보 10분

상 벤투 역 북쪽

○ 볼량 시장 P.139

○ 알마스 성당 P.130

○ 산타 카타리나 거리 P.128

도보 10분

상 벤투 역 남쪽

○ 짐 찾은 뒤 포르투 공항으로 이동

PART 2

가장 멋진
포르투갈
테마 여행

당신의 고민을 해소해줄

포르투 vs 리스본 매력 비교

포르투갈의 오랜 수도답게 유적과 미술관 등 볼거리가 많은 리스본은 제대로 둘러보려면
최소 꽉 찬 3일이 필요하다. 달콤한 포트와인과 강가 풍경이 매력적인 도시 포르투는 3일이면 여유롭게
둘러볼 수 있지만, 리스본보다 물가가 저렴해 일주일이나 한 달 살기 여행지로 인기다.

#
푸른 강과
다리

Porto

도루강과
동 루이스 1세 다리

도루강 위로 에펠탑처럼 동그란
아치를 그리는 동 루이스 1세 다
리는 포르투의 랜드마크다. 동 루
이스 1세 다리 위를 걸어서 빌라
노바 드 가이아로 건너갈 수 있으
며, 다리 위에서 바라보는 히베이
라의 풍경이 아름답다.

Lisboa

테주강과 4월 25일 다리

테주강은 바다처럼 넓고 거대하
다. 밀물과 썰물이 있어 서쪽 하
늘로 해가 저물 무렵이면 강가에
작은 모래밭이 드러나고 강물은
황금빛으로 변한다. 4월 25일 다
리는 걸어서 건널 수는 없지만, 리
버 크루즈를 타고 다리 아래를 지
나는 재미가 있다.

레트로
감성의 트램

Porto
바다를 향해 떠나는 1번 트램

포르투에는 도루강을 따라 달리다 바다에 내려주는 카멜색 빈티지 1번 트램이 있다. 창가에 앉아 풍경을 30분쯤 음미하다 보면 산책로가 아름다운 바닷가 포즈에 도착한다.

Lisboa
높은 언덕을 오르는 28번 트램

리스본의 퍼스널 컬러는 봄 웜톤이다. 옐로와 핑크 파스텔 톤의 건물 사이로 노란 빈티지 트램이 오간다. 트램만 타도 언덕을 오르고 좁은 골목을 지나 곳곳을 누비는 재미가 있다.

언덕을
오르는 재미

Porto
긴다이스 푸니쿨라 타고
성벽 따라 오르기

동 루이스 1세 다리 앞부터 포르투 대성당 근처 바탈랴 광장까지 중세 성벽을 타고 오르는 긴다이스 푸리쿨라를 타면 동 루이스 1세 다리의 전망을 즐길 수 있다.

Lisboa
아센소르 타고 전망대에 오르기

19세기부터 운행해온 노란색 빈티지 아센소르가 놀이 기구처럼 다가온다. 아센소르마다 언덕을 오르며 보이는 풍경도, 도착해서 보이는 전망도 달라 비교해보는 재미가 있다.

Porto

버스킹의 성지 히베이라 광장

늘 낭만이 흐르는 히베이라 광장에서는 평일
에도 낮부터 밤까지 버스킹 공연이 끊이질 않
는다. 아줄레주로 장식한 알록달록한 건물 1층
노천카페에서 봐도 좋고, 강변을 거닐며 감상
해도 좋다. 특히 여름밤은 강가에 몰린 인파로
야외 축제 분위기가 난다.

Lisboa

광장과 전망대 모두가 무대

리스본은 도시 구석구석이 버스킹 무대다.
28번 트램이 지나는 포르타스 두 솔 전망대,
해 질 녘 코메르시우 광장, 오후의 산타 루치
아 전망대에서 열리는 버스킹은 아름다운 풍
경에 낭만을 더한다. 노을이 예쁜 벨렝탑 앞
에서도 버스킹 공연이 펼쳐진다.

Porto

히베이라의 아기자기한 경치

갈매기 울음소리가 번지는 강가에 알록달록
한 아줄레주로 장식한 건물이 늘어서 있다.
도루강 위를 유유히 떠다니는 유람선 하벨루
와 빌라 노바 드 가이아의 풍경이 그림처럼
펼쳐진다.

Lisboa

미라도루의 리스본 전망

곳곳에 있는 전망대가 주황색 지붕이 펼쳐지
는 백만 불짜리 전망을 선사한다. 힌트는 미라
도루Miradouro. 전망대라는 뜻의 미라도루 표
지판만 잘 따라가면 숨은 보물 같은 풍광을 발
견하게 된다.

Porto
푸른 아줄레주 벽화

거리를 걷다가 푸른 파돗빛 아줄레주 벽화가 아름다운 성당을 만날 확률은 리스본보다 포르투가 높다. 카르무 성당이나 알마스 성당 외벽 앞에서 사진만 찍어도 화보가 된다. 포르투갈에서 아줄레주가 가장 아름다운 기차역, 상벤투 역 벽화를 배경으로도 사진을 남겨보자.

Lisboa
새하얀 화려함, 마누엘 양식

대항해 시대의 무대였던 벨렝에 남아 있는 제로니무스 수도원과 벨렝탑은 화려한 볼거리다. 마누엘 양식의 걸작인 제로니무스 수도원의 백미는 안뜰을 둘러싼 회랑으로 눈길 닿는 곳마다 정교한 장식에 감탄을 연발하게 된다.

Lisboa
진지냐

"진지냐를 마시지 않고는 리스본을 떠날 수 없다"라는 말이 있을 정도로 많은 사람이 즐겨 마신다. 진지냐란 신 체리와 설탕을 리큐어에 담가 만든 달콤한 체리주로, 가게에 서서 한 잔 탁 털어 넣듯 마시는 것이 리스본 스타일이다.

Porto
포트와인

샌드맨, 그라함 등 내로라하는 포트와인 셀러가 있는 빌라 노바 드 가이아에서는 포트와인 셀러 투어를 할 수 있다. 포트와인을 화이트, 루비, 토니 등 종류별로 시음하고, 한국에서 구하기 힘든 포트와인도 구입할 수 있는 절호의 찬스다.

가슴이 웅장해지는 풍경

포르투갈의
유네스코
세계문화유산

봉 제수스 두 몬트, 알코바사 수도원,
바탈랴 수도원 등 중세의 유적부터 신트라처럼
도시 전체가 유네스코 세계문화유산인 곳까지
찬란하고 고아한 풍경이 여행자의 마음을 파고든다.

1983년 등재
벨렝탑

대항해 시대의 방어용 요새로 제로니무스 수도원과 함
께 세계문화유산으로 등재되었다. 마누엘 양식을 기반
으로 한 이 건축물은 테라스와 망루의 모습이 드레스를
입은 여인을 닮아 '테주강의 귀부인'이라 불린다. P.266

1983년 등재
제로니무스 수도원

대항해 시대에 건설된 제로니무스 수도원은 포르투갈
의 유네스코 세계문화유산 중 가장 중요한 유산이자
마누엘 양식의 걸작으로 꼽힌다. 웅장한 규모와 포르
투갈 고유 건축 양식의 가치를 인정받았다. P.264

UNESCO

1983년 등재
크리스투 수도원

12세기 중반 템플 기사단 초대
단장의 명으로 지은 마누엘 양
식의 수도원으로 15세기 초에
회랑을 증축했으며, 옛 모습을
고스란히 간직하고 있다. P.341

UNESCO

1983년 등재
바탈라 수도원

알주바로타 전쟁 대승의 영광을 성모 마리아에
게 돌리기 위해 지은 수도원이다. 고딕, 르네상
스, 마누엘 양식이 섞여 있다. P.336

UNESCO

1989년 등재
알코바사 수도원

아폰수 1세가 포르투갈을 건국하며 세운 고
색창연한 고딕 양식 수도원이다. P.333

1995년 등재
신트라

켈트어로 '달의 언덕'이라는 뜻을 가진 신트라의 가파른 산비탈에는 8~9세기 무어인이 지은 무어성과 신트라 왕궁 그리고 중세 왕족이 지은 페나성까지 중세 낭만주의 건축이 고스란히 남아 있다. 이처럼 신트라는 천혜의 자연 경관과 유적이 조화를 이룬 덕에 도시 전체가 유네스코 세계문화유산에 이름을 올렸다. P.278

1996년 등재
포르투 역사 지구

도루강 변에서 상 벤투 역이 있는 언덕을 따라 상 프란시스쿠 대성당, 볼사 궁전, 포르투 대성당, 클레리구스탑 등이 늘어서 있다. 고딕, 르네상스, 바로크 등 각종 양식으로 지은 건축물들이 각축장을 이룬다. P.106, 125

2001년 등재

기마랑이스 역사 지구

"포르투갈은 이곳에서 탄생했다 Aqui Nasceu Portugal"라는 문구가 새겨진 포르투갈 건국 도시 성벽과 브라간사 공작 저택 등 중세 유적이 오롯이 남아 있다. P.192

2013년 등재

코임브라 대학교

포르투갈에서 가장 오래된 대학으로 18세기에 지은 주앙 5세 도서관을 비롯해 궁전, 상 미겔 예배당 등 구대학에 위치한 유서 깊은 건물들의 가치를 인정받아 유네스코 세계 문화유산에 등재됐다. P.350

2019년 등재

봉 제수스 두 몬트

산 위에 자리한 성당과 계단은 예수의 생애를 담은 기념비적인 건축물이다. 바로크 양식 조각과 분수의 예술성과 가치를 인정받았다. P.189

포토제닉한 매력 가득

구석구석 골목 따라 동네 산책

포르투

포르투 대성당 주변

포르투 대성당 **P.109**에서 루아 다스 알다스 전망대 **P.110**를 지나 히베이라 쪽으로 내려갈 때 시야에 들어오는 도시 풍광이 환상적이다. 골목 안 아기자기한 가게와 노천카페도 분위기가 좋다.

비토리아 전망대 주변

비토리아 전망대 **P.108**에서 비토리아 거리Rua da Vitória를 따라 걷다 계단으로 내려가는 길이나, 은밀한 루프톱 플로레스 **P.119**를 지나 히베이라 광장 **P.113**으로 내려가는 골목에서는 아줄레주로 꾸민 건물과 파란 하늘이 낭만적인 풍경을 선사한다.

포르투갈에는 길을 헤매도 기분 좋은 동네가 많다.
언덕이 많은 리스본과 포르투에서는 미로 같은 골목을 걷다가
멋진 풍경과 눈 맞춤 할 수 있고, 코스타 노바, 오비두스, 코임브라와 같은
소도시의 동화 같은 골목도 자꾸 카메라 셔터를 누르게 한다.

쿠에베두 옆 골목

빌라 노바 드 가이아의 포트와인 셀러 쿠에베두 **P.151** 옆 골목으로 가면 쓰레기로 만든 거대한 토끼가 나온다. 이 정크아트 앞은 아는 사람들만 아는 포토존이다.

빌라 노바 드 가이아

언덕 위에 있는 포트와인 셀러 테일러스 **P.150**에서 도루강 변으로 내려오는 골목이 운치 있다. 중간에 복합문화공간 와우 **P.147**의 야외 테라스에 들러 동 루이스 1세 다리를 배경으로 멋진 사진을 남겨보자.

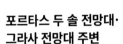

리스본

포르타스 두 솔 전망대·그라사 전망대 주변

리스본에서도 지대가 높은 아우구스타 거리 동쪽의 알파마와 그라사는 1755년 리스본 대지진에도 무너지지 않아 아줄레주로 꾸민 집들 사이로 빨래가 나부끼는 정겨운 골목이 이어진다. 포르타스 두 솔 전망대P.255와 그라사 전망대P.255 주변을 돌아보자.

아센소르 다 비카 언덕

아센소르 다 비카P.234가 언덕을 내려가는 길, 비카 드 두아르트 벨로 거리Rua da Bica de Duarte Belo를 따라 걸어보자. 비탈에서 교차하는 두 대의 아센소르 뒤로 테주강이 출렁이는 풍경을 배경 삼아 인생 사진을 남길 수 있다.

타임아웃 마켓 주변

타임아웃 마켓P.236 주변에는 바닥은 핑크색이고 하늘에는 우산을 걸어놓은 '핑크 스트리트'가 있다. 저녁이면 바와 레스토랑이 불을 밝히는 거리지만, 낮에는 웨딩 스냅사진 촬영 거리로도 유명하다.

소도시

코스타 노바 줄무늬 마을

포르투 근교, 컬러풀한 줄무늬 집이 조르르 늘어선 코스타 노바 줄무늬 마을은 걷기만 해도 마음이 밝아진다. P.182

케브라 코스타스 거리

코임브라 대학교로 가는 첫 관문 같은 알메디나 문을 지나면 이 거리가 나온다. 구대성당 앞까지 이어지는 알록달록 파스텔 빛 건물과 그곳에 둥지를 튼 서점이나 카페를 구경하며 걷기 좋다. P.353

오비두스

성문에서 오비두스성까지 이어지는 디레이타 거리를 따라 걸어보자. 가장자리를 노랑, 파랑으로 두른 하얀 집들 사이를 걸으며 가게들을 구경하는 재미가 쏠쏠하다. P.310

포르투갈 고유의 타일 장식

푸른 아줄레주의 낭만

포르투갈을 여행하다 보면 포르투와 리스본은 물론 아베이루, 신트라 등
어느 도시에서나 아줄레주를 만나게 된다. 왕궁, 성당 등 유적지 외벽과 내벽뿐 아니라
주택 건물 외벽에서도 쉽게 볼 수 있는 아줄레주, 제대로 감상해보자.

아줄레주의 기원과 역사

'반질반질하게 닦인 돌'이라는 뜻의 아랍어 아즈줄레이즈az-zulayj에서 유래한 아
줄레주Azulejo는 유약으로 그림을 그려 넣은 타일 장식이다. 포르투갈은 아랍 문명
의 영향을 받아 15세기부터 푸른색 아줄레주를 사용했다. 16세기에는 이탈리아
의 기술을 도입해 노란색을 쓸 수 있게 되었으며, 17세기에는 정사각형 단위로 패
턴을 만드는 카펫식 아줄레주가 발달했다. 18세기는 아줄레주의 전성기로 많은
화가가 아줄레주로 건물의 벽화를 그렸고, 19세기에 이르러 아줄레주가 대중화
되었다. 아줄레주에는 장식뿐 아니라 여름에 더위를 막아주고 겨울에 습기를 방
지하는 기능이 있어 건물 외벽에 다양하게 쓰였다. 그래서 유적지 외벽에는 푸른
색과 흰색으로 역사적 순간을 그린 벽화가 많이 남아 있으며, 일반 건물에는 노랑,
초록, 빨강 등 다양한 색의 아줄레주가 남아 있다.

아줄레주 내부 벽화가 아름다운 곳

① 상 벤투 역
1387년 포르투갈에 도착한 주앙 1세와 필리파 여왕,
1415년 세우타 점령 등 역사적인 장면들을 벽화로 감
상할 수 있다. P.108

📍포르투

② 포르투 대성당
1층 클로이스터 벽을 푸르게 장식한 18세기 아줄레
주와, 2층 벽과 내부의 아줄레주가 환상적이다. P.109

📍포르투

③ 아줄레주 국립 박물관
옛 수도원 건물을 개조한 박물관으로 15세기부터 현
대까지의 아줄레주 작품을 감상할 수 있다. 아줄레주
벽화로 둘러싸인 카페도 아름답다. P.257

📍리스본

아줄레주 외벽이 아름다운 곳

① 카르무 성당

성당 옆면의 흰색 바탕에 우아한 창문과 어우러진 아줄레주 장식이 아름답기로 유명하다. P.131

📍 포르투

② 알마스 성당

아시시의 성 프란치스코와 성녀 카타리나의 생애를 푸른 아줄레주 벽화로 웅장하게 담아냈다. P.130

📍 포르투

③ 아베이루 옛 기차역

운하 위의 몰리세이루, 염전에서 일하는 사람 등 아베이루의 옛 모습이 담긴 벽화를 감상할 수 있다. P.178

📍 아베이루

④ 산타 루치아 전망대

1147년 무어인을 몰아낸 리스본 탈환 작전이 담긴 아줄레주 벽화와 기하학적인 아줄레주로 꾸민 분수가 볼거리다. P.254

📍 리스본

아줄레주가 많은 거리

① 포르투 히베이라

포르투 도루강 변 히베이라 광장 P.113에는 외벽을 아줄레주로 꾸민 건물이 유난히 많다. 거리를 거닐며 아줄레주의 아름다움을 감상해보자.

② 리스본 알파마

리스본 알파마(아우구스타 거리 동쪽 P.246)의 미로 같은 골목 안에는 아줄레주로 장식한 건물이 많이 남아 있다. 색색의 아줄레주 건물 사이를 걸으며 산책을 즐겨보자.

🚶

건축이 예술이다!
마누엘 양식 들여다보기

유럽에서 '마누엘 양식' 건축은 오직 포르투갈에서만 볼 수 있다.
크리스투 기사단 십자가, 혼천의, 밧줄, 닻, 범선 등 대항해 시대의 상징물을 활용해 건물을
화려하게 장식한 후기 고딕 양식의 한 갈래인 마누엘 양식을 만나러 떠나보자.

마누엘 양식의 기원

건축은 시대상을 반영한다. 유럽의 변방이었던 포르투갈은 건축 유행도 늘 한 박자 늦게
받아들였는데, 대항해 시대 이후 고유의 '마누엘 양식'을 발전시켰다. 마누엘 1세가 향신
료 무역으로 축적한 막대한 부를 수도원과 성당 건축에 쏟아부은 덕이다. 마누엘 1세가
제로니무스 수도원을 지으며 완성한 건축 양식이어서 '마누엘 양식'이라 부르게 되었다.
16세기 리스본은 마누엘 양식의 화려한 건물로 가득한 도시였지만, 1755년 대지진으로
대부분 붕괴되고 벨렝에 일부가 남았다. 호시우 역처럼 19세기 마누엘 양식이 부활하며
지은 네오 마누엘 양식 건물은 여전히 아름다운 자태를 뽐내고 있다.

제로니무스 수도원 P.264

🔍 예배당 천장, 안뜰을 둘러싼 55m의 회랑, 정문 파사드
📍 리스본

벨렝탑 P.266

🔍 포르투갈 문장, 크리스투 기사단 십자가 장식, 동글동글한 포탑
📍 리스본

호시우 역 P.222

🔍 말발굽 모양 정문, 화려한 창문 📍 리스본

알코바사 수도원 P.333

🔍 정문 파사드, 마누엘 양식으로 꾸민 회랑 📍 알코바사

바탈랴 수도원 P.336

🔍 정문 파사드, 뾰족한 지붕, 주앙 1세의 회랑, 미완성 예배당의 기둥 장식 📍 바탈랴

크리스투 수도원 P.341

🔍 16세기에 리뉴얼한 회랑, 예배당 천장
📍 토마르

푸른 바다가 부른다
대서양의 푸른 해변 즐기기

포르투갈 서쪽과 남부는 대서양을
따라 멋진 해변이 펼쳐진다.
아무리 머릿속이 복잡한 여행자라도
대서양의 구김살 없는 날씨 앞에
무장 해제되고 만다. 포르투갈에서
만날 수 있는 멋진 해변 지역을 소개한다.

포르투 서핑하기 좋은 바다
포즈·마토지뉴스

포르투를 가로지르는 도루강이 대서양과 만나는 포즈에서부터 마토
지뉴스까지 해변이 이어진다. 마토지뉴스에서는 해수욕은 물론 거센
파도를 타는 서핑도 즐길 수 있다. **P.162**

**포르투
근교** 현지인의 바캉스 명소
코스타 노바

새로운 해안이라는 뜻의 코스타 노바는 포르투갈
사람들이 바캉스를 즐기러 가는 해변이다. 파도도
좋고 바람도 많이 불어 서핑과 패러글라이딩을 하
기 좋다. **P.183**

**리스본
근교** 태양의 해변
카스카이스

카스카이스에는 해변이 여럿이다.
수심이 얕고 백사장이 넓어 일광욕
에 적합한 해변부터, 수심이 깊고 물
이 맑아 다이빙하기 좋은 곳까지, 호
젓한 분위기 속에서 여유롭게 해수
욕을 즐겨보자. **P.298**

 리스본 근교 대서양의 진면목
아제냐스 두 마르

절벽 위에는 오렌지색 지붕의 집들이, 절벽 아래로는 대서양 바다가 웅장하게 펼쳐진다. 수영장이 딸린 레스토랑이 있어 안전하게 수영을 즐길 수 있다. P.291

 포르투갈 중부 거대한 파도가 이는 어촌
나자레

세계적인 서퍼 개릿 맥나마라Garrett McNamara가 파도를 타며 유명해졌다. 거대한 파도 앞에 맥박이 빨라지고, 초승달 모양 해안 풍경에 가슴이 벅차오른다. P.325

 포르투갈 남부 해안 절벽의 매력
라구스

대서양의 남쪽 라구스에는 해안선을 따라 황금빛 절벽에 둘러싸인 해변이 이어진다. 절벽 사이에 숨어 있어 계단을 내려가야 하는 곳이 많지만, 그만큼 호젓하게 해변을 만끽할 수 있다. P.369, 370

 포르투갈 남부 지중해풍 휴양지
알부페이라

잔잔한 바다와 지중해처럼 흰 건물이 어우러지는 해변에서 휴가를 즐기고 싶다면 알부페이라 해변이 답이다. 여름에는 유럽인이 몰려오는 휴가지로 인기다. P.381

포르투갈 고유의 정서가 흐르는
사우다드의 노래, 파두

애절한 멜로디가 파도처럼 밀려오는 포르투갈 전통 가요 파두는 유네스코 인류무형문화유산이다. 리스본과 코임브라 스타일로 나뉘는 파두Fado(파도가 아니라 파두라고 읽는다)를 알고 즐겨보자.

파두의 유래

운명, 숙명을 뜻하는 라틴어 '파툼fatum'에서 유래한 이름이다. 서민 삶의 애환을 담은 파두는 대항해 시대 이후 리스본 알파마 지역에서 시작되었다. 기쁨을 표현한 가사를 들어도 왠지 모를 서글픔이 느껴지는 이유는 바로 '사우다드Saudade'의 정서가 깔려 있기 때문이다. 한국의 '한'을 다른 나라 말로 번역하기 어렵듯이 사우다드도 정확하게 번역하기는 어렵지만, 간절한 바람이나 향수, 그리움 등으로 해석한다. 1950년 파두 가수 아말리아 호드리게스Amália Rodrigues에 의해 포르투갈 대표 음악으로 자리 잡았다. 파두는 보통 포르투갈 기타Guitarra Portuguesa와 베이스 기타리스트 2인 그리고 파두 가수 1인이 호흡을 맞춰 공연하며, 파두 가수는 파티스타Fadista라고 부른다.

카사 두 파두 Casa do Fado
저녁 식사와 파두 공연을 즐길 수 있는 소규모 레스토랑을 '카사 두 파두'라 칭칭한다. 보통 저녁 시간에 1~2회 공연을 하는데, 식사나 음료 메뉴를 주문해야 한다. 예약은 필수다.
📍 리스본 알파마, 바이루 알투 일대

그리움의 노래, 리스본 파두

구슬픈 가락과 가사가 주를 이룬다. 여성 파티스타가 사우다드의 정서를 끌어올려 애절하게 노래한다. 곡의 절반이 끝나는 부분에서 기타리스트가 연주를 멈추고 파티스타가 클라이맥스를 위해 마지막 음을 길게 유지해 부른다. 알파마 일대에 많은 카사 두 파두에서 공연을 즐길 수 있다.

파두 감상하기

파두 박물관
파두의 역사와 창법, 대표 가수 등을 한눈에 볼 수 있다. 공연과 더불어 파두 기타 만들기 같은 수업도 연다. P.253

사랑의 세레나데, 코임브라 파두

코임브라 대학생 사이에서 유래해 서정적인 고전 시를 가사로 한 노래가 많다. '사랑 고백'이 테마로 밝고 로맨틱한 분위기에 남자 파티스타가 감미롭게 부른다. 남학생들이 여학생 기숙사 창문 아래서 파두를 부르면 여학생들이 방불을 깜빡여 답을 했다고 한다. 리스본과 달리 카페나 전용 공연장에서 감상할 수 있다.

파두 감상하기

파두 아우 센트루
매일 저녁 6시, 파티스타 1명과 기타리스트 2명이 코임브라 대학교에서 전승한 사랑의 세레나데를 들려준다. P.353

🚶

떠나기 전 감성 충전
영화와 소설로 미리 만나는 리스본

페소아가 쓴 책이나 리스본행 야간열차에 몸을 싣는 영화 주인공의 모습을 보고
포르투갈 여행을 결심한 사람은 손 들어보시길.

소설보다 영화가 더 유명한
〈리스본행 야간열차〉

스위스 베른의 김나지움에서 고전어를 가르치는 그레고리우스가 출근길 다리 위에서 자살하려는 여인을 구하며 이야기가 시작된다. 그레고리우스는 '포르투갈어'를 쓰는 여인을 구한 후 서점에서 '언어의 연금술사'라는 책을 발견해 읽다가 저자 프라두를 찾아 리스본으로 떠난다. 프라두의 흔적을 쫓는 과정에서 아센소르가 오가는 리스본의 언덕을 누비고, 페리를 타고 테주강을 건넌다. 결국 그레고리우스는 포르투갈의 암흑기 살라자르 독재 정권 시대를 소신 있게 살아낸 프라두의 청춘과 마주하게 된다. 그 덕에 〈리스본행 야간열차〉를 보고 나면 언덕투성이 리스본의 지형과 카네이션 혁명을 좀 더 깊이 이해하게 된다. 원작은 스위스 철학자 파스칼 메르시어의 소설이다.

페소아가 안내하는 리스본
《페소아의 리스본》

《불안의 책》, 《페소아와 페소아들》 등의 책을 남긴 1888년생 리스본 출신 작가 페르난두 페소아가 영어로 쓴 가이드북이다. 페소아 탄생 100주년을 맞은 1988년에 극적으로 발견되어 출간되었다. 이 책에서 페소아는 리스본에 대해 "눈부시게 아름다운 경치를 내려다볼 수 있는 전망대가 쭉 늘어선 일곱 언덕 위로, 들쭉날쭉 튀어나온 다채로운 건물들이 여기저기 흩어져 리스본이라는 도시를 이룬다"라고 썼다.

페소아를 만나고 싶다면, 페르난두 페소아의 집

페소아가 살던 3층 건물을 개조한 박물관이다. 오감을 자극하는 전시를 관람하다 보면 초상화와 타자기, 안경 등 작가의 소장품을 통해 페소아의 숨결을 느낄 수 있다. 아담한 도서관과 카페도 머무르기 좋은 분위기다. P.233

영화와 책 속의 장소들
- 산타 주스타 엘리베이터 P.217
- 코메르시우 광장 P.218
- 호시우 광장 P.222
- 상 페드루 알칸타라 전망대 P.235
- 상 조르즈 성 P.249
- 세뇨라 두 몬트 전망대 P.255
- 제로니무스 수도원 P.264

입안 가득 바다가 담기는 해산물의 맛
해산물 천국 포르투갈 먹킷리스트

대서양과 인접한 포르투갈은 해산물 요리의 천국이다. 애피타이저로 조개볶음과 거북손,
메인 요리로는 생선구이, 문어 스테이크를 즐겨 먹는다. 해물밥으로 통하는 아로즈 드 마리스쿠와
자작한 국물까지 맛있는 해물 스튜 카타플라나도 꼭 맛보아야 할 메뉴다.

Appetizer

아메이조아스 아 불량 파투
Amêijoas à Bulhão Pato

조개에 올리브 오일, 마늘, 레몬, 고
수를 넣고 볶아 고수 향과 바다의 풍
미를 즐길 수 있는 요리다.

Appetizer

페르세베스
Percebes

우리말로 거북손. 삶아서 애피타이
저로 즐겨 먹는다. 전복보다 쫄깃한
식감이 특징이다.

Appetizer

메실량
Mexilhão

레스토랑마다 각기 다른 소스로 조
리한 홍합 요리를 즐길 수 있다. 대
부분 고수가 들어간다.

Appetizer

폴보 엠 몰류 베르드
Polvo em molho verde

올리브 오일과 와인 식초, 파슬리 등
을 넣은 그린 소스에 삶은 문어를 무
친 상큼한 샐러드다.

Main Dish

사르디냐
Sardinha

정어리에 소금을 솔솔 뿌려 그릴에
구워 먹는다. 5~8월이 제철이라 더
욱 기름지고 맛있다.

Main Dish

로발루 그렐랴두
Robalo Grelhado

정어리만큼 즐겨 먹는 생선구이가 바
로 농어구이다. 감자나 샐러드와 곁
들이는데, 한 끼 식사로 손색이 없다.

Main Dish

도우라다 그렐랴다
Dourada Grelhada

금박 도미구이라는 뜻이다. 황금색 반점이 있는 도미로 살이 부드럽고 기름기가 적어 구이로 인기다.

Main Dish

사파테이라 헤셰아다
Sapateira Recheada

삶은 게를 차게 식혀 게살, 마요네즈, 달걀로 만든 페이스트를 몸통에 가득 채운다. 빵을 곁들여 먹으면 맛있다.

Main Dish

루리냐스 프리타스
Lulinhas fritas

포르투갈 남부에서 즐겨 먹는 꼴뚜기볶음으로 야들야들한 식감과 감칠맛이 밥과 잘 어울린다.

Main Dish

폴보 그렐랴두
Polvo Grelhado

문어의 크기에 한 번, 야들야들한 식감에 두 번 반하는 문어 스테이크로 감자와 채소를 곁들여 먹는다.

Main Dish

필레테스 드 폴보
Filetes de Polvo

짭조름한 볶음밥에 문어튀김을 올려 먹는데, 문어튀김 식감이 한국식 오징어튀김을 닮았다.

Main Dish

카타플라나
Cataplana

새우, 조개, 오징어, 가리비 등 싱싱한 해산물과 채소를 넣고 국물을 자작하게 끓여내는 스튜다.

필수 맛집 리스트

칸티나 32

문어 한 마리를 통째로 구워주는 문어 스테이크 맛집이다. 가니시로 나오는 단호박와 토마토도 맛있다. P.118

✕ 폴보 그렐랴두(원 그릴드 옥토퍼스 위드 로스티드 토마토) ● 포르투

폰투 피날

페리를 타고 전망과 식사를 즐기러 가는 레스토랑이다. 야외에서 맛보는 생선구이가 일품이다.

P.244

✕ 사르디냐, 도우라다 그렐랴다
● 리스본(알파마)

아제냐스 두 마르 레스토랑

아제냐스 두 마르의 절경을 바라보며 신선한 해산물 요리를 즐기는 로맨틱한 레스토랑이다. P.291

✕ 카타플라나
● 신트라(아제냐스 두 마르)

카밀루

라구스의 대표 해산물 레스토랑으로 남부 특산물인 꼴뚜기볶음과 다양한 생선구이를 와인과 즐기기 완벽한 장소다. P.373

✕ 루리냐스 프리타스 ● 라구스

해물 종류에 따라 달라지는 맛

한국인 입맛에 잘 맞는 해물밥

해물밥은 쌀Arroz과 각종 해산물에 토마토퓌레를 섞어 만드는 메인 요리다.
해산물 종류에 따라 새우밥, 아귀밥, 문어밥 등 다양한 변주를 즐길 수 있다. 레스토랑에서 해물밥을 주문하면
대부분 요리를 냄비째로 내주는데, 1인분씩 파는 식당도 있고 2인분부터 파는 식당도 있다.

오리지널 해물밥
아로즈 드 마리스쿠
Arroz de Marisco

토마토퓌레에 새우, 오징어, 홍합, 문
어 등 각종 해산물과 쌀을 넣고 바
글바글 끓인 스튜. 걸쭉한 국물 맛이
꼭 해물 국밥과 비슷하다.

변형편 해물 빵 스튜,
아소르다 드 마리스쿠
Açorda de Marisco

토마토퓌레에 각종 해산물과 빵을
넣어 끓인 요리. 해물밥보다 더 부드
러운 식감을 느낄 수 있다.

새우밥

아로즈 드 감바 Arroz de Gamba

새우를 실컷 먹고 싶다면 메인 해물로 새우가 들어가는 아로즈 드 감바를 주문해보자.

아귀밥

아로즈 드 탐보릴 Arroz de Tamboril

아로즈 드 마리스쿠의 주재료를 아귀로 바꾸면 아귀밥이 된다. 아귀찜을 좋아하는 사람이라면 누구나 반할 메뉴다.

바칼라우혀밥

아로즈 링구아스 드 바칼랴우
Arroz Línguas de Bacalhau

메인 해물로 바칼랴우(대구)의 혀 부위를 넣는데, 부드러운 쌀과 혀의 쫀득한 식감이 맛있게 조화를 이룬다.

문어밥

아로즈 드 폴보 Arroz de Polvo

메인 해물로 야들야들한 문어가 들어간 문어밥은 부드러운 식감이 매력 포인트다.

고수를 못 먹는다면 필독!

포르투갈은 고수(코엔트루Coentro)를 많이 먹는다. 해물밥에 보통 고수가 들어가니 고수를 못 먹는 여행자라면 주문 전에 꼭 빼달라고 하자. 영어로는 "노 코리엔더, 플리즈No coriander, please!", 포르투갈어로는 "셈 코엔트루, 포르 파보르Sem coentro, por favor!"라고 하면 된다.

▶ 해물밥 대표 맛집 ◀

아 그라데

국물이 넉넉한 해물밥에 문어 샐러드를 곁들이면 대서양 바다의 풍미를 제대로 맛볼 수 있다. P.120

✖ 아로즈 드 마리스쿠,
문어 샐러드 📍 포르투

비냐스 달류

도루강 변 전망과 맛, 두 마리 토끼를 잡을 수 있는 레스토랑에서 아귀밥을 즐겨보자.
P.121

✖ 아로즈 드 탐보릴 📍 포르투

오 텔레이루

수산 시장 옆 해산물 요리 전문점으로 바칼라우혀밥, 아로즈 링구아스 드 바칼랴우를 판다. 해장용으로도 제격이다.
P.179

✖ 아로즈 링구아스 📍 아베이루

우마 마리스퀘이라

줄 서서 먹는 맛집으로 국물이 자작하고 해산물이 가득한 해물밥을 맛볼 수 있다. P.225

✖ 아로즈 드 마리스쿠 📍 리스본

카사 피레스 아 사르디냐

사르디냐 전문점인데 큼직한 아귀와 새우를 듬뿍 넣은 아귀밥 맛이 일품이다. P.326

✖ 아로즈 드 탐보릴, 사르디냐
📍 나자레

—— ♟♟ ——

염장 대구의 무궁한 변신

포르투갈 소울 푸드 바칼랴우

포르투갈 레스토랑에 빠지지 않는 메뉴가 바칼랴우Bacalhau다. 반건조 염장 대구를 물에 불려 소금기를 빼고 다양한 방법으로 요리해 식감도 다채롭다. 입맛에 맞는 바칼랴우 요리를 즐겨보자.

바칼랴우는 어떻게 포르투갈 국민의 소울 푸드가 됐을까?

대구는 포르투갈 인근 바다에서 잡히는 생선도 아닌데, 포르투갈에서는 15세기부터 대구를 먹기 시작했다. 어부들이 북대서양으로 나가 새벽마다 캄캄한 바다에서 대구 낚시를 해왔기 때문이다. 힘들게 잡은 대구는 부패하지 않도록 소금에 절여 반건조 상태로 가져왔기에 집집마다 식탁 위에 바칼랴우가 오를 수 있었다. 바칼랴우를 '믿을 수 있는 친구Fiel Amigo'라 부르는 이유다. 지금은 노르웨이산 대구를 수입해서 먹는다.

바칼랴우 부위 알고 먹기

바칼랴우는 부위에 따라 식감이 다르다. 몸통 롬부Lombo, 뱃살 부분인 바히가Barriga, 꼬리 부분인 카우다Cauda 부위 중 스테이크로 먹었을 때 가장 맛있는 부위는 몸통인 롬부다.

롬부Lombo

바히가Barriga

카우다Cauda

바칼랴우 대표 맛집

파롤 다 보아 노바

도루강 변 노천에 앉아 바칼랴우 그렐랴두와 와인을 즐기기 좋은 레스토랑이다. P.121

✗ 바칼랴우 그렐랴두　◉ 포르투

카사 포르투게사 두 파스텔 드 바칼랴우

피디오 세라 다 에스트렐라 치즈를 넣어 풍미가 좋은 파스텔 드 바칼랴우를 즉석에서 만들어준다. P.152

✗ 파스텔 드 바칼랴우　◉ 포르투

바칼랴우 대표 메뉴

바칼랴우 그렐랴두 Bacalhau Grelhado

바칼랴우의 소금기를 빼고 살점을 불려 스테이크로 구워 먹는다. 소스에 따라 메뉴명이 조금씩 달라진다.

바칼랴우 아 브라스 Bacalhau à Brás

잘게 찢은 바칼랴우 살을 달걀, 감자, 양파와 섞어 볶은 요리. 염장 대구의 강한 맛이 느껴지지 않아 처음 바칼랴우를 접하는 여행자에게 추천한다.

바칼랴우 아 브라가 Bacalhau à Braga

말 그대로 북부 브라가에서 유래한 요리. 밀가루를 살짝 묻혀 튀긴 바칼랴우에 둥글납작한 감자튀김과 양파볶음을 곁들여 내는 것이 기본 레시피다.

파스텔 드 바칼랴우 Pastel de Bacalhau

바칼랴우, 감자, 치즈 등으로 만든 어묵의 일종으로 숟가락 2개를 이용해 둥근 모양으로 빚어 튀기는 것이 전통 방식이다. 애피타이저나 간식으로 먹기 좋다.

솔라 두 바칼랴우

같은 바칼랴우 요리도 원하는 부위를 골라 주문할 수 있는 바칼랴우 전문 레스토랑으로 코임브라 기차역에서 가깝다. P.357

🍴 바칼랴우 그렐랴두
📍 코임브라

로마리아 드 바코

신트라 현지인이 추천하는 레스토랑으로 부드러운 식감의 바칼랴우 아 브라스와 와인을 함께 즐기기 좋다. P.290

🍴 바칼랴우 아 브라스
📍 신트라

069

매일 해산물만 먹을 순 없지

고기 러버를 위한 메뉴

해산물 과부하에 걸렸거나 고기를 먹어야 기운이 나는 여행자를 위해
포르투갈의 고기 요리를 소개한다. 취향에 따라 다양한 메뉴를 즐겨보자.

프란세지냐 Francesinha

포르투 전통 음식으로 빵과 훈제 염장 돼지고기, 소시지,
햄을 층층이 쌓은 샌드위치 위에 치즈를 올려 오븐에 구
워낸다. 여기에 프란세지냐 소스까지 더해져 고칼로리 음
식이 완성된다. 감자튀김과 슈퍼복 맥주를 곁들이면 화룡
점정이다.

비파나 Bifana

고기를 간이 된 국물에 적셔 빵 사이에 끼워 먹는 고기 샌
드위치로 치즈를 넣어 먹으면 더욱 풍미가 좋다.

추천 맛집

카사 구에데스 루프톱

1987년 문을 연 비파
나 맛집으로 '카사 구에
데스 트래디셔널'이 본
점이며, 바로 옆 '카사
구에데스 루프톱'은 분
위기가 힙하다. P.135

◉ 포르투

추천 맛집

브라상 알리아도스

현지인이 추천하는 포
르투 최고의 프란세지
냐 맛집이다. 슈퍼복
맥주를 곁들이면 더 맛
있다. P.135

◉ 포르투

슈하스쿠 Churrasco

그릴에 구운 숯불 바비큐로 돼지고기나 소고기는 물론 토끼고기, 메추리고기까지 다양한 고기를 즐긴다. 피리피리 소스를 함께 곁들여보자.

프랑구 아사두 Frango Assado

닭(프랑구)을 반으로 갈라 양념을 발라가며 석쇠에 굽는 치킨 바비큐다. 사이드로 감자 대신 밥을 선택해 매콤한 피리피리 소스와 함께 먹으면 한국인 입맛에 더욱 잘 맞는다.

추천 맛집

봉자르딩

70년 넘은 노포다. 고소한 닭고기에 매콤한 피리피리 소스를 뿌려 먹는 맛이 일품이다. **P.225**

📍 리스본

추천 맛집

로툰다 다 보아비스타

여행자보다 현지인이 즐겨 찾는 숯불 바비큐 맛집으로 돼지갈비 바비큐가 인기 메뉴다. **P.164**

📍 포르투

프랑구 나 푸카라 Frango na Pucara

항아리 안에 수탉, 감자, 당근, 월계수, 브랜디 등을 넣고 뭉근하게 끓여 먹는 알코바사의 명물 닭 요리다.

추천 맛집

안토니우 파데이루

알코바사 전통 요리 맛집으로 예쁜 항아리 그릇에 담긴 프랑구 나 푸카라를 맛볼 수 있다. **P.335**

📍 알코바사

아는 만큼 즐긴다!

포르투갈 레스토랑 이용 가이드

소박해도 깊은 맛이 나며 푸짐한 포르투갈 요리는 여행에 윤기를 더한다.
음식을 맛보는 일은 역사와 문화를 느껴보는 일 아니던가. 포르투갈 음식을 제대로 맛보리라
마음먹은 당신을 위해 포르투갈 레스토랑 이용법을 소개한다.

포르투갈 레스토랑의 영업시간과 피크 타임은?

사계절 해가 긴 포르투갈은 한국보다 1시간 정도 점심과 저녁을 늦게 먹는 편이다. 점심은 12시부터 오픈하는 레스토랑이 많지만, 저녁에는 7시가 되어야 문을 여는 곳이 많다. 가장 붐비는 시간은 점심은 1시, 저녁은 8시 무렵이다.

	점심 Almoço	저녁 Jantar
평균 영업시간	12:00~15:00	19:00~22:00
피크 타임	13:00	20:00

1. 레스토랑은 미리 예약하자

전화 예약도 가능하지만, 요즘은 구글맵을 통해 예약하거나 더포크TheFork 앱을 통해 예약 가능한 레스토랑이 많다. 예약금을 먼저 받는 경우는 없으며, 자리만 있다면 원하는 시간에 예약할 수 있다.

2. 안내를 받고 착석한다

예약을 했다면 이름을 말하고 자리를 안내받자. 현장 방문이라면 자리가 있는지 물어보고 안내를 받으면 된다. 테이블이 비어 있어도 예약석이라 바로 앉을 수 없는 경우도 있다.

3. 영어 메뉴판을 요청하자

포르투나 리스본처럼 여행자들이 많이 찾는 도시의 레스토랑은 대부분 영어 메뉴판을 갖추고 있다.

4. 오늘의 메뉴를 확인하자

오늘의 메뉴는 애피타이저, 메인 요리, 디저트를 점심에 한해 질묘하게 선보이는 메뉴다. 레스토랑 벽이나 입간판에 오늘의 메뉴 Menu del Dia를 적어두는 경우가 있다.

5. 먹느냐 마느냐는 당신의 자유, 쿠베르트

레스토랑 테이블에 앉으면 직원이 빵, 올리브, 치즈 등의 쿠베르트 Couvert를 내온다. 하나하나 돈을 따로 받으니 원하지 않으면 치워 달라고 하자. 일부 레스토랑에서는 손을 대지 않아도 요금을 청구하기도 한다.

6. 계산서는 콘타

계산서를 요청할 때는 "콘타, 포르 파보르Conta, Por Favor"라고 말하면 된다. 계산서를 상자에 담아서 주는 레스토랑이 대부분이다.

커피와 잘 어울리는 달콤함
매일 먹어도 좋은 파스텔 드 나타

포르투갈 대표 디저트인 파스텔 드 나타와 커피는 찰떡궁합이다.
한 입 베어 물면 바삭한 파이가 씹히면서 녹진한 커스터드 크림이 입 안에서 살살 녹는다.

파스텔 드 나타 Pastel de Nata 란?

18세기 리스본 제로니무스 수도원에서는 달걀흰자로 수도복을 빳빳하게 만들고 노른자로는 과
자를 만들었다. 남은 노른자를 활용하려고 발명한 디저트가 에그타르트로 알려진 '파스텔 드 나
타'다. 포르투갈에서는 겉은 바삭하고 속은 촉촉한 파스텔 드 나타를 자주 맛볼 수 있다.

파스텔 드 나타 제대로 즐기는 법

① 시간이 지나면 딱딱해지므로 포장보다 매장에서 바로 먹어야 맛있다.
② 갓 구운 파스텔 드 나타가 아니라면 따뜻하게 데워달라고 요청하자.
③ 에스프레소나 아메리카노와 잘 어울리니 커피를 주문할 때 참고하자.
④ 테이블 위에 놓인 시나몬 가루와 슈거 파우더를 취향대로 뿌려 먹는다.
⑤ 포르투에서는 포트와인, 리스본에서는 진지냐와 함께 먹으면 달달함이 배가된다.

그 밖의 디저트

포르투갈의 명물 디저트는 대부분 달걀노른자와 설탕을 듬뿍 넣어 만든다. 수도원에서 달걀노른자로 만든 디저트 레시피를 전수받은 데다, 15세기부터 마데이라에서 설탕을 생산하기 시작해 설탕을 아낌없이 쓸 수 있었기 때문이다.

리스본
볼루 헤이 Bolo Rei

갓 구운 팡드로Pão-de-ló(카스텔라) 위에 설탕에 절인 과일과 견과류를 얹어 화려하게 꾸민 케이크로, 왕실에 케이크를 납품하던 리스본의 콘페이타리아 나시오날Confeitaria Nacional이 볼루 헤이의 원조다. 지금은 국민 크리스마스 케이크로 통한다.

아베이루
오부스 몰레스 Ovos Moles

부드러운 달걀이라는 뜻의 작은 쿠키로, 성당 미사에서 쓰는 성체와 같은 재료로 만든 흰 껍질 안에 달걀 크림을 가득 채웠다. 다양한 틀에 찍어내 모양도 각양각색이다.

신트라
트라베세이루 Travesseiros

설탕을 솔솔 뿌린 긴 베개 모양의 페이스트리다. 역시 안에는 달콤한 슈크림이 듬뿍 들어 있다.

▶ 3대 대표 맛집 ◀

파스테이스 드 벨렝

제로니무스 수도원에서 전수받은 레시피로 파스텔 드 나타를 처음 팔기 시작한 원조 가게다. 늘 줄이 길지만, 바삭한 페이스트리와 부드러운 커스터드 크림을 맛보면 기다린 보람이 느껴진다. P.269

📍 리스본

파브리카 다 나타

겉바속촉의 정석 같은 맛이다. 아줄레주로 꾸민 매장 인테리어가 달콤한 파스텔 드 나타만큼이나 아름답다. 편히 앉아서 먹을 수 있고, 포르투와 리스본에 지점이 많은 것도 장점이다. P.118, 227

📍 포르투, 리스본

만테이가리아

버터라는 뜻의 만테이가리아는 버터로 만든 페이스트리가 맛있기로 유명하다. 지점 대부분에 좌석이 없어 간단하게 서서 먹는 파스텔 드 나타 맛집이다. 2개 이상부터 포장이 가능하다. P.227

📍 포르투, 리스본

커피 한 잔의 쉼표

향긋하고 진한 포르투갈식 커피

포르투갈 사람들은 에스프레소를 즐겨 마신다.
카페에서 커피를 주문할 때 알아두면 좋은 포르투갈식 커피 메뉴를 소개한다.

 ## 에스프레소 종류

에스프레소를 즐겨 먹어서 'café = 에스프레소'로 통한다. 단, 포르투에서는 에스프레소를 심발리누Cimbalino, 리스본에서는 비카Bica라고도 부른다.

카페 Café
에스프레소 잔을 4분의 3 채워주는 기본 에스프레소

카페 세이오 Café Cheio
에스프레소 잔을 가득 채워주는 풀 에스프레소

카페 쿠르투 Café Curto
에스프레소 잔을 2분의 1만 채우는 진한 에스프레소

 ## 아메리카노 종류

한국의 아메리카노보다 양이 적은 편으로 롱블랙에 가깝다.

아바타나두 Abatanado
작은 잔에 내려주는 따뜻한 아메리카노

아바타나두 콩 젤루
Abatanado com gelo
아이스 아메리카노

베이커리 카페에 가고 싶다면, 파스텔라리아 Pastelaria
커피보다 빵에 진심이라면 제과점이라는 뜻의 파스텔라리아에서 커피와 빵을 즐겨보자. 파스텔라리아에서는 커피와 다양한 빵을 맛볼 수 있다.

 ## 라테 종류

우유Leite가 들어간 커피는 커피와 우유의 양에 따라 이름이 달라진다.

핑가두 Pingado
에스프레소에 우유를 넣은 에스프레소 마키아토

메이아 드 레이트 Meia de Leite
한국식 라테와 가장 비슷한 커피 반 우유 반 비율의 라테

갈랑 galão
커피와 우유가 1:3 비율로 들어간 연한 라테

사우드 Saúde! 건배를 부르는

로컬 맥주의 청량한 매력

포르투갈은 어딜 가나 작은 잔에 따라주는 맥주를 시원하고 저렴하게 마시기 좋은 나라다.
대표 맥주로 슈퍼복과 사그레스가 있다. 카페나 레스토랑에서 편하게 한잔 즐겨보자.

 ## 포르투갈 국민 맥주 양대 산맥

슈퍼복 Superbock

1927년부터 만들어온 포르투갈 대표 맥주 브랜드다. 필스너 스타일 라거는
물론 스타우트 비어, 레몬 맛이 가미된 슈퍼복 그린 등이 있다.

사그레스 Sagres

1940년 남부에서 만들기 시작한 맥주로 대항해 시대에 항
해사들이 항해술을 배우던 도시 사그레스의 이름을 딴 브
랜드다. 라거, 흑맥주, 보헤미아 맥주 등이 있다.

포르투갈의 맥주잔 사이즈

포르투갈에서는 맥주가 미지근해지는 것을 방지하기 위해
150㎖의 작은 잔에 즐겨 마신다.

람브레타Lambreta
150㎖

임페리알Imperial
200㎖

카네카Caneca
500㎖

생맥주를 부르는 두 가지 이름

맥주는 포르투갈어로 세르베자Cerveja라고 하는데, 생맥주를 부르
는 이름은 따로 있다. 리스본에서는 생맥주를 임페리알Imperial이라
부르며, 임페리알을 주문하면 같은 이름의 200ml 용량 잔에 생맥주
를 따라준다. 포르투에서는 피누Fino라고 부른다.

 슈퍼복을 생맥주로 즐기기 좋은 곳

메르카두 베이라 리우

빌라 노바 드 가이아
의 푸드코트로 정중
앙에는 슈퍼복 바가
있어 음식과 함께 즐
기기 좋다. P.152

📍 포르투

타임아웃 마켓의 비어 익스피리언스 슈퍼복

슈퍼복의 프리미엄 생맥주
캐스케이드 블론드 라거,
뮌헨 둔켈, 스타우트 등을
즐길 수 있다. P.116, 236

📍 포르투, 리스본

그린와인부터
마데이라까지

포르투갈
와인의 세계

포르투갈은 비뉴 베르드, 비뉴 틴투,
비뉴 브랑쿠 같은 일반 와인과
포트와인, 마데이라 같은
주정강화 와인을 만드는 나라다.
그중 비뉴 베르드와 포트와인,
마데이라는 오직 포르투갈에서만
만드는 개성 있는 와인이다.

일반 와인

비뉴 베르드 Vinho Verde

포르투갈 북부 미뉴 지방에서 포도
를 수확한 지 3~6개월 안에 만드는
어린 와인이다. 연둣빛이 나는 풋 와
인이란 의미에서 비뉴 베르드('초록,
어린, 설익은'이라는 뜻)라 부른다.
영어로 번역하면 그린와인이다. 상
큼한 신맛이 입맛을 돋워주어 식사
를 시작할 때 즐겨 마신다.

비뉴 틴투 Vinho Tinto
비뉴 브랑쿠 Vinho Branco

레드 와인과 화이트 와인이다. 알렌
테주 지역에서 만든 레드 와인은 어
떤 음식에나 잘 어울리고, 당dão 지
역의 레드 와인은 벨벳처럼 부드럽
고 섬세한 맛을 선사한다.

주정강화 와인

포트와인과 마데이라가 포르투갈 대표 주정강화 와인이다. 단맛이 강해 초콜릿이나 치즈 같은 디저트와 함께 식후주로 마신다.

포트와인 Port Wine

발효 중인 와인에 브랜디를 첨가해 당도와 알코올 도수를 18~20%로 높인 와인으로, 도루밸리Douro Valley에서 재배한 포도를 사용해 포르투 빌라 노바 드 가이아의 와인 셀러에서 만든다. 포트와인의 종류는 오크통 숙성Cask-Aged과 보틀 숙성Bottle-Aged 와인으로 나뉜다.

- **화이트**White 청포도로 만드는 화이트 포트와인. 토닉워터를 섞어 포트 토닉으로 즐겨 마신다.
- **루비**Ruby 오크통에서 숙성한 어린 와인을 블렌딩해 진한 루비색을 띠며 점도가 높고 맛이 달콤하다.
- **토니**Tawny 루비보다 오래 숙성해(3~40년) 황갈색을 띠며 견과류 향과 부드러운 맛이 일품이다.
- **빈티지**Vintage 오크통에서 2년 숙성한 후 병 속에서 더 오래 숙성시키면 빈티지 포트가 된다. 말린 자두, 무화과, 블랙커런트 등 복합적인 풍미가 난다.
- **엘비브이**LBV(Late Bottled Vintage) 단일 빈티지 포트와인을 병에서 4~6년 숙성시켜 만든다.
- **빈티지 캐릭터**Vintage Character 비교적 좋은 해의 빈티지 포트와인을 블렌딩해 만든다.

마데이라 Madeira

브랜디 같은 스피릿 주류의 일종인 오드비Eau-de-Vie를 첨가한 주정강화 와인으로 마데이라 제도에서 생산된다. 당도에 따라 4가지로 분류하며, 포도 품종 이름으로 불린다. 가장 드라이한 세르시알Sercial부터 베르델류Verdelho, 부알Bual, 말바지아Malvasia 순으로 당도가 높아진다.

체리 와인

진지냐 Ginjinha

체리와 설탕을 리큐어에 담가 만드는 체리주다. 리스본을 비롯해 여러 지역에서 만드는 술이었는데, 오비두스에서 초콜릿 잔에 담아 팔기 시작하며 오비두스 특산품으로 유명해졌다.

🍴

숙성 중인 포트와인을 직접 경험하는
포트와인 셀러 투어

포트와인은 도루강 상류의 알토도루 지역에서 재배한 포도로 만드는 달콤한 디저트 와인이다.
포르투의 빌라 노바 드 가이아에는 포트와인 셀러가 즐비하고, 도루밸리의 경사진 언덕에 포도가 자란다.
그 덕에 빌라 노바 드 가이아에서는 포트와인 셀러 투어를, 도루밸리에서는 와이너리 투어를 할 수 있다.

포트와인, 시초가 궁금해!

포르투가 포트와인의 산지가 된 결정적 계기는 백년 전쟁이다. 프랑스와의 전쟁으로 와인 수입이 힘들어진 영국 상인들이 포르투로 이주해 와인을 만들기 시작했다. 그런데 배로 영국까지 와인을 배송하는 데 한 달씩 걸리다 보니 와인이 쉽게 변질되었고, 궁리 끝에 발효 중인 와인에 브랜디를 넣어 발효를 멈추게 하는 묘안을 찾아냈다. 그렇게 달콤하고 알코올 농도 짙은 포트와인이 탄생했다. 포트와인이라는 이름은 영국에 물건을 수출하던 항구의 이름 '오포르투O'Porto'에서 유래했다.

빌라 노바 드 가이아의
포트와인 셀러 투어

포트와인의 산지는 포르투갈 북부의 도루밸리다. 도루밸리에서 생산한 대부분의 포트와인은 빌라 노바 드 가이아에서 숙성시켜 병에 담는다. 그 덕에 포르투 여행자들은 멀리 갈 필요 없이 빌라 노바 드 가이아에서 포트와인 셀러 투어를 할 수 있다. 투어 과정은 비슷하나 브랜드마다 맛과 개성이 다르니 비교해보고 두 곳 정도 둘러보는 것도 좋다. P.148

① **투어 신청하기**
홈페이지에서 예약하거나 현장에서 투어를 신청할 수 있다. 예약 시 시음할 포트와인을 고를 수 있는 곳도 많은데, 토니나 빈티지 포트와인 시음을 선택하면 비용이 올라간다.

② **포트와인 저장고 둘러보기**
가이드를 따라 포트와인 저장고를 둘러보며 포트와인 제조 과정에 대해 살펴본다. 오디오 가이드를 제공하는 테일러스에서는 셀프로 저장고를 둘러본다.

③ **포트와인 시음 및 구입**
화이트와 루비 또는 토니까지 두세 가지 포트와인을 시음한다. 시음 후 상점에서 포트와인을 살 수 있는데 마트나 면세점보다 종류가 다양해 이곳에서 구입하는 것을 추천한다.

도루밸리 와이너리 투어

도루밸리의 포도밭에 직접 가보고 싶다면 대중교통으로는 이동하기가 어려우므로 렌터카를 이용하거나 투어를 신청해서 다녀와야 한다. 투어를 신청할 경우 와이너리를 2곳 정도 둘러볼 수 있다.

①
투어 신청하기
와이너리 홈페이지에 들어가 직접 신청하거나 에어비앤비 익스피리언스, 마이리얼트립 등의 대행사를 통해 도루밸리 와이너리 투어를 신청한다.

②
포도밭 둘러보기
와이너리에 방문하면 비탈진 언덕을 따라 자라는 포도나무들 사이를 걸으며 드넓은 포도밭을 둘러볼 수 있다.

③
포트와인 시음 및 구입
화이트와 루비 또는 토니까지 두세 가지 포트와인을 시음한다. 시음 후 상점에서 포트와인을 살 수 있는데 국내에서 사기 힘든 포트와인을 구입하기 좋은 기회다.

도루밸리에서 포도가 잘 자라는 이유는?

스페인에서 발원한 도루강은 국경을 넘고 도루밸리를 가로질러 포르투까지 120km 이상 이어진다. 그중 마랑산맥Serra do Marão에 둘러싸여 60도 이상 경사진 협곡을 이루는 도루밸리는 여름이면 기온이 40℃까지 오르는 척박한 바위투성이 땅이었다. 편암과 화강암으로 이루어진 땅을 일일이 사람의 손으로 갈고 고랑을 만들어 포도밭으로 가꿨다. 그 결과 포도나무가 햇빛을 골고루 받고 물 빠짐도 좋아 품질 좋은 포도를 수확하게 되었다. 지금도 이름난 와인 메이커들은 최상의 포도를 위해 한 알 한 알 수작업으로 재배하는 전통적인 방법을 고수하기도 한다.

치약부터 커트러리까지
포르투갈의 개성 만점 대표 브랜드

물감을 닮은 과일잼
메이아 두지아

포르투에서 시작된 물감처럼 생긴 튜브형 잼 전문 브랜드로 호박잼, 무화과잼, 포트와인 & 딸기잼 등 다양한 잼을 선보인다. 가볍고 포장도 예뻐서 선물용으로 좋다. **P.124**

빈티지한 디자인이 매력
쿠토

1932년 포르투의 치과 의사가 잇몸 질환 치료를 위해 약용으로 만든 치약이다. 레몬처럼 상큼한 노란색 치약 디자인이 인기를 끌면서 치약부터 코스메틱 라인까지 선보이는 브랜드로 성장했다. **P.140**

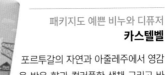

우아한 왕실 비누
클라우스 포르투

130여 년의 역사를 자랑하는 포르투갈 최초의 비누 브랜드로 유니크한 향과 디자인으로 사랑받는다. 비누 외에 핸드크림, 리퀴드 숍, 보디로션, 디퓨저, 향초도 선보인다. 하나같이 고급스러운 느낌이 물씬 난다. **P.123**

패키지도 예쁜 비누와 디퓨저
카스텔벨

포르투갈의 자연과 아줄레주에서 영감을 받은 향과 컬러풀한 색채 그리고 바다의 무드를 담은 향수 비누, 디퓨저, 보디용품 등을 선보이는 브랜드다. 패키지도 아름다워 선물용으로 좋다. **P.124**

한국의 백화점이나 편집숍에서 보았던 이국적인 물건 중에는
알고 보면 포르투갈 브랜드가 꽤 많다. 포르투갈에서는 더 저렴한 가격에
다양한 디자인을 만나볼 수 있으니 쇼핑이 한층 더 즐거워진다.

모던한 디자인 커트러리
큐티폴

1964년 포르투에서 시작
된 고급 수제 커트러리 브
랜드다. 그립감이 좋은 디
너 스푼, 포크, 나이프는 물
론 후식용 과일 포크 등 라인이 다양하다. P.242

지중해 감성 식기
코스타 노바

포르투 근교 코스타 노바 해
변의 이름을 딴 단단하고 무게
감 있으며 실용적인 식기 브랜드
다. 클래식한 디자인과 모던한 디자
인을 모두 선보인다. P.243

포르투갈의 색과 문화를 담은
비스타 알레그르

200년 역사를 이어온 유서 깊은 도자기 브랜드. 포르투갈
왕실에 도자기를 납품했을 뿐만 아니라 영국 엘리자베스
여왕을 위한 디너 세트도 제작했다. 여행자
들에게는 예술 작품 같은 커피 잔 세트가 인
기다. P.242

한 번에 쇼핑하기 좋은 장소

플로레스 거리

상 벤투 역에서 히베이라로 가는 길목의 쇼핑가로 메이아
두지아, 클라우스 포르투가 있고, 플로레스 거리에서 조
금만 내려가면 카스텔벨도 발견할 수 있다. P.110

📍 포르투

타임아웃 마켓

라이프스타일 편집숍 아 비다 포르투게사가 있어 클라우
스 포르투 비누, 쿠토 치약 등 포르투갈 브랜드 쇼핑을 즐
기기 좋다. P.116, 236

📍 포르투, 리스본

선물용으로도 소장용으로도 좋은

감성 가득 포르투갈 기념품

정어리 모양 소품

어딜 가나 정어리(사르디냐) 모양 소품을 만날 수 있다. 작고 날렵한 정어리 그림을 그려 넣은 핸드메이드 소품이 대부분인데, 인테리어 소품으로 구입하기에 부담이 없다.

바르셀루스의 수탉 모양 소품

정어리만큼 자주 보이는 아이템이 바로 정의와 행운을 상징하는 바르셀루스의 수탉Galo de Barcelos 소품이다. 오래전 바르셀루스 지역에서 억울한 누명을 쓴 순례자를 수탉이 살렸다는 일화가 전해지면서 수탉이 정의와 행운의 상징이 되었다.

코르크 수공예품

전 세계 코르크의 50%가 메이드 인 포르투갈이라는 사실을 아시는지? 포르투갈은 코르크나무가 많을 뿐 아니라 코르크를 이용한 수공예도 발달했다. 코르크 컵 받침부터 지갑, 가방, 모자 등 선택지가 넓은 기념품이다.

아줄레주 타일

포르투갈 고유의 건축 장식인 아줄레주 타일을 파는 기념품점도 많다. 아줄레주 타일로 만든 냄비 받침, 쟁반 등도 판다. 빈티지 아줄레주 타일을 사고 싶다면 리스본의 도둑시장에서 찾아보자.

올리브 그릇

포르투갈 식탁에 빠지지 않는 애피타이저가 바로 올리브다. 포르투갈 사람들은 올리브씨를 뱉을 수 있는 전용 그릇을 쓴다. 한국에서는 구하기 힘든 디자인이니 올리브를 즐겨 먹는다면 포르투갈에서 구입해보자.

등대 모양 양념통

줄무늬 등대가 유난히 많은 포르투갈답게 소금, 후추 등을 담을 수 있는 등대 모양의 양념통을 판매한다. 식탁 위에 장식용으로 올려두고 싶은 예쁜 색감과 디자인이다.

나자레 칸딜

오직 나자레에서만 판매하는 기념품 칸딜Candil 미니어처다. 전통 고깃배 모양으로 나무를 손수 깎아 만드는 수공예품이다.

여행지 느낌 물씬 풍기는 센스 있는 선물을 찾는 여행자를 위해 포르투갈 고유의 색감과 정서를 담은 기념품을 소개한다. 이왕이면 한 땀 한 땀 정성 들여 손으로 만든 수공예품 쇼핑을 즐겨보자.

페르난두 페소아 굿즈

페르난두 페소아는 알았을까? 훗날 포르투갈에서 페르난두 페소아가 그려진 반팔 티셔츠, 맨투맨 셔츠, 머그잔, 컵 받침 등 각종 굿즈가 유행하리라는 사실을. 페소아의 팬이라면 관심이 갈 만한 기념품이다.

포스터

포르투, 리스본, 카스카이스 등 포르투갈 도시의 풍경을 그린 포스터는 여행 후 벽에 걸어둘 인테리어용품으로 제격이다.

에코백

리스본의 28번 트램이나 카스카이스의 등대 등 포르투갈 도시의 아이콘이 그려진 에코백은 가벼운 선물용으로도 좋고, 여행하는 동안 메고 다니기도 좋다.

파두 앨범

포르투갈의 영혼을 담은 음악 파두를 한국에서도 듣고 싶다면 CD나 LP를 사 가는 것도 좋다. 유명한 가수는 아말리아 호드리게스이며, 벼룩시장에서 저렴하게 살 수 있다.

기념품 사기 좋은 장소

프로메테우 아르테사나투

아줄레주 타일부터 컵 받침, 책갈피, 가방, 모자 등 다양한 물건을 팔아 구경하기 좋다. 특히 코르크로 만든 수공예품이 다채롭다. P.124

🛍 코르크 컵 받침, 아줄레주 타일
📍 포르투

토란자

포르투갈 아티스트의 작품을 바탕으로 만든 유니크한 색감과 디자인의 메이드 인 포르투갈 제품을 판매한다. 포르투와 리스본에 지점이 있다. P.123, 260

🛍 포스터, 에코백, 노트, 티셔츠
📍 포르투, 리스본

도둑시장

매주 화요일과 토요일에 열리는 벼룩시장으로 포르투갈 여행을 기념할 빈티지 아이템을 장만할 수 있다. P.260

🛍 빈티지 포스터, 빈티지 아줄레주, 파두 앨범 등 📍 리스본

로컬 식료품 가이드

정어리 통조림 Sardinha em Lata

한국에 참치 통조림이 있다면, 포르투갈에
는 정어리 통조림이 있다. 재료를 올리브 오
일에 절이는데, 정어리는 물론 바칼랴우, 고등
어, 도미, 농어, 홍합, 참문어, 뱀장어 등 온갖
해산물을 통조림으로 만들어 판매한다. 해산물
종류에 따라 가격도 €1~10로 천차만별이다.

해산물 페이스트
Paté de Marisco

통조림보다 이국적인 맛에 도전하고 싶다면 새우
와 홍합 등으로 만든 페이스트를 구입해보자. 빵
위에 발라 먹으면 된다.

정어리 초콜릿
Sardinha Chocolate

겉모습은 통조림인데 안에는
정어리 모양 초콜릿이 담긴 아
이템도 선물용으로 인기다. 초
콜릿 안에 정어리가 들어간 것은
아니니 안심하고 선물하자.

올리브 오일 Azeite

포르투갈은 유럽의 올리브 오일
생산국 4위(1위 스페인, 2위 이탈
리아, 3위 그리스)인 만큼 다양한
브랜드와 패키지의 올리브 오일을
판다. 이왕 산다면 엑스트라 버진
올리브 오일을 추천한다.

피리피리 Piri-piri

작고 매운 말라게타 고추를 올리브 오일과
위스키 등에 담가 매운맛을 낸 소스다. 닭고
기나 돼지고기 등 육류와 잘 어울리며 한국인
입맛에 잘 맞아 선물용으로도 좋다.

쌀 Arroz

포르투갈은 유럽 쌀 생산국 4위로,
안남미라 부르는 인디카 쌀을 즐겨
먹는다. 한국에서 해물밥 요리에 도
전하고 싶다면 구입해보자. 쌀을 불
리지 않고 요리하는 것이 포인트다.

오렌지 주스
Suco de Laranja

오렌지 과즙이 100% 함유된 주스를
판다. 냉장고가 있는 숙소에 묵는다
면 여행 동안 쟁여두고 마셔도 좋은
아이템이다.

와인 Vinho

포트와인은 물론 포르투갈 각지에
서 나는 일반 와인을 현지에서 저렴
한 가격에 살 수 있다.

포르투갈은 세상에서 가장 예쁜 통조림을 살 수 있는 나라다.
비스킷에 올려 먹기만 해도 멋진 와인 안주가 되는 정어리 통조림부터 향긋한 올리브 오일과
매운 피리피리 소스를 한국으로 가져와 귀국 후에도 여행의 추억을 음미해보자.

로컬 식료품은 어디서 살까?

마트

- **핑구 도스** Pingo Doce 체인점이 많은 마트로 기차역이나 지하철역 인근에서 자주 볼 수 있다. 베이커리, 신선 식품, 와인, 정육, 생선 코너도 풍성하다.

- **콘티넨테** Continente 대형 마트 프랜차이즈로 넓은 매장에서 식료품부터 생활용품까지 두루 쇼핑하기 좋다.

- **미니프레소** MiniPreço 도심이나 주택가에 자리한 미니 마켓으로, 편의점 가듯 가볍게 들르기 좋다.

볼량 시장

재래시장

- **볼량 시장** 볼량 시장 안의 생선 통조림 가게와 올리브 오일 가게에서 다양한 브랜드의 제품을 구입할 수 있다. 볼량 시장 주변 식료품점에서도 통조림과 견과류, 포트와인을 함께 판매한다. P.139

  🛍 통조림, 올리브 오일 📍포르투

통조림 전문점

- **판타스틱 월드 오브 포르투기스 캔·카사 오리엔탈** 메이드 인 아베이루 통조림 브랜드 코무르에서 운영하는 매장으로 선택의 폭이 넓다. 포르투갈 도시별 이미지를 그려 넣은 통조림과 태어난 해에 맞춰 선물할 수 있도록 연도를 적은 통조림이 선물용으로 인기다. P.140, 154

  🛍 정어리 통조림 📍포르투

판타스틱 월드 오브 포르투기스 캔 & 카사 오리엔탈

올리브 오일 전문점

- **돌리발** 프리미엄 올리브 오일을 시음해보고 살 수 있다. 원하는 향과 바디감에 맞춰 알맞은 오일도 추천해준다. 피리피리 소스도 판다. P.243

  🛍 올리브 오일, 피리피리 소스 📍리스본

돌리발

TERRE

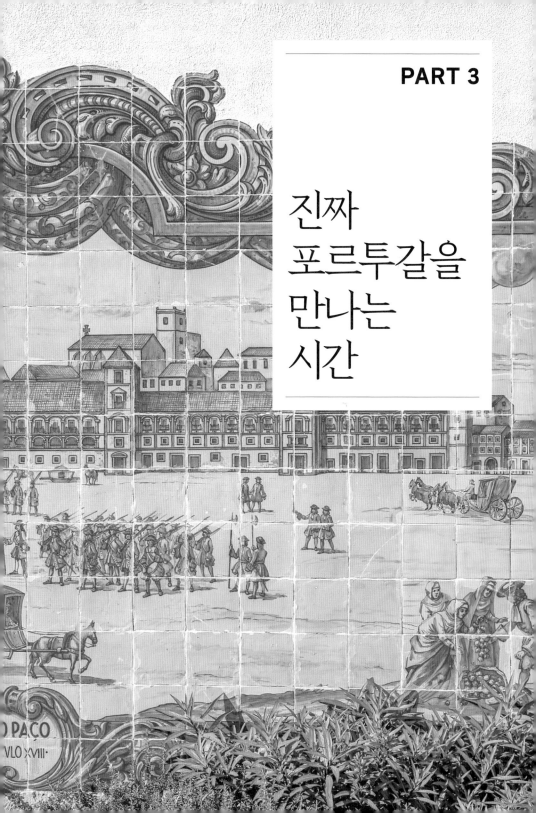

PART 3

진짜
포르투갈을
만나는
시간

달콤한 항구 도시

포르투
Porto

도루강 하구 언덕에 팝업 카드처럼 펼쳐진 항구 도
시 포르투는 포르투갈 제2의 도시다. 포르투가 국
명 '포르투갈'의 어원이 되었을 만큼 일찍이 무역항
으로 발달했다. 포트와인의 산지로도 유명하다. 포
트와인은 포르투에서 유래한 영어식 이름이고, 항
구를 뜻하는 포르투는 도시의 이름이자 포트와인
의 수출항이었다. 달콤한 포트와인만큼이나 도시
의 풍경도 로맨틱하다. 언덕배기에서는 빛바랜 건
물들이 고아한 정취를 풍기고, 강가에서는 밤낮으
로 버스킹 공연이 열린다. 미로 같은 골목을 누비며
빈티지한 풍경과 마주치는 것은 포르투 여행자의
특권이다.

AREA ① 상 벤투 역 남쪽
AREA ② 상 벤투 역 북쪽
AREA ③ 빌라 노바 드 가이아
AREA ④ 보아비스타·포즈·마토지뉴스

리스본에서
포르투로 가는 법

한국에는 아직 포르투행 직항이 없다. 다른 유럽 도시를 경유해 포르투로 가거나, 리스본 공항으로 입국한 뒤 비행기나 기차, 버스를 이용해 포르투로 이동한다. 리스본에서 포르투로 가는 이동 수단은 비행기, 기차, 버스 순으로 빠르다. 기차와 버스 가격은 €10, 시간은 30분 차이가 난다. 예산, 도착 시간, 숙소 위치에 따라 더 편한 이동 수단을 선택하자.

리스본		포르투
리스본 공항	비행기 55분~, €47~	포르투 공항
산타 아폴로니아 역	기차 2시간 50분~, €14~	캄파냐 역
오리엔트 버스 터미널	버스 3시간 15분~, €7~	캄파냐 버스 터미널
세트 히우스 버스 터미널	버스 3시간 30분~, €12.85~	캄파냐 버스 터미널

비행기 Airplane

리스본에서 포르투로 갈 때 포르투갈 국적기 탑TAP이나 저비용 항공사 라이언에어Ryanair를 타면 55분 만에 포르투 공항에 도착한다. 항공사에 따라 비용은 다르지만, 일찍 예약할수록 저렴한 편이다. 단, 항공료보다 짐값이 더 많이 나오는 경우도 있으니 확인하고 예약하자. 탑은 리스본 공항 제1 터미널에서, 라이언에어는 제2 터미널에서 출발한다.

🏠 www.aeroportoporto.pt

기차 CP

리스본 산타 아폴로니아Santa Apolónia 역에서 포르투갈 국영 철도 CP에 승차해 포르투 캄파냐Campanhã 역에서 하차한다. CP는 빠른 순서대로 알파펜둘라AP, 인터시데이즈IC, 레지오나이스R, 우르바노U 4가지로, AP를 타고 이동하면 리스본에서 포르투까지는 2시간 50분이 걸린다. 승차권은 홈페이지와 앱에서 출발일 기준 두 달 전부터 예매 가능하며, 일찍 예약하면 할인가에 살 수 있다. 좌석은 1-2석 구조의 1등석(€29.5~)과 2-2석 구조의 2등석(€14~)으로 나뉜다. 왼편에 앉으면 대서양 바다를 바라보며 이동할 수 있다. 포르투에 도착한 뒤 지하철 B·C·F선을 타고 시내로 이동하면 된다.

🕐 07:00~22:00 🏠 www.cp.pt

버스 Bus

포르투갈의 대표적인 버스 회사 헤데 익스프레수스Rede Expressos는 30분에서 1시간 간격으로 리스본과 포르투를 오간다. 리스본 북쪽에 위치한 세트 히우스 버스 터미널Terminal Rodoviário de Sete Rios에서 승차해, 포르투의 캄파냐 버스 터미널Terminal Intermodal de Campanhã에서 내리면 된다. 리스본 오리엔트 버스 터미널Terminal Rodoviário da Gare do Oriente에서 버스를 타면 15분 더 빨리 도착할 수 있다. 숙소에서 가까운 터미널에서 출발하자.

🕐 06:30~01:00 🏠 bustickets.distribusion.com

스페인에서 포르투 가는 법

스페인의 마드리드나 바르셀로나에서 포르투까지 비행기(라이언에어, 부엘링 등)를 이용하면 2시간 안에 도착한다(마드리드 1시간 15분~, 바르셀로나 1시간 50분~). 저렴하게 이동하고 싶다면 마드리드에서 9시간 이상 소요되는 직행 버스를 이용하자.

🏠 알사 www.alsa.com,
집시 gipsyy.com

포르투 공항에서
시내로 이동

포르투 공항의 정식 명칭은 프란시스쿠 사 카르네이루 공항Aeroporto Francisco Sá Carneiro으로 포르투 시내에서 북서쪽으로 약 11km 떨어져 있으며 포르투갈 공항공사 ANA가 운영한다. 시내로 가는 가장 저렴한 이동 수단은 공항과 연결된 지하철이며, 늦은 밤이나 새벽이라면 3M 버스를 이용하는 편이 좋다.

포르투 공항		포르투 시내
아에로포르투 역	지하철 30분~, €2.85	트린다드 역
포르투 공항	버스 30분~, €2.5	알리아도스 역
포르투 공항	택시 20분~, €20~	히베이라 광장

지하철 Metro

시내로 가는 가장 저렴한 교통수단은 지하철이다. E선 아에로포르투Aeroporto 역에서 1회권으로 시내까지 이동할 수 있다. 상 벤투 역이나 자르딩 두 모루Jardim do Morro 역으로 이동할 경우 트린다드Trindade 역에서 D선으로 환승하면 된다.

🕐 06:00~01:00 🏠 en.metrodoporto.pt

버스 Bus

601·602번 버스가 포르투 공항과 시내를 오간다. 지하철이 운행되지 않는 새벽이나 심야 시간이라면 3M 버스를 이용하자. 포르투 공항과 지하철 D선 알리아도스Aliados 역을 1시간 간격으로 순환 운행한다.

🕐 시내버스 05:30~24:30, 3M 01:00~05:00

택시 Taxi

택시 표시가 있는 출구로 나오면 바로 탑승할 수 있다. 택시 요금은 미터로 계산되며, 유럽의 타 도시에 비해 저렴한 편이다. 해가 진 후나 주말에는 약 20% 할증 요금이 붙으며, 짐이 있는 경우 개당 €1.6의 추가 요금을 받는다. 포르투 시내의 히베이라 광장까지 20분 정도가 걸리며 요금은 €20 정도가 나온다. 우버나 볼트, 프리나우 등의 모바일 차량 배차 서비스 앱을 이용하면 €5~10 정도 더 저렴하게 이동할 수 있다.

포르투의
대중교통

상 벤투 역 주변 명소는 걸어서 충분히 이동할 수 있다. 상 벤투 역 주변에서 빌라 노바 드 가이아나 보아비스타, 포즈 등 외곽 지역으로 갈 때 대중교통을 이용하는 것이 효율적이다. 모루 정원, 볼량 시장, 보아비스타로 이동할 때는 지하철을 주로 탄다. 보아비스타 너머 포즈나 마토지뉴스로 갈 때는 버스가 편리하다. 히베이라에서 포즈로 갈 때 낭만적인 분위기를 즐기며 이동하고 싶다면 1번 트램기를 타보자.

지하철 Metro

지하철은 알파벳으로 노선을 표기하며 A부터 F까지 6개의 노선이 있다. 모든 지하철역은 알파벳 M으로 표기하며 매표소 또는 키오스크에서 교통카드를 구입하면 된다. 요금은 목적지까지 통과하는 구역의 개수에 따라 결정된다.

🕐 05:50~24:40　💶 €1.4~　🏠 en.metrodoporto.pt

버스 Bus

지하철보다 정류장 간격이 좁고 노선이 다양하다. 요금은 지하철과 동일한 방식으로 이동하는 구역에 따라 책정된다. 포르투의 버스는 모두 번호가 3자리인데, 2로 시작하면 포르투 서쪽, 3은 포르투 북쪽, 4는 포르투 동쪽, 5는 마토지뉴스, 6은 마이아Maia, 7은 발롱구Valongo, 8은 곤도마르Gondomar, 9는 빌라 노바 드 가이아를 오가는 버스를 뜻한다. 모든 노선에서 교통카드를 쓸 수 있으며, 탑승 시 버스 기사 옆 노란색 단말기에 교통카드를 찍으면 된다. 교통카드가 없을 때는 기사를 통해 승차권을 구입할 수 있다.

🕐 06:00~01:00　💶 교통카드 €1.3,
현금 €2.5~　🏠 www.stcp.pt/en/travel

트램 Tram

여행을 하다 보면 길 위에서 보내는 시간이 많은데, 포르투에는 이동 시간까지 알차게 보내고 싶은 여행자의 마음을 헤아려주는 빈티지 트램이 있다. 관광용 트램으로 노선은 3가지다. 해변 지역인 포즈까지 달리는 인기 노선 1번, 카르무 성당을 따라 시내를 돌아보고 트램 박물관까지 내려오는 노선 18번, 긴다이스 푸니쿨라 탑승장과 카르무 성당을 돌아보는 도심 순환 노선 22번인데, 현재는 공사로 인해 1번과 18번만 운행 중이다. 트

램에 탑승할 때는 손을 들어 승차 의사를 표시하면 되며, 앞쪽 문으로 타서 뒤쪽 문으로 내린다. 트램은 교통카드나 승차권으로 탈 수 있다. 승차권은 1·2회권이 있으며 트램을 탈 때 기사를 통해 구매할 수 있다.

🕐 08:00~21:00 €️ 1회권 €6, 2회권 €8
🏠 www.stcp.pt/en/travel

택시 Taxi

포르투 시내에는 택시가 많지만 택시, 우버, 볼트, 프리나우 순으로 요금이 저렴해지니 이왕이면 모바일 차량 배차 서비스 앱을 이용해보자. 특히 보아비스타나 빌라 노바 드 가이아 지역에서 시내를 오갈 때 이용하면 좋다.

€️ €3.25~

투어 버스 Tour Bus

도보 여행보다는 한정된 시간에 에너지를 아끼며 더 많은 곳을 돌아보고 싶다면 투어 버스를 타는 것도 효율적이다. 대표적인 업체로 시티 사이트시잉 버스가 있으며 24시간, 48시간 승차권을 원하는 시간에 개시할 수 있다. 영어, 스페인어 등의 오디오 가이드를 제공하는데, 아쉽게도 한국어 오디오 가이드는 없다.

€️ 24시간 €26.68, 48시간 €28.8 🏠 city-sightseeing.com

툭툭 TukTuk

리스본만큼 알려지지는 않았지만 포르투에도 툭툭 투어가 있다. 업체마다 약간 다를 수 있지만, 투어는 대개 포르투 역사 지구 1시간 투어부터 더 넓은 지역을 둘러보는 2시간 투어와 3시간 투어까지 총 3가지가 있다.

€️ 1시간 €20, 2시간 €40, 3시간 €60

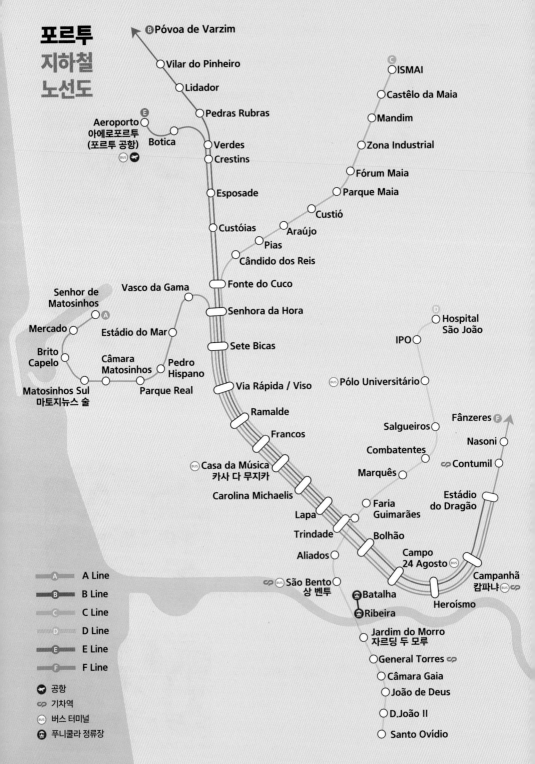

포르투
지하철
노선도

B Póvoa de Varzim
Vilar do Pinheiro
Lidador
Pedras Rubras
Aeroporto
아에로포르투
(포르투 공항)
E
Botica
Verdes
Crestins
Esposade
Custóias
Pias
Cândido dos Reis
Fonte do Cuco
Vasco da Gama
Senhora da Hora
Senhor de
Matosinhos
A
Mercado
Estádio do Mar
Sete Bicas
Brito
Capelo
Câmara
Matosinhos
Pedro
Hispano
Via Rápida / Viso
Matosinhos Sul
마토지뉴스 술
Parque Real
Ramalde
Francos
Casa da Música
카사 다 무지카
Carolina Michaelis
Lapa
Trindade
Aliados
São Bento
상 벤투
Batalha
Ribeira

ISMAI
Castêlo da Maia
Mandim
Zona Industrial
Fórum Maia
Parque Maia
Custió
Araújo

IPO
Hospital
São João
D
Pólo Universitário
Salgueiros
Combatentes
Marquês
Faria
Guimarães
Bolhão
Campo
24 Agosto
Heroísmo

Fânzeres F
Nasoni
Contumil
Estádio
do Dragão
Campanhã
캄파냐

Jardim do Morro
자르딩 두 모루
General Torres
Câmara Gaia
João de Deus
D.João II
Santo Ovídio

A ——— A Line
B ——— B Line
C ——— C Line
D ——— D Line
E ——— E Line
F ——— F Line

● 공항
cp 기차역
BUS 버스 터미널
● 푸니쿨라 정류장

교통카드와
시티패스

대중교통을 이용하려면 충전식 교통카드인 안단테 카드를 반드시 구입해야 한다. 숙소가 시내에서 멀어 지하철과 버스를 자주 이용해야 한다면 교통패스인 안단테 투어 카드가 유용하다. 관광지를 두루 섭렵하려면 교통카드 기능에 명소 입장권까지 포함된 시티패스 포르투 카드 구입도 고려해보자.

선불형 교통카드
안단테 카드
Andante Card

포르투의 지하철과 버스에서 쓸 수 있는 충전식 교통카드로, 카드 재질에 따라 안단테 아줄과 안단테 PVC로 나뉜다. 두 종류 모두 주요 지하철역 내 발매기와 직원이 있는 창구, STCP 표시가 있는 도심의 판매처에서 구입할 수 있다. 각 카드는 한 번에 한 사람만 사용할 수 있으며 내부에 전자 회로

가 있으니 구부러지거나 젖지 않게 주의하자. 트램을 제외한 지하철, 버스를 무제한으로 이용할 수 있는 교통패스, 안단테 투어 카드도 2가지가 있다.

🏠 www.linhandante.com

컨택리스 카드로 지하철 이용 가능!
컨택리스 기능이 있는 비자나 마스터카드로도 포르투 지하철을 이용할 수 있다. 단, 포르투 공항 Aeroporto, 상 벤투São Bento, 볼량Bolhão, 카사 다 무지카Casa da Música 등 일부 역의 'Prague Com Contactless'나 컨택리스 표시가 있는 기기에서 이용 가능하다.

교통카드	안단테 아줄 Andante Azul	안단테 프라테아두 Andante Prateado
재질	파란색 종이 카드	월 단위 충전도 가능한 PVC 카드
유효 기간	1년	5년
카드 발급비	€0.6	€6
교통패스	안단테 투어 1 Andante Tour 1	안단테 투어 3 Andante Tour 3
유효 기간	1일(개시 후 24시간)	3일(개시 후 72시간)
요금	€7.5	€16

관광형 시티패스
포르투 카드
Porto Card

포르투 카드가 있으면 포르투의 주요 명소에 무료로 입장하거나 입장권을 할인받아 구매할 수 있다. 게다가 교통패스 옵션이 포함된 버전을 구입하면 트램을 제외한 지하철, 버스, 기차까지 이용할 수 있어 여행자에게 편리하다. 무료입장과 입장권 할인 혜택이 다양하니 방문 예정인 여행지의 혜택을 확인해 비교해본

후 구매를 결정하자. 홈페이지에서 구매 후 공항이나 시내의 관광안내소에서 수령할 수 있으며 현장 구매도 가능하다. 포르투 카드는 1일(24시간)부터 4일(96시간)까지 사용 기간에 따라 4종류가 있으며 첫 사용을 기점으로 유효 시간이 시작된다.

€ 1일권 €7.5(+교통패스 €15), 2일권 €12(+교통패스 €27), 3일권 €16(+교통패스 €32), 4일권 €18(+교통패스 €41.5) 🏠 visitporto.travel/en-GB/porto-card

포르투 시내
한눈에 보기

포르투 시내는 상 벤투 역을 중심으로 남쪽과 북쪽으로 나눌 수 있다. 두 지역은 도보로 이동 가능하지만, 상 벤투 역 북쪽에서 보아비스타, 빌라 노바 드 가이아로 이동할 때는 지하철을 이용하는 것이 편하다. 상 벤투 역 남쪽에서는 트램을 타고 도루강 변을 따라 포즈, 마토지뉴스에 다녀 수 있다.

AREA ······①
상 벤투 역 남쪽 Ribeira

포르투의 중심, 상 벤투 역과 활기찬 쇼핑가 플로레스 거리를 지나 동 루이스 1세 다리가 보이는 강변, 히베이라까지 경사진 길을 따라 다양한 명소가 늘어서 있다. 플로레스 거리부터 히베이라 광장까지는 노천카페와 레스토랑, 기념품점이 즐비하다.

AREA ······②
상 벤투 역 북쪽 Baixa·Bolhão

렐루 서점과 클레리구스탑, 볼량 시장이 3대 볼거리다. 렐루 서점 인근 카르무 성당부터 쇼핑가 산타 카타리나 거리 주변의 알마스 성당, 산투 일드폰수 성당까지 아줄레주 벽화가 아름다운 성당 세 곳이 점점이 자리잡고 있다.

마토지뉴스
Matosinhos

포즈
Foz

AREA ······ ③
빌라 노바 드 가이아 Vila Nova de Gaia

포트와인의 성지 빌라 노바 드 가이아에는 도루강 변을 따라 내로
라하는 포트와인 셀러가 밀집해 있다. 모루 정원과 세라 두 필라르
수도원 앞 광장은 포르투에서 아름다운 노을을 보기 좋은 장소로
손꼽힌다.

AREA ······ ④
보아비스타·포즈·마토지뉴스
Boavista·Foz·Matosinhos

보아비스타의 카사 다 무지카와 세랄베스 현대미술관부터 포즈의
페르골라 다 포즈, 마토지뉴스 해변까지 볼거리와 즐길 거리가 이
곳저곳에 포진해 있다. 갈 때는 낭만 넘치는 1번 트램을 타보자.

보아비스타
Boavista

상 벤투 역 북쪽
Baixa·Bolhão

캄파냐 버스 터미널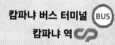
캄파냐 역

 수정궁 정원

상 벤투 역

상 벤투 역 남쪽
Ribeira

빌라 노바 드 가이아
Vila Nova de Gaia

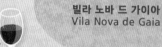

포르투 2박 3일
추천 코스

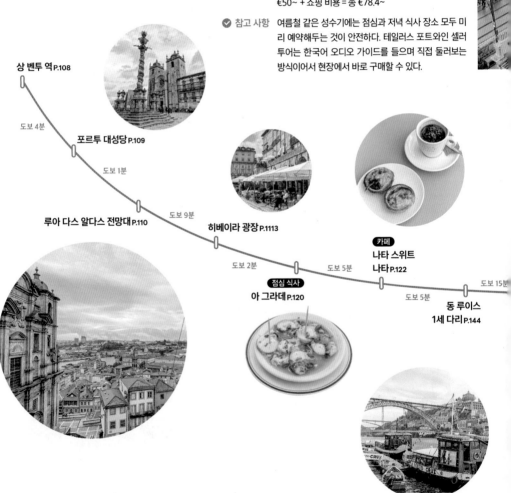

Day 1

상 벤투 역의 아줄레주 감상부터 시작해서 포르투 대성당과 전망대를 돌아보며 포르투를 눈에 담고 히베이라 광장으로 가보자. 강변 레스토랑에서 점심을 먹은 후에는 동 루이스 1세 다리를 건너 빌라 노바 드 가이아로 발걸음을 옮긴다. 포트와인 셀러 투어 후 가이아 케이블카를 타고 모루 정원에 올라 노을을 흠뻑 즐기며 낭만적인 오후를 보낼 수 있다. 플로레스 거리에서 저녁 식사를 즐긴 후, 체력이 허락한다면 히베이라 광장으로 가서 도루강 변의 야경을 감상해도 좋다. 밤늦도록 거리를 울리는 버스킹이 낭만을 더한다.

🕐 **소요 시간** 10시간~

€ **예상 경비** 교통비 €8.4~ + 포트와인 셀러 입장료 €20~ + 식비 €50~ + 쇼핑 비용 = 총 €78.4~

✓ **참고 사항** 여름철 같은 성수기에는 점심과 저녁 식사 장소 모두 미리 예약해두는 것이 안전하다. 테일러스 포트와인 셀러 투어는 한국어 오디오 가이드를 들으며 직접 둘러보는 방식이어서 현장에서 바로 구매할 수 있다.

상 벤투 역 P.108

도보 4분

포르투 대성당 P.109

도보 1분

루아 다스 알다스 전망대 P.110

도보 9분

히베이라 광장 P.1113

도보 2분

도보 5분

점심 식사
아 그라데 P.120

카페
나타 스위트 나타 P.122

도보 5분

도보 15분

동 루이스 1세 다리 P.144

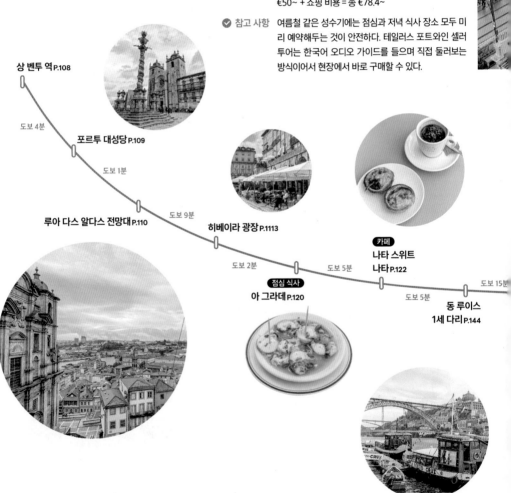

쇼핑
판타스틱 월드 오브
포르투기스 캔 P.154

도보 7분

테일러스 P.150

도보 3분

가이아
케이블카 P.147

탑승

모루 정원 P.146

도보 2분

자르딩 두 모루 역

지하철 3분

상 벤투 역

저녁 식사
칸티나 32 P.118

도보 6분

도보 5분

히베이라 광장 P.113

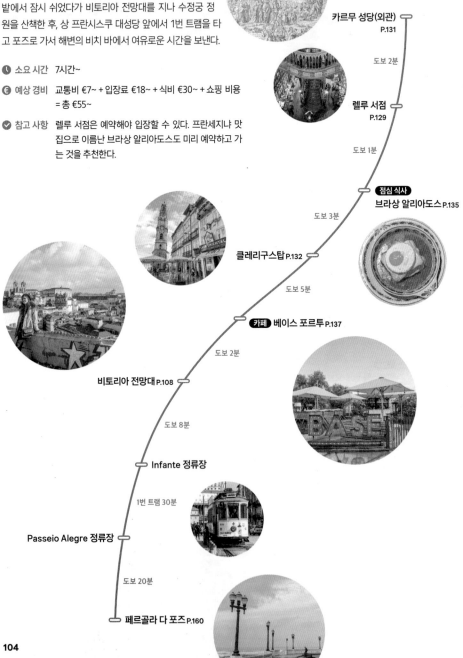

Day 2

카르무 성당 외벽의 푸른 아줄레주를 배경으로 인생 사진을 찍은 후, 해리포터의 배경이 된 렐루 서점에서 아름다운 서점이란 어떤 곳인지 느껴보자. 이후 점심으로 포르투에서 꼭 맛보아야 할 음식인 프란세지냐를 든든하게 먹고 클레리구스 탑에 올라 포르투의 전망을 감상한다. 베이스 포르투의 풀밭에서 잠시 쉬었다가 비토리아 전망대를 지나 수정궁 정원을 산책한 후, 상 프란시스쿠 대성당 앞에서 1번 트램을 타고 포즈로 가서 해변의 비치 바에서 여유로운 시간을 보낸다.

🕐 **소요 시간** 7시간~

💶 **예상 경비** 교통비 €7~ + 입장료 €18~ + 식비 €30~ + 쇼핑 비용 = 총 €55~

☑ **참고 사항** 렐루 서점은 예약해야 입장할 수 있다. 프란세지냐 맛집으로 이름난 브라상 알리아도스도 미리 예약하고 가는 것을 추천한다.

카르무 성당(외관) P.131

도보 2분

렐루 서점 P.129

도보 1분

점심 식사 **브라상 알리아도스** P.135

도보 3분

클레리구스탑 P.132

도보 5분

카페 **베이스 포르투** P.137

도보 2분

비토리아 전망대 P.108

도보 8분

Infante 정류장

1번 트램 30분

Passeio Alegre 정류장

도보 20분

페르골라 다 포즈 P.160

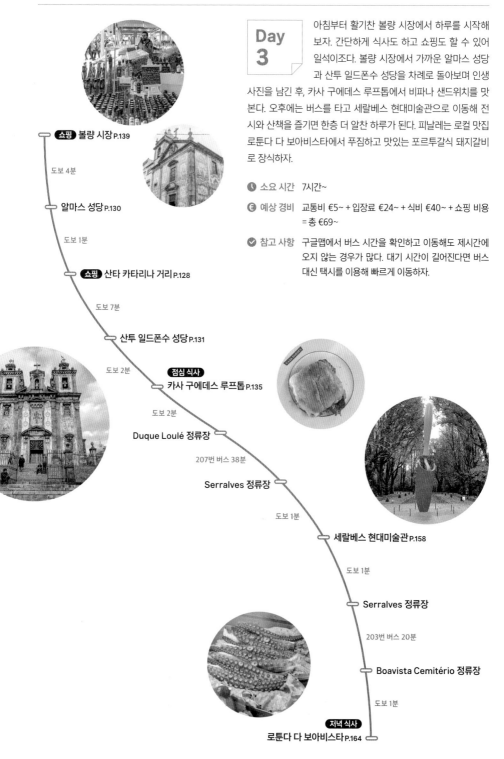

Day 3

아침부터 활기찬 볼량 시장에서 하루를 시작해보자. 간단하게 식사도 하고 쇼핑도 할 수 있어 일석이조다. 볼량 시장에서 가까운 알마스 성당과 산투 일드폰수 성당을 차례로 돌아보며 인생 사진을 남긴 후, 카사 구에데스 루프톱에서 비파나 샌드위치를 맛본다. 오후에는 버스를 타고 세랄베스 현대미술관으로 이동해 전시와 산책을 즐기면 한층 더 알찬 하루가 된다. 피날레는 로컬 맛집 로툰다 다 보아비스타에서 푸짐하고 맛있는 포르투갈식 돼지갈비로 장식하자.

🕐 **소요 시간**   7시간~

€ **예상 경비**   교통비 €5~ + 입장료 €24~ + 식비 €40~ + 쇼핑 비용 = 총 €69~

✓ **참고 사항**   구글맵에서 버스 시간을 확인하고 이동해도 제시간에 오지 않는 경우가 많다. 대기 시간이 길어진다면 버스 대신 택시를 이용해 빠르게 이동하자.

쇼핑 볼량 시장 P.139

도보 4분

알마스 성당 P.130

도보 1분

쇼핑 산타 카타리나 거리 P.128

도보 7분

산투 일드폰수 성당 P.131

도보 2분

점심 식사
카사 구에데스 루프톱 P.135

도보 2분

Duque Loulé 정류장

207번 버스 38분

Serralves 정류장

도보 1분

세랄베스 현대미술관 P.158

도보 1분

Serralves 정류장

203번 버스 20분

Boavista Cemitério 정류장

도보 1분

저녁 식사
로툰다 다 보아비스타 P.164

도루강 변과 골목의 낭만

상 벤투 역
남쪽 Ribeira

**#히베이라 #도루강 #버스킹의 성지
#아줄레주 #포르투 역사 지구**

상 벤투 역에서 플로레스 거리를 지나 갈매기 울음소리 번지는
강가 히베이라로 가면, 알록달록 아줄레주로 장식한
건물들이 어깨를 맞대고 서 있다. 위층 창가에서는 빨래가
나부끼고 아래층에서는 카페와 레스토랑이 생기를
더한다. 히베이라는 포르투갈어로 강변이라는 뜻이다.
히베이라에서 다시 오르막을 오르면 언덕을 따라 신고전주의,
고딕, 르네상스 등 각종 양식의 건축물들이 각축장을 이룬다.
1996년 유네스코 세계문화유산으로 등재된 포르투 역사 지구다.

상 벤투 역 남쪽
상세 지도

타파벤투 ②

cp ① 상 벤투 역

파브리카 다 나타 ④

São Bento Ⓜ

① 타임아웃 마켓

메이아 두지아 ③

토란자 ②　　⑤ 플로레스 거리

⑤ 루프톱 플로레스

③ 칸티나 32

① 클라우스 포르투

② 비토리아 전망대

Batalha 🚋

③ 포르투 대성당

④ 카스텔벨

④ 루아 다스 알다스 전망대

⑥ 그릴로스 성당

볼사 궁전 ⑨　　⑦ 인판트 동 엔히크 정원　　마이 커피 포르투 ⑫

⑧ 상 프란시스쿠 대성당　　⑤ 프로메테우 아르테사나투

⑪ 긴다이스 푸니쿨라(상행)

⑥ 아 그라데

Infante 🏛　　아데가 상 니콜라우 ⑦　　⑩ 히베이라 광장　　⑪ 나타 스위트 나타

비냐스 달류 ⑩　　⑧ 파롤 다 보아 노바

● ⑨ 뮤로 두 바칼랴우

🕍 하벨루 크루즈

동 루이스 1세 다리 ●

도루강

0　　100m

Jardim do Morro Ⓜ

아름답고 푸른 아줄레주 벽화 ······ ①

상 벤투 역 Estação São Bento

한 권의 아름다운 그림책 같은 기차역이다. 원래 성 베네
딕토 수도원이 있던 자리였는데, 화재로 폐허가 되었다
가 1900년 카를루스 1세가 재건하여 기차역이 됐다. 당
대 최고의 건축가 주제 마르케스 다 실바José Marques da
Silba가 건물을 설계하고, 화가 조르즈 콜라수Jorge Colaço
가 아줄레주 벽화를 완성했다. 조르즈 콜라수는 1905년
부터 1916년까지 11년에 걸쳐 무려 2만 장의 타일 위에
1140년 레온 왕국과의 독립 전쟁부터 포르투갈의 시조인
아폰수 1세, 필리파 여왕, 주앙 1세, 전투에서 승리한 엔
히크 왕자의 모습까지 세밀하게 그려냈다. 비단 천장까지
닿는 벽화의 높이 때문만이 아니라 푸른 아줄레주의 아
름다움에 절로 우러러보게 된다.

🚶 지하철 D선 상 벤투São Bento 역에서 도보 1분
📍 Travessa de São Bento, 4050-600
🕐 매표소 06:40~20:35, 안내소 09:00~18:00
📞 +351-707-210-220 🏠 www.cp.pt/passageiros/en/
train-times/Stations/porto-sao-bento-station

나만 알고 싶은 웅장한 풍경 ······ ②

비토리아 전망대
Miradouro da Vitória

작지만 유서 깊은 비토리아 성당 앞에 숨어 있는 전망대다. 이곳에 서면 포르투
에서 가장 높은 언덕 위에 있는 포르투 대성당부터 포트와인 셀러가 즐비한 빌
라 노바 드 가이아까지 파노라마로 펼쳐지는 풍경을 원 없이 즐길 수 있다. 구글
맵에 비토리아 성당을 찍고 찾아가면 쉽다. 골목이 외지니 밤보다는 낮에 찾아가
환한 전망을 즐기기를 추천한다.

🚶 지하철 D선 상 벤투São Bento 역에서 도보 9분 📍 Rua de São Bento da Vitória 11,
4050-265 🕐 09:00~21:00

포르투 대성당 Sé do Porto

Porto Card
입장권 €2

포르투의 가장 높은 언덕 위에 우뚝 선 포르투 대성당은 12세기에 건립한 이래로 긴 세월 동안 여러 건축 양식이 덧대어진 유서 깊은 건물이다. 14세기에는 고딕 양식의 회랑이 추가되었고, 17세기와 18세기에 걸쳐 외관과 내부가 바로크 양식으로 바뀌었다. 그 덕에 각기 다른 시대의 건축 양식을 관람하는 재미가 있다. 제단화로 치장한 예배당도 아름답지만, 푸른 아줄레주로 은은하게 장식한 고딕 양식 회랑이 멋스럽다. 회랑을 둘러보고 2층으로 올라가면 측면 개방형 복도 로지아Loggia에 이탈리아 건축가 니콜라우 나소니Nicolau Nasoni의 작품이 펼쳐진다.

🚶 지하철 D선 상 벤투São Bento 역에서 도보 5분
📍 Terreiro da Sé, 4050-573 🕐 4~10월 09:00~18:30,
11~3월 09:00~17:30 ❌ 부활절, 12/25
€ €3, 일요일 11:00(미사 시간) 무료 입장
📞 +351-222-059-028 🏠 www.diocese-porto.pt/pt

대성당 앞 광장에서 시원스러운 전망을!

입장료를 내고 들어가지는 않아도 포르투 대성당 앞까지 가야 하는 이유는 성당 앞 광장이 바람을 맞으며 전망을 즐기기 좋기 때문이다. 광장에 세운 정교하게 조각된 기둥 페로우리뇨Pelourinho는 과거 죄인이나 노예를 묶어놓고 때리는 용도로 쓰였다.

버스킹이 열리는 뷰 맛집 ······ ④

루아 다스 알다스 전망대 Miradouro da Rua das Aldas

포르투 대성당에서 그릴로스 성당이 보이는 방향으로 몇 계단 내려가면 만나게 되는 작은 전망대. 그릴로스 성당 너머로 내려다보이는 포르투와 빌라 노바 드 가이아의 전망이 또 다른 매력으로 다가온다. 게다가 아담한 무대 같은 전망대 에서는 버스킹 공연도 자주 열린다. 라이브 음악을 들으며 전망을 즐기는 맛이 환상적이다.

🚶 지하철 D선 상 벤투São Bento 역에서 도보 5분   📍 Rua das Aldas 1, 4050-026

'꽃의 거리'라는 이름처럼 예쁜 길 ······ ⑤

플로레스 거리 Rua das Flores

포르투의 번영기에 마누엘 1세의 명에 따라 1521년부터 1525년 사이에 조성한 거리로 양옆으로 16세기에 지은 건물이 늘어서 있다. 지금은 오래된 건물 1층의 카페와 레 스토랑에서 활기가 피어오른다. 건물 위층에는 에어비앤 비 숙소가 많아 이 거리에 묵는 여행자도 많다. 포르투 대 표 브랜드들의 매장도 모여 있어 쇼핑하기도 좋다. 몇 걸 음 걷다 보면 마주치는 그라피티도 볼거리다.

🚶 지하철 D선 상 벤투São Bento 역에서 도보 3분
📍 Rua das Flores, 4050-262

귀뚜라미 성당이라 불리는 ⑥

그릴로스 성당 Igreja dos Grilos

'귀뚜라미'를 뜻하는 '그릴로스' 성당으로 알려진 이곳의 본래 명칭은 상 로렌수 성당Igreja São Lourenço으로, 전망이 좋기로 유명하다. 1577년 예수회가 지었는데, 1759년 폼발 후작에 의해 예수회가 추방되며 코임브라 대학교에 기증했다가, 1780년부터 1832년까지 성 어거스틴의 맨발의 수사들이 매입하며 그릴로스 성당이라는 이름을 얻었다.

🏃 지하철 D선 상 벤투São Bento 역에서 도보 5분 📍Largo do Colégio, 4050-028 🕐 평일 10:00~18:00, 토요일 10:00~12:30, 13:30~18:00 ❌ 일요일 💶 일반 €3, 청소년 €1.5

언덕 위 쉼표 같은 공원 ⑦

인판트 동 엔히크 정원

Jardim do Infante Dom Henrique

볼사 궁전 옆 경사진 언덕에 자리한 초록의 정원이다. 한가운데 엔히크 왕자의 동상이 있고 주변에 벤치가 놓여 있어 광합성하며 쉬어 가기 그만이다. 플로레스 거리에서 파스텔 드 나타를 포장해 와 이곳에서 짧은 피크닉을 즐겨도 좋고, 볼사 궁전을 배경으로 멋진 사진을 한 장 남겨도 좋다.

🏃 지하철 D선 상 벤투São Bento 역에서 도보 10분 📍Rua da Ferreira Borges, 4050-253

포르투에서 가장 잘 보존된 고딕 건축 ⑧

상 프란시스쿠 대성당

Igreja Monumento de São Francisco

Porto Card
25% 할인

고딕 양식의 외관과 바로크 양식의 내부가 조화롭게 어우러진 성당이다. 개축 당시에 수백 킬로그램의 화려한 황금빛 나뭇잎 장식을 추가해 '황금 성당'이라고도 불렸다. 성당 안에 예배당이 여럿 있는데, 그중 가장 화려한 곳은 아르보레 드 제세 예배당이다. 지하에는 지하 묘지 '카타콤Catacomb'과 옛 수도원 물품 전시관이 있다.

🏃 지하철 D선 상 벤투São Bento 역에서 도보 10분
📍Rua do Infante Dom Henrique, 4050-297
🕐 4~9월 09:00~20:00, 10~3월 09:00~19:00 ❌ 12/25
💶 일반 €10, 학생 €7, 6~12세 €3 📞 +351-222-062-125
🏠 www.ordemsaofrancisco.pt

볼사 궁전 Palácio da Bolsa

1842년 폐허가 된 수녀원 자리에 짓기 시작해 70년에 걸쳐 완성했다. 그 때문에 18세기 신고전주의 양식과 토스카나 건축 양식, 영국 네오 팔라디안 스타일이 혼합된 볼사 궁전은 이제 포르투의 건축 명소가 됐다. 볼사 궁전은 4가지 언어(영어, 포르투갈어, 스페인어, 프랑스어) 중 하나로 진행하는 가이드 투어를 통해 관람할 수 있다. 가이드 투어는 30분 정도 소요된다. 유리 천장 아래 벽에 포르투갈과 무역하던 나라를 그려 넣은 '국가의 전당Hall of Nation'에서 시작해 2층의 천장화가 아름다운 법정, 왕족의 초상화가 걸린 초상화 방으로 이어진다. 가이드 투어의 피날레는 당장 무도회가 열릴 것 같은 아랍 방Arab Room으로, 카몽이스 300주년을 기념해 무려 18년에 걸쳐 완성한 화려한 공간이다.

🚶 지하철 D선 상 벤투São Bento 역에서 도보 10분
📍 Rua da Ferreira Borges, 4050-253
🕐 09:00~18:30 ✖ 5/27, 6/27~30(홈페이지 확인 필수)
💶 일반 €14, 학생 €9.5 📞 +351-223-399-013
🏠 www.palaciodabolsa.com

도루강 변 앞 버스킹 천국 ····· ⑩

히베이라 광장 Praça da Ribeira

히베이라 지구의 중심이자 포르투에서 가장 오래된 광장이다. 한국인 여행자 사이에서는 JTBC 예능 〈비긴어게인 2〉의 촬영 장소로 유명하다. 실제로도 노천카페와 레스토랑으로 둘러싸인 광장에는 늘 버스킹을 하는 거리의 예술가가 있고, 여행들이 음악이 흐르는 강변을 즐기려고 밤낮으로 모여든다. 히베이라 광장의 노천카페에 자리를 잡고 앉으면, 강 위로 곡선을 그리며 강 건너 빌라 노바 드가이아로 이어지는 동 루이스 1세 다리가 시선을 끈다. 광장 한가운데 있는 분수는 17세기부터 자리를 지켜왔다. 동 루이스 1세 다리는 밤에도 아름다워서 강바람이 찬 밤에도 많은 이들이 야경을 보기 위해 광장을 찾는다.

🚶 지하철 D선 상 벤투São Bento 역에서 도보 10분 📍 Praça da Ribeira

포르투 대성당으로 가는 지름길 ····· ⑪

긴다이스 푸니쿨라 Funicular dos Guindais

Porto Card 편도 승차권 €3 히베이라와 바탈랴 광장Praça da Batalha을 연결하는 281m 길이의 케이블카로 1891년 개통했다. 히베이라에서 탑승하면 중세 성벽 옆의 가파른 언덕을 편안하게 오를 수 있다. 케이블카 밖으로는 동 루이스 1세 다리와 포르투 역사 지구의 전망이 펼쳐진다. 안단테 카드로 탑승할 수 없어 따로 승차권을 구매해야 한다. 최대 탑승 인원은 25명이다.

🚶 ① 동 루이스 1세 다리에서 도보 1분 ② 지하철 D선 상 벤투São Bento 역에서 도보 10분 📍 Rua da Ribeira Negra 314, 4000-509 🕐 4~10월 08:00~22:00(금·토요일 ~24:00), 11~3월 08:00~20:00 (금·토요일 ~22:00) ❌ 12/25 💶 편도 €4, 왕복 €6

리얼 가이드

●

도루강 유람,
하벨루 크루즈

히베이라 광장 근처에는 유람선 선착장이 많아서 시간만 맞으면 하벨루Rabelo 모양의
배를 타고 도루강 유람을 즐길 수 있다. 히베이라와 빌라 노바 드 가이아 양쪽을
도루강 위에서 바라보며 강 위에 놓인 다리들을 둘러볼 수 있는 투어다.
하벨루란 영국으로 포트와인을 실어 나르던 운송선으로, 지금은 유람선으로 탈바꿈했다.

어떤 크루즈를 탈까?

히베이라 광장 주변에는 크루즈 매표소가 즐비한데, 배 모양과 투어 시간은 업체 모두 비슷하다. 도루 아시마, 도루 아줄 등 여러 업체가 €18 안팎으로 크루즈를 운영한다. 승선권은 선착장 앞 매표소에서 구매하거나 관광안내소에서 살 수 있다. 약 50분의 투어를 하는 동안 오디오 가이드를 틀어주거나 가이드가 직접 설명을 해준다.

🕐 하절기 09:30~17:30, 동절기 09:30~16:30 💶 일반 €18~20, 4~12세 €9

배 위에서 만나는 6개의 다리

약 50분간 강 위를 누비며 동 루이스 1세, 마리아 피아, 인판트, 상 주앙, 프레이소, 아라비다 총 6개의 다리를 빠짐없이 둘러볼 수 있다. 그중 동 루이스 1세 다리와 똑 닮은 마리아 피아 다리는 귀스타브 에펠이 설계했다. 에펠이 마리아 피아 다리를 먼저 세웠고, 이후 제자 테오필이 동 루이스 1세 다리를 세웠다. 두 다리의 이름은 포르투갈 왕 루이스 1세와 왕비 마리아 피아에서 따왔다.

달콤한 포트와인 시음은 덤

승선권에는 빌라 노바 드 가이아의 포트와인 셀러(포르투 크루즈Porto Cruz, 쿠에베두 등) 시음 1회 쿠폰이 포함되어 있다. 도루강 유람을 마친 후 포트와인 셀러에 찾아가 시음까지 즐겨보자.

포르투 카드 20% 할인 업체

• 도루 아시마 Douro Acima
• 도루 아줄 Douro Azul
• 호타 두 도루 Rota do Douro
• 토마즈 두 도루 Tomaz do Douro
• 마누스 두 도루 Manos do Douro

타임아웃 마켓 Time Out Market

2024년 5월 상 벤투 역의 남쪽 건물에 문을 연 타임아웃 마켓은 포르투에서 뜨는 12개의 레스토랑과 2개의 바를 한 지붕 아래 모아둔 곳이다. 기차역과 바로 연결돼 근교 여행 전후나 포르투를 떠나기 전에 들리기 좋다. 키오스크에서 주문 후 1층·2층·야외 중 원하는 곳에 앉아 즐기면 된다. 모던한 공간은 포르투 건축가 에두아르두 소투 드 모라Eduardo Souto de Moura가 설계했으며 야외의 21m 높이의 탑은 기차역의 물탱크를 리모델링한 이색 건물이다.

🚶 지하철 D선 상 벤투São Bento 역에서 도보 2분
📍 Ala Sul da Estação Ferroviária de São Bento, Praça de Almeida Garrett, 4000-069
🕙 10:00~23:00(금·토요일 ~24:00) 📞 +351-969-830-701
🏠 www.timeout.com/time-out-market-porto

타임아웃 마켓 똘똘하게 이용하기

음식 Food
마토지뉴스의 이름난 해산물 레스토랑 메이아나우Meia-Nau, 문어 필레로 유명한 카사 이네스Casa Inês, 최상의 샤퀴테리를 선보이는 타부아 라사Tábua Rasa, 육즙이 풍부한 스매스 버거로 이름난 부루스쿠 버거Brusco Burger 등 다양한 레스토랑이 입점해 있다.

주류·음료 Drink
와인과 음료를 구비하고 있는 레스토랑이 많다. 와인보다 맥주파라면 중앙의 슈퍼복 바에서 맥주를 구입해 음식과 함께 즐겨보자.

쇼핑 Food
야외의 타워 1층에는 라이프스타일 편집숍 아 비다 포르투게사A Vida Portuguesa가 있어 포르투갈 쇼핑 아이템인 비누와 쿠토 치약, 정어리 통조림 등을 사기 좋다.

와인 시음 Wine Tasting Room
타워 윗층에는 포르투갈 와인과 포트 와인 전용 테이스팅 룸이 자리한다. 와인은 병이나 잔은 물론 시음 코스로도 즐길 수 있다. 와인에 곁들이기 좋은 가벼운 안주부터 식사 메뉴도 다양하다. 유리창 너머 클레리구스탑까지 보이는 전망과 와인 시음을 동시에 즐겨보자.

타파벤투 Tapabento

상 벤투 역과 연결된 레스토랑으로 이름처럼 포르투갈 전통 요리에 세계 각국의 요리를 접목시킨 힙한 메뉴를 선보인다. 형형색색의 넓고 화려한 공간을 채우는 활기찬 분위기에서 친절한 서비스를 받으며 식사를 즐길 수 있다. 보기 드물게 한국어 메뉴판도 구비한다. 대구 크로켓(€7.5), 생 토마토 마리네이드 부르스케타(€6.5)처럼 가벼운 타파스부터 타이거 새우 리조토(€25), 해산물 카타플라나(2인 €35)같은 해산물 요리까지 메뉴 선택의 폭도 넓다. 바닐라 맛 당근 퓌레로 맛을 낸 오리 마그레도 인기다.

🏃 지하철 D선 상 벤투São Bento 역에서 도보 2분
📍 Rua da Madeira 221, 4000-330 🕐 12:00~15:00,
19:00~22:00 ❌ 월·화요일 📞 +351-912-881-272
🏠 www.tapabento.com

잊을 수 없는 통 문어 스테이크의 맛 ····· ③

칸티나 32 Cantina 32

플로레스 거리의 레스토랑 중 문어 요리가 맛있기로 소문난 곳이다. 인더스트리얼과 빈티지가 조화를 이루는 인테리어는 분위기 있고, 배가 얼마나 고프냐에 따라 알맞게 추천해주는 메뉴판은 위트가 있다. 문어를 좋아하는 사람이라면 약간 배고픈 2명을 위한 추천 메뉴 중 '원 그릴드 옥토퍼스 위드 로스티드 토마토(€42)'를 맛보자. 메뉴 이름 그대로 문어 한 마리를 통째로 구워내는 요리로 야들야들한 문어가 입안에서 살살 녹는다. 곁들인 단호박 토마토 구이도 문어와 궁합이 좋다. 둘이 나눠 먹을 수 있는 양이니 사이드 디시로 감자만 곁들여도 좋다. 성수기에는 예약이 필수다.

🚶 지하철 D선 상 벤투São Bento 역에서 도보 5분
📍 Rua das Flores 32, 4050-262 🕐 12:30~15:00,
18:30~22:30 ❌ 일요일 📞 +351-222-039-069
🏠 www.cantina32.com

파스텔 드 나타와 포트와인의 달콤한 만남 ····· ④

파브리카 다 나타 Fábrica da Nata

맑은 날은 야외 테이블에서, 비 오는 날은 실내에서 달콤한 파스텔 드 나타(이하 나타)를 맛보며 쉬어 가기 좋은 카페다. 나타(1개 €1.5, 6개 한 상자 €9) 맛은 두말할 것도 없고, 상 벤투 역 맞은편이라 접근성도 좋다. 포트와인의 도시 포르투답게 리스본 매장과 달리 나타와 포트와인을 함께 즐길 수 있는 세트 메뉴(€5.5)도 판다.

🚶 지하철 D선 상 벤투São Bento 역 바로 앞
📍 Praça de Almeida Garrett 7, 4000-069
🕐 08:00~20:00 📞 +351-221-141-826
🏠 www.fabricadanata.com

비밀의 화원처럼 은밀한 ⋯⋯ ⑤
루프톱 플로레스 Rooftop Flores

비토리아 전망대 근처에 있는 루프톱 플로레스는 포르투 골목의 숨은 보석 같은 공간이다. 좁은 입구를 지나 정원에 들어서면 믿을 수 없을 만큼 멋진 전망이 펼쳐진다. 낮에는 나무 아래 의자에 기대 앉아 커피 한잔의 여유를 만끽하기 좋고, 저녁에는 달콤한 포트와인이나 칵테일을 홀짝이며 로맨틱한 시간을 보내기 그만이다. 테일러스 포트와인을 잔(€4~)으로 판매하며, 포트와인을 베이스로 한 상그리아(€9.5)도 선보인다. 디저트 와인(포트와인)이 아닌 일반 와인도 화이트, 로제, 레드, 샴페인까지 종류별로 구비하고 있다. 와인보다 맥주파라면 포르투갈 국민 맥주 슈퍼복을 마시며 눈이 부시게 아름다운 전망을 즐겨도 좋다.

🏃 지하철 D선 상 벤투São Bento 역에서 도보 7분
📍 Rua da Vitória 177, 4050-634
🕐 12:00~19:00 ❌ 월·화요일
📞 +351-933-020-645 📷 rooftopflores

문어 샐러드에 해물밥 ······ ⑥
아 그라데 A Grade

한국인들 사이에서 해물밥Arroz de Frutos do Mar(€20) 맛집으로 소문난 상 니콜라우 골목 안 레스토랑이다. 해물밥과 더불어 꼭 맛봐야 할 메뉴는 애피타이저인 문어 샐러드 폴보 엠 몰류 베르드(€9)다. 부들부들한 문어를 올리브 오일에 무친 상큼한 샐러드로, 그린 와인이나 화이트 와인을 곁들이면 입안에서 철썩철썩 파도가 치는 듯하다. 골목 안에 둥지를 틀어 도루강은 보이지 않지만, 테라스석이 제법 운치 있고 비 오는 날에도 앉을 수 있어 좋다.

🚶 지하철 D선 상 벤투São Bento 역에서 도보 9분
📍 Rua de São Nicolau 9, 4050-561
🕐 12:00~23:30 ❌ 일요일
📞 +351-223-321-130
🏠 a-grade-restaurant.
negocio.site

먹을수록 맛있는 문어볶음밥 ······ ⑦
아데가 상 니콜라우 Adega São Nicolau

몇 발짝만 가면 도루강 변과 맞닿는 상 니콜라우 거리의 골목 안에 자리한 레스토랑이다. 야외 테라스에 앉으면 아기자기한 뒷골목과 아름다운 강변의 전망을 두루 즐길 수 있다. 그래서 야외 테이블은 늘 인기다. 온통 나무로 꾸민 실내에 앉으면 마치 오크통 속에서 식사를 하는 기분이 든다. 테이블마다 올라와 있는 메뉴는 문어볶음밥 필레테스 드 폴보(€22)와 라가레이루 스타일 바칼랴우(€19)다. 특히 보들보들한 식감의 문어튀김과 짭조름한 볶음밥을 한 접시에 담아낸 문어볶음밥은 한국인의 입맛에 잘 맞는 편이다.

🚶 지하철 D선 상 벤투São Bento 역에서 도보 8분 📍 Rua de São Nicolau 1, 4050-561
🕐 12:00~22:30 ❌ 일요일 📞 +351-222-008-232

파롤 다 보아 노바 Farol da Boa Nova

동 루이스 1세 다리를 바라보며 식사를 즐기거나 맥주나
와인을 홀짝이기 좋은 강변 레스토랑이다. 야외 자리가
넓지만 식사와 음료 구역이 나뉘어 있어, 식사를 하는 사
람이 더 전망 좋은 자리를 차지할 수 있다. 메뉴는 해산물
부터 고기 요리까지 다양한데, 해산물 메뉴 중 올리브 오
일을 베이스로 한 바칼라우 아 라가레이루(€17.6)와 문어
요리인 폴보 아 라가레이루(€19.8)가 인기 있다.

🚶 지하철 D선 상 벤투São Bento 역에서 도보 8분
📍 Rua dos Bacalhoeiros 115, 4050-296   🕐 12:00~24:00
📞 +351-222-006-086

뮤로 두 바칼랴우 Muro do Bacalhau

도루강 바로 옆 테라스에 앉아 현지 식재료로 만든 모던
한 포르투갈 요리를 맛볼 수 있다. 포르투갈의 대표 재료
바칼랴우와 갑오징어구이를 베르드 와인 소스와 곁들여
내거나, 바다에서 온 재료와 육지의 재료를 믹스매치 하
는 등 늘 새로운 메뉴를 만나볼 수 있다. 양이 적은 편이라
2명이 간다면 셰어링 포션 메뉴(€11~18)를 서너 개 주문
하는 것이 좋다.

🚶 지하철 D선 상 벤투São Bento 역에서 도보 10분
📍 Cais da Estiva 122, 4050-080   🕐 12:00~22:00
📞 +351-220-101-186   📷 murodobacalhau

비냐스 달류 Vinhas d'Alho

히베이라의 끝자락, 도루강을 바라보
며 새로운 메뉴에 도전하기 좋은 레스
토랑이다. 와인 리스트도 풍성하고 바칼랴우 요리, 폴보 그렐랴
두(€19.5) 등 해산물 메뉴도 다양하다. 색다른 해물밥을 맛보고
싶다면 아귀와 새우, 고수가 들어간 '아로즈 드 탐보릴(영어로 몽
크피시Monkfish, €17)'을 주문해보자. 아귀 살 씹는 맛이 이채롭
다. 고수 향을 싫어한다면 주문할 때 미리 빼달라고 말하자.

🚶 지하철 D선 상 벤투São Bento 역에서 도보 9분
📍 Cais da Estiva 139, 4050-080   🕐 12:00~22:30
📞 +351-222-012-874   🏠 vinhasdalho.eatbu.com

전망과 나타에 진심이라면 ⋯⋯⋯ ⑪

나타 스위트 나타 Nata Sweet Nata

나타를 먹을 때마다 작은 행복을 느끼길 바라는 마음으로 갓 구운 나타(€1.5)를 선보이는 카페다. 포르투에 매장이 2개 있는데, 히베이라 지점에서는 야외에 앉아서 페이스트리는 바삭하고 속은 촉촉한 나타 한 입, 커피 한 모금 하며 동 루이스 1세 다리를 바라보는 호사를 누릴 수 있다. 아메리카노(€2.5)는 물론 라테, 에스프레소 마키아토, 에스프레소 토니코 등 에스프레소를 활용한 메뉴가 다양하다. 우유가 포함된 커피는 락토프리 우유로도 주문이 가능하다. 포트와인과 함께 즐길 수 있도록 그라함 포트와인도 판매한다.

🚶 지하철 D선 상 벤투São Bento 역에서 도보 12분 📍 Cais da Ribeira 18, 4050-510 🕐 09:00~21:00 📞 +351-220-125-610 🏠 natasweetnata.com

©My Coffee Porto

전망 좋은 스페셜티 커피숍 ⋯⋯⋯ ⑫

마이 커피 포르투 My Coffee Porto

스페셜티 커피숍을 모토로 로스팅에 진심인 카페다. 커피 맛도 좋은데 전망은 더 좋다. 언덕 위에 위치한 덕에 야외에 앉아 동 루이스 1세 다리를 바라보며 모닝 커피나 브런치를 즐기기에 더할 나위 없이 좋다. 아메리카노(€2.5), 플랫화이트(€3) 등 다양한 커피와 토스트(€1.8~), 하와이 스타일 아사이 볼(€7.2)도 판다.

🚶 지하철 D선 상 벤투São Bento 역에서 도보 10분
📍 Escadas do Codeçal 22, 4000-173
🕐 09:00~18:00 📞 +351-964-850-854
🏠 www.mycoffeeporto.com

포르투갈 왕실 비누 ──── ①
클라우스 포르투 Claus Porto

독창적인 향과 디자인으로 130년 넘게 사랑받아온 포르투갈 최초의 비누 브랜드, 클라우스 포르투의 제품을 테스트해보고 구입하기 좋은 가게다. 벨 에포크 시대 도자기, 아줄레주 등으로부터 영감을 받은 아트 페이퍼로 제품을 포장해 고급스럽다. 2층 규모의 매장에 들어선 순간 갤러리 같은 디스플레이에 눈이 즐거워진다. 비누 외에 핸드크림, 리퀴드 솝, 보디로션, 디퓨저, 향초도 있으니 시향만 해도 시간이 훌쩍 간다. 클라우스 포르투의 변천사를 한눈에 볼 수 있는 2층 전시도 놓치지 말자.

🚶 지하철 D선 상 벤투São Bento 역에서 도보 5분　📍 Rua das Flores 22, 4050-262
🕐 10:00~19:00　📞 +351-914-290-359　🏠 clausporto.com

포르투갈 아티스트의 디자인 ──── ②
토란자 Toranja

포르투갈 아티스트의 일러스트와 사진을 바탕으로 제작한 티셔츠, 쿠션, 포스터, 가방, 휴대전화 케이스 등을 선보이는 기념품점이다. 포르투갈 하면 누구나 떠올리는 풍경이나 인물 등을 유니크한 디자인과 색감의 굿즈로 만나볼 수 있다. 100% 메이드 인 포르투 제품이라는 것도 장점이다. 메이드 인 차이나 기념품만큼 저렴하지는 않다.

상 벤투　🚶 지하철 D선 상 벤투São Bento 역에서 도보 3분
📍 Rua das Flores 109, 4050-266　🕐 10:00~21:00
🏠 www.toranja.com

튜브형 과일잼 천국 ····· ③
메이아 두지아 Meia Duzia

화장품이야? 잼이야? 일명 '물감잼'으로 통하는 튜브형 잼 전문 브랜드로 플로레스 거리에 매장이 있다. 호박잼, 무화과잼, 포트와인&딸기잼 등 다양한 잼이 진열되어 있어 눈이 먼저 즐겁다. 선물용 박스 포장 제품도 있지만, 취향대로 메이아 두지아 잼 3개를 고르면 박스 포장도 해준다. 패키지에서도 포르투갈다움이 물씬 묻어난다.

🚶 지하철 D선 상 벤투São Bento 역에서 도보 3분
📍 Rua das Flores 171, 4050-266 🕐 10:00~20:00
📞 +351-222-031-064 🏠 www.meiaduzia.com

향기로운 비누와 디퓨저의 향연 ····· ④
카스텔벨 Castelbel

포르투갈의 자연과 아줄레주에서 영감을 받은 향과 다채로운 색채, 바다의 무드를 담은 향수 비누, 디퓨저, 보디용품 등을 선보이는 브랜드다. 향도 좋지만, 패키지가 아름다워 선물용으로 제격이다. 매장에서 시향하며 고르다 보면 눈도 코도 즐거워 자꾸만 테스트를 하게 된다.

🚶 지하철 D선 상 벤투São Bento 역에서 도보 6분
📍 Rua de Ferreira Borges s/n, 4050-018
🕐 10:00~18:00 📞 +351-222-083-488
🏠 www.castelbel.com

한 끗이 다른 기념품 ····· ⑤
프로메테우 아르테사나투
Prometeu Artesanato

거리에서 마주치는 흔한 기념품점과는 달리 아티스트의 공방 같은 분위기를 풍긴다. 디자인이 독특한 아줄레주 타일부터 컵받침, 책갈피, 가방, 모자 등 다양한 물건을 만날 수 있다. 특히 코르크로 만든 기념품 종류가 다양하고 질이 좋다. 가격은 단돈 €1부터 €100까지 천차만별이니 취향과 주머니 사정에 따라 쇼핑의 기쁨을 누려보자.

🚶 지하철 D선 상 벤투São Bento 역에서 도보 8분 📍 Rua de São João 19, 4050-509 🕐 10:00~21:00 📞 +351-222-017-003
🏠 www.prometeuartesanato.com

언덕 위 활기찬 중심가

상 벤투 역
북쪽 Baixa·Bolhão

#쇼핑가 #산타 카타리나 거리 #볼량 시장
#클레리구스탑 #렐루 서점

산타 카타리나 거리가 있는 바이샤 지구부터 볼량 시장이
있는 볼량 지구까지 쇼핑과 미식을 즐기기 좋은 거리가 이어진다.
알마스 성당, 카르무 성당 등 아줄레주가 아름다운 성당을
감상하는 것도 이 지역을 탐험하는 묘미다.
상 벤투 역 북쪽 여행의 백미는 《해리포터》 속 마법 학교에
영감을 준 렐루 서점을 둘러보고 클레리구스탑
위에 올라 포르투를 내려다보는 것이니 놓치지 말자.

상 벤투 역 북쪽
상세 지도

② 쿠토

⑦ 카펠라 인코뮴

⑤ 제니스

⑦ 소아레스 두스 레이스 국립 미술관

더 로열 칵테일 클럽 ⑧ ●

⑥ 수정궁 정원

카르무 성당 ☂

② 렐루 서점

페르난데스 마투스 ④

키오스크 공원 ━━━━━ ●
베이스 포르투 ⑥ ┄┄
클레리구스 성당 ④

클레리구스탑 ③

③ 카사 오리엔탈

0   100m

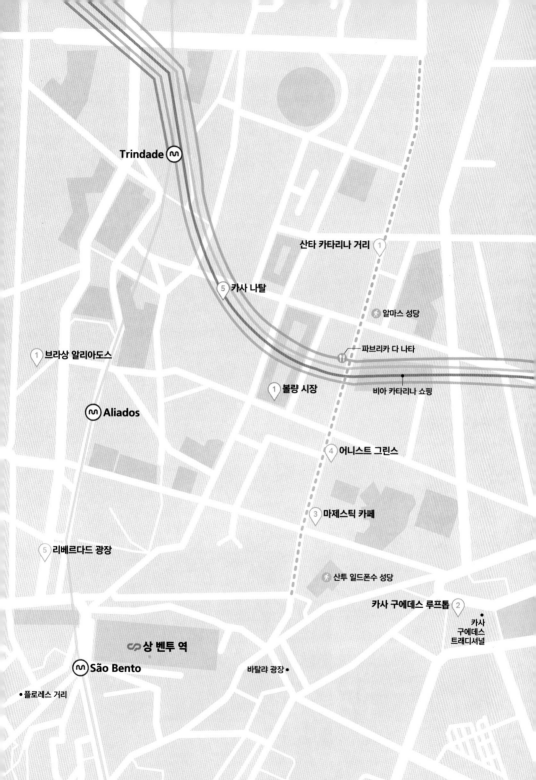

Trindade Ⓜ

산타 카타리나 거리 ①

⑤ 카사 나탈

🚶 알마스 성당

브라상 알리아도스 ①

파브리카 다 나타 🍴

① 볼량 시장

비아 카타리나 쇼핑

Ⓜ Aliados

④ 어니스트 그린스

③ 마제스틱 카페

⑤ 리베르다드 광장

🚶 산투 일드폰수 성당

카사 구에데스 루프톱 ②

카사
구에데스
트래디셔널

🚇 상 벤투 역

Ⓜ São Bento

바탈랴 광장 •

• 플로레스 거리

쇼핑과 맛집의 거리 ⸻ ①
산타 카타리나 거리
Rua de Santa Catarina

푸른 아줄레주가 매혹적인 알마스 성당, 조엔 롤링이 《해리포터》를 집필한 곳으로 알려진 마제스틱 카페 등 유명한 건물이 모여 있는 1.5km 길이의 활기찬 거리다. 늘 번화한 쇼핑가답게 대형 쇼핑센터 비아 카타리나 쇼핑Via Catarina Shopping를 비롯해 파르포이스Parfois, 메이아 두지아 등 포르투갈 브랜드 매장과 파브리카 다 나타 같은 카페도 모여 있다. 산타 카타리나 거리 탐방은 산투 일드폰수 성당과 바탈랴 광장에서부터 시작해보자.

🏃 지하철 A·B·C·E·F선 볼량Bolhão 역에서 도보 1분 📍 Rua de Santa Catarina

렐루 서점 Livraria Lello

아르누보풍의 우아한 자태를 뽐내는 렐루 서점의 역사는 1869년 프랑스인 에르네르토 샤드롱이 문을 열며 시작됐다. 1890년 렐루 형제가 서점을 인수해 1906년 네오고딕 양식의 흰 석조 건물로 이전하면서 현재 자리에 문을 열었다. 안으로 들어가면 천장과 맞닿은 갈색 서가와 한가운데 있는 붉은 계단의 유려한 선이 고혹적이다. 대형 유리로 된 천장에는 '노동에 전념하라Decus in labore'라는 글귀가 새겨져 있다. 서가에는 희귀한 고서부터 정치, 역사서와 세계 각국의 소설, 포르투 가이드북까지 두루 갖추고 있다. 여행자에게는 소설가 조앤 롤링이 《해리포터》 속 마법 학교의 계단을 만드는 데 영감을 준 장소로 유명하다. 서점이지만 홈페이지에서 입장권을 예매해야 하는데, 입장 시간까지 정해야 한다. 입장권은 실버, 골드, 플래티넘 3가지로 골드 구입 시 독점 컬렉션 중 1권의 책을 받을 수 있고, 플래티넘 구입 시 우선 입장 혜택이 추가된다.

🚶 지하철 D선 상 벤투São Bento 역에서 도보 6분 📍 Rua das Carmelitas 144, 4050-161 🕐 09:30~19:00 ❌ 1/1, 부활절, 5/1, 6/24, 12/25 💶 실버 €8, 골드 €15.9, 플래티넘 €50 📞 +351-222-002-037
🏠 www.livrarialello.pt

●

아줄레주 벽화가 아름다운
성당 TOP 3

상 벤투 역 북쪽에는 아줄레주 벽화가 아름다운 성당이 세 곳 있다.
푸른 아줄레주 벽화를 배경으로 멋진 사진을 남기기 좋은 장소이니
알마스 성당에서 시작해 카르무 성당까지 아줄레주 산책을 즐겨보자.
아줄레주가 성당 외벽을 장식하고 있어 입장을 하지 않아도 마음껏 감상할 수 있다.

알마스 성당
도보 6분
산투 일드폰수 성당
도보 15분
카르무 성당

건물 전체가 아줄레주 벽화로 둘러싸인

① 알마스 성당 Capela das Almas

산타 카타리나 거리 초입, 푸른 아줄레주로 둘러싸인 건물이 존재감을 뿜어낸다. 주인
공은 '영혼의 예배당'이라는 뜻의 알마스 성당이다. 18세기 초 순교자 산타 카타리나
Santa Catarina의 영혼을 기리기 위해 지은 성당으로 산타 카타리나 성당으로도 불린다.
외벽의 푸른 아줄레주 타일은 에두아르두 레이트Eduardo Leite의 1929년 작품으로 아
시시의 성 프란치스코와 성녀 카타리나의 생애를 담고 있다.

🚶 지하철 A·B·C·E·F선 볼량Bolhão 역에서 도보 1분 📍 Rua Santa Catarina 428, 4000-124
🕐 평일 07:30~18:00(금요일 ~20:00), 주말 07:30~12:30, 18:30~19:30 📞 +351-222-005-765

②

쌍둥이 탑과 아줄레주의 조화

산투 일드폰수 성당

Igreja Paroquial de Santo Ildefonso

클레리구스탑을 세운 이탈리아 건축가, 니콜라우 나소니가 설계한 쌍둥이 탑 아래 아줄레주로 덮인 외관이 시선을 사로잡는다. 1730년에 짓기 시작해 9년 만에 완성한 성당 전면의 푸른 아줄레주는 일드폰수 주교의 삶을 담고 있다. 성당 내부는 스테인드글라스, 금빛 찬란한 제단과 로코코 양식의 조각품으로 장식돼 있다.

🚶 상 벤투 역에서 도보 6분
📍 Rua de Santo Ildefonso 11, 4000-542
🕐 월요일 15:00~17:15, 화·목요일 09:00~12:15,
15:00~18:30, 수·금요일 09:00~12:15, 15:00~17:15,
토요일 09:00~12:30, 15:00~18:00, 일요일 09:00~11:00
💶 €1　📞 +351-222-004-366　🏠 santoildefonso.org

③

초대형 아줄레주가 아름다운

카르무 성당

Igreja do Carmo

하나의 건물처럼 보이지만 오른쪽은 수도사가 지내던 카르무 성당, 왼쪽은 수녀가 머물던 카르멜 성당이다. 그 사이에 수도사와 수녀의 공간을 분리하기 위해 지은 '포르투에서 가장 작은 집'이 있다. 카르무 성당의 화려한 볼거리는 성당 외벽에 1617년 포르투에 정착한 수도회 '카르멜회'의 설립 과정을 묘사한 아줄레주다. 당시 지지 세력이 약했던 카르멜회는 여류 시인 베르나다 드 라세르다Bernada de Lacerda의 지지에 힘입어 포르투에 뿌리를 내리고 1662년 카르무 성당을 완공했다. 입장료를 내고 들어가면 카르무 성당과 카르멜 성당 내부를 둘러볼 수 있다. 차이점을 비교하며 관람해보자.

🚶 지하철 D선 상 벤투São Bento 역에서 도보 8분
📍 Rua do Carmo, 4060-164
🕐 4~10월 09:30~18:00, 11~3월 09:30~17:00, 미사 시간 09:00
💶 €7　📞 +351-222-078-400

밤 11시까지 개방하는 종탑 ...... ③

클레리구스탑
Torre dos Clérigos

Porto Card
데이 패스 25% 할인

클레리구스탑이 포함된
가성비 좋은 통합권

볼사 궁전이나 세랄베스 현대미술관을 방문할 예정이라면 통합권을 사서 더 저렴하게 입장할 수 있다.

• 클레리구스탑+볼사 궁전+포르투 미제리코르 디아 박물관(MMIOP): €25
• 클레리구스탑+세랄베스 현대미술관: €27.2

시내 어디서나 보이는 클레리구스탑은 동 루이스 1세 다리만큼이나 유명한 포르투의 랜드마크다. '성직자의 탑'이란 뜻을 가지며 무려 260여 년 전에 만들어졌다. 이탈리아 토스카나 출신 건축가 니콜라우 나소니는 1753년 성직자 형제회의 의뢰를 받아 종탑 프로젝트를 시작했고, 1763년 75m의 건물 꼭대기에 철제 십자가를 올리며 바로크 양식 종탑을 완성했다. 그 덕에 매년 12만 명의 여행자가 밤낮으로 탑 위에 올라 360도 파노라마 뷰를 즐긴다. 계단 오르기는 힘겹지만, 정상에 서면 눈앞에 펼쳐지는 환상적인 풍경에 고단함도 잊게 된다. 밤 11시까지 오를 수 있다는 점도 특별하다. 입장권은 시간대에 따라 데이 패스와 나이트 패스로 나뉘는데, 데이 패스에는 클레리구스 박물관도 포함된다.

🚶 지하철 D선 상 벤투São Bento 역에서 도보 5분 📍 Rua de São Filipe de Nery, 4050-546 🕐 데이 패스 09:00~19:00(12/24·31 ~14:00, 12/25·1/1 11:00~), 나이트 패스 19:00~23:00 💶 데이 패스(탑+박물관) €10, 10세 이하 무료, 나이트 패스(탑) €5 📞 +351-220-145-489 🏠 www.torredosclerigos.pt

니콜라우 나소니의 또 다른 작품 ⋯⋯ ④

클레리구스 성당 Igreja dos Clérigos

클레리구스탑에 붙어 있는 타원형 성당 역시 18세기 초 이탈리아 건축가 니콜라우 나소니가 바로크 양식으로 설계한 건물이다. 니콜라우 나소니는 포르투를 제2의 고향이라 여겨 포르투에 여러 건물을 지었다. 그중 클레리구스탑과 성당은 무보수로 설계하는 열정을 불태웠고 죽어서는 클레리구스 성당에 묻혔다. 성당 내부 곳곳에 도금한 나뭇잎 모양을 장식했는데, 화려하기보다 단아한 분위기를 자아낸다. 클레리구스 성당은 관광지이지만 현지 주민들이 미사를 드리는 성당이기도 하다.

🚶 지하철 D선 상 벤투São Bento 역에서 도보 5분 📍 Rua de São Filipe de Nery, 4050-546 🕐 09:00~19:00(12/24·31 ~14:00, 12/25·1/1 11:00~), 미사 시간 토요일 17:00, 일요일 21:30 📞 +351-220-145-489

포르투 중심가 ⋯⋯ ⑤

리베르다드 광장 Praça da Liberdade

광장 한가운데 동 페드루 4세Dom Pedro IV의 동상이 우뚝 서 있는 리베르다드 광장은 포르투 문화와 경제의 중심지다. 시청, 은행, 우체국, 호텔이 광장 주변에 늘어서 있고 광장에서 뻗어 나가는 대로는 포르투의 명소와 연결된다.

🚶 ① 지하철 D선 알리아도스Aliados 역에서 도보 2분
② 지하철 D선 상 벤투São Bento 역에서 도보 3분
📍 Praça da Liberdade

도루강 변, 공작새가 노니는 공원 ······ ⑥
수정궁 정원 Jardim do Palácio de Cristal

엄밀히 말하면 1865년 만국박람회장으로 지은 수정궁Palácio de Cristal이 있던 자리의 정원을 뜻한다. 지금 그 자리에는 콘크리트 돔, 로사 모타 파빌리온을 지어 콘서트홀 겸 전시장으로 쓰고 있다. 수정궁 정원 산책은 공작새가 노니는 입구에서 시작해 한 바퀴 크게 돌면 좋다. 산책 중 멋진 사진을 남기기 좋은 장소는 아라비다 다리가 한눈에 보이는 전망대, 미라도루 다 폰테 다 아라비다Miradouro da Ponte da Arrábida와 수정궁 탑 Torreão do Jardim do Palácio이다. 수정궁 정원 끝자락의 센티멘토스 정원Jardim dos Sentimentos도 놓치지 말자. 기하학적 조경과 도루강 변이 빚어내는 풍경이 환상적이다.

🚶 버스 200·201·207·302번 Hosp. St. António 정류장에서 도보 3분 📍 Rua de Dom Manuel II, 4050-346
🕐 4~9월 08:00~21:00, 10~3월 08:00~19:00
📞 +351-225-320-080

포르투갈 최초의 국립 미술관 ······ ⑦
소아레스 두스 레이스 국립 미술관 Museu Nacional Soares dos Reis

포르투와 포르투갈 중북부 수도원의 예술품 소장과 전시를 위해 1833년에 문을 열었다가 1911년 포르투 출신 사실주의 조각가 '안토니우 소아레스 두스 레이스Antonio Soares dos Reis'의 이름을 따 미술관 명칭을 바꾸었다. 상설전으로 19~20세기 포르투갈의 조각, 회화, 도자기 등을 선보이며, 제일 유명한 소장품은 이름에 걸맞게 안토니우 소아레스 두스 레이스의 〈유배O Desterrado〉다. 핑크색 건물을 장식한 푸른 아줄레주와 작은 연못이 있는 정원도 아름답다.

🚶 지하철 D선 알리아도스Aliados 역에서 도보 15분 📍 Rua Dom Manuel II 44, 4050-342 🕐 10:00~18:00
❌ 월요일, 1/1, 부활절, 5/1, 6/24, 12/25
💶 €10 📞 +351-223-393-770
🏠 www.museusoaresdosreis.pt

현지인 추천 프란세지냐 맛집 ------ ①

브라상 알리아도스 Brasão Aliados

포르투에서 꼭 맛보아야 할 음식 하면 첫 번째로 언급되는 프란세지냐(€13.8) 맛집이다. 프란세지냐란 '작은 프랑스 소녀'라는 뜻의 포르투 전통 음식으로 치즈 아래 빵, 훈제 염장 돼지고기 소시지, 햄, 구운 고기 등을 층층이 쌓은 따뜻한 샌드위치. 작은 소녀라는 이름에 어울리지 않게 열량은 어마어마하다. 맛있게 먹으면 0칼로리이니 이왕이면 현지인처럼 감자튀김과 탄산이 강한 슈퍼복 맥주를 곁들여 즐겨보자. 치킨에 맥주가 빠질 수 없듯 프란세지냐에 맥주는 포르투갈 사람들의 국룰이다.

🚶 지하철 D선 알리아도스Aliados 역에서
도보 2분 📍 Rua de Ramalho
Ortigão 28, 4000-407
🕐 월~목요일 12:00~15:00,
18:30~23:30, 금·토요일
12:00~16:30, 18:30~24:00,
일요일 18:30~23:30
📞 +351-934-158-672
🏠 www.brasao.pt

루프톱에서 맛보는 고기 샌드위치 ------ ②

카사 구에데스 루프톱 Casa Guedes Rooftop

1987년 코레이아 형제가 시작한 비파나 맛집 '카사 구에데스 트래디셔널Casa Guedes Tradicional' 옆에 문을 연 지점이다. 3층 규모로 북적북적 흥거운 분위기에서 포르투 사람들이 사랑하는 비파나(€4.9~7.5)를 맛볼 수 있다. 비파나는 간이 된 국물에 적신 고기를 빵 사이에 끼워 먹는 고기 샌드위치로 치즈를 추가해서 먹으면 빵, 고기, 치즈 삼합을 먹는 느낌이다. 저렴한 가격에 허기를 달래기 좋지만, 퍽퍽할 수 있으니 맥주나 그린 수프Caldo Verde(€2.9)를 곁들여보자.

🚶 지하철 A·B·C·E·F선 볼량Bolhão 역에서
도보 6분 📍 Praça dos Poveiros 76 80,
4000-393 🕐 12:00~23:30(금·토요일
~24:00) 📞 +351-221-142-119
🏠 www.casaguedes.pt

조앤 K. 롤링이 《해리포터》를 쓰던 곳 ······ ③

마제스틱 카페 Majestic Café

우아한 아르누보풍 외관부터 남다른 마제스틱 카페는 포르투갈에서 가장 아름다운 카페로 꼽힌다. 들어선 순간 우아한 샹들리에, 초콜릿색 몰딩으로 둘러싸인 거울, 세월이 느껴지는 가죽 의자로 꾸민 인테리어에 19세기로 타임슬립한 기분이 든다. 실제로 1921년 문을 연 이래 예술과 문화가 번창했던 19세기 말 '벨 에포크Belle Époque'를 추구하여 많은 예술가가 이 카페를 드나들었다. 《해리포터》의 작가 조앤 K. 롤링이 포르투에서 영어 강사로 일할 때 이 아름다운 카페를 작업실 삼아 소설을 썼다. 아메리카노(€6), 프란세지냐(€27) 등 메뉴는 다른 카페에 비해 비싼 편이지만, 커피 한잔하며 로맨틱한 분위기를 음미해보자.

🚶 지하철 A·B·C·E·F선 볼량Bolhão 역에서 도보 4분 📍 Rua Santa Catarina 112, 4000-442 🕐 09:00~23:00 ❌ 일요일 📞 +351-222-003-887 🏠 www.cafemajestic.com

식물 가득한 정원이 아름다운 ······ ④

어니스트 그린스 Honest Greens

'Eat Real'을 모토로 신선한 재료로 만든 메뉴를 파는 카페다. 이른 아침부터 문은 열어 모닝 커피나 브런치를 즐기기 좋다. 커피뿐만 아니라 콤부차(€3.95), 디톡스 주스(€4.95)등 건강한 음료와 아사이 볼(€7.95) 브렉퍼스트 토스타다(€6.95) 등 아침 식사 메뉴도 다양하다. 이왕이면 카페 안쪽 채광 좋은 정원에서 여유로운 시간을 보내보자.

🚶 지하철 A·B·C·E·F선 볼량Bolhão 역에서 도보 4분
📍 Rua de Santa Catarina 184, 4000-442 Porto
🕐 08:30~23:00 📞 +351-229-769-310
🏠 honestgreens.com/pt

야외에서 즐기는 올데이 브런치 ····· ⑤

제니스 Zenith

아침부터 밤까지 올데이 브런치를 즐길 수 있는 노천카페로, 유쾌한 공기가 흐른다. 메뉴는 클래식한 에그 베네딕트(€8)부터 딸기와 바닐라 아이스크림이 달콤한 팬케이크Doce de Leite(€8), 아사이베리와 타피오카 등을 올린 아사이 볼, 바나나 빵 등 다채롭다. 채식 및 글루텐 프리 옵션의 건강한 메뉴까지 구비하고 있다. 음료 역시 주스부터 아메리카노(€3), 칵테일까지 입맛대로 고르면 된다. 인더스트리얼한 분위기의 내부도 인기지만, 야외 테라스는 브런치 페스티벌이 열린 듯 흥겹다.

🚶 ① 카르무 성당에서 도보 2분 ② 지하철 D선 알리아도스Aliados 역에서 도보 7분
📍 Praça de Carlos Alberto 86, 4050-158
🕐 08:00~18:00 📞 +351-220-171-557
🏠 www.zenithcaffe.pt

초록 잔디 위 핫한 노천카페 ····· ⑥

베이스 포르투 Base Porto

렐루 서점과 클레리구스탑 사이 '키오스크 공원Quiosque Jardim'에 자리한 핫한 노천카페 겸 바다. 올리브 나무 아래 테이블에 앉아 커피를 마시며 책을 읽기도 좋고, 맑은 날에는 잔디밭 위에 놓인 빈백에 기대 앉아 바이브 좋은 음악을 들으며 소풍 온 기분을 낼 수 있다. 간간히 들려오는 클레리구스탑 종소리에 힐링되는 느낌도 든다. 메뉴는 시원한 생맥주(€3.5)부터 와인(€4~), 상그리아(€6), 모히토(€8) 등 칵테일 메뉴까지 다양하다. 단, 카페 안에 화장실이 없어 아래쪽 주차장까지 내려가야 한다.

🚶 지하철 D선 상 벤투São Bento 역에서 도보 6분 📍 Rua das Carmelitas 151, 4050-163 🕐 12:00~20:00(금·토요일 ~22:00) 📞 +351-913-459-818 🏠 baseporto.com

©Capela Incomum

©Capela Incomum

예배당 안 와인 바 ……… ⑦
카펠라 인코뮴 Capela Incomum

비뉴 베르드 지역 포도 재배 위원회에서 일했던 프란치스카 로방이 19세기 예배당을 발견해 인테리어 디자인 사무실 겸 와인 바로 개조했다. 예배당 안 나무 제단과 천장, 강단은 그대로 두고 벽에는 와이너리 사진을 걸어 독특한 분위기를 연출했다. 비뉴 베르드, 도루 등 지역별 와인 리스트가 풍성하며 포트와인은 잔(€4~)으로 주문할 수 있다. 치즈 플레이트(€11.5)나 부르스케타(€8) 등 약간의 안주 메뉴도 준비되어 있다. 화창한 날에는 야외에 앉아 시간을 보내는 것도 낭만적이다. 와인 보틀숍도 겸하고 있어 마음에 드는 와인을 사 갈 수 있다.

🏃 지하철 D선 알리아도스Aliados 역에서 도보 6분
📍 Travessa do Carregal 77, 4050-167
🕐 월~토요일 16:00~24:00, 일요일 14:00~22:00
📞 +351-936-129-050 🏠 www.capelaincomum.pt

우아하고 창의적인 칵테일 ……… ⑧
더 로열 칵테일 클럽 The Royal Cocktail Club

더 로열 칵테일 클럽에 들어선 순간 정중앙의 클래식하면서도 세련된 대리석의 자태에 반하고 만다. 신선한 방식으로 재료를 섞어 새로운 맛을 창조하는 칵테일 메뉴(€12~)는 베테랑 바텐더의 손끝에서 우아하게 완성된다. 칵테일 만드는 모습을 감상하고 싶다면 바 자리에 앉아보자. 아래층 라운지에서는 소파에 기대 앉아 칵테일을 홀짝이며 보드 게임도 즐길 수 있다.

🏃 지하철 D선 상 벤투São Bento 역에서 도보 6분
📍 Rua da Fábrica 105, 4050-247
🕐 19:00~02:00
📞 +351-222-059-123
📷 theroyalcocktailclub

볼량 시장 Mercado do Bolhão

유적지보다 사람 냄새 나는 재래시장을 좋아한다면 볼량 시장은 꼭 들러야 할 장소다. 19세기 이후 리노베이션 기간을 빼고는 하루도 거르지 않고 문을 열어 온 시장이다. 2022년 리노베이션 후 포르투의 현대적인 시장으로 거듭났다. 겉 모습은 변했지만 여전히 올리브, 치즈, 와인, 각종 해산물 등 싱싱한 식재료로 포르투의 식탁을 책임진다. 여행자 입장에서는 시장에서 와인이나 빵, 치즈를 사서 바로 맛볼 수 있다는 게 매력 포인트다. 1층 양쪽 끝에 시장에서 산 음식을 바로 먹을 수 있는 테이블도 몇 개 있다. 식료품은 물론 꽃과 통조림, 초콜릿 등 기념품 쇼핑을 하기에도 좋다.

🚶 지하철 A·B·C·E·F선 볼량Bolhão 역에서 도보 1분　📍 Rua Formosa 322, 4000-248
🕐 08:00~19:00(토요일 ~18:00)　❌ 일요일　📞 +351-223-326-024
🏠 www.mercadobolhao.pt

물감처럼 예쁜 치약 맛이 궁금하다면 ……②
쿠토 Couto

포르투 필수 쇼핑 아이템으로 꼽히는 쿠토의 아담한 플래그십 스토어로 치약 외에 립글로스, 핸드크림, 비누, 보습크림 등 코스메틱 라인도 만나볼 수 있다. 파스타 덴티프리카Pasta Dentifrica(60g €3.16~)는 1932년 포르투의 치과 의사가 잇몸 질환 치료를 위해 약용으로 만든 치약 브랜드다. 달걀노른자색 패키지를 열면 물감처럼 예쁘고 빈티지한 치약이 모습을 드러내는데, 레몬처럼 상큼한 디자인 덕에 세계 각국에서 인기를 끈다. 쿠토 플래그십 스토어에서는 한국의 편집숍에서 사는 것보다 저렴한 가격에 치약을 구매할 수 있다.

🚶 ① 카르무 성당에서 도보 6분 ② 지하철 D선 상 벤투São Bento 역에서 도보 14분
📍 Rua de Cedofeita 330, 4050-109 🕐 10:00~14:00, 15:00~19:00
❌ 화·일요일 📞 +351-221-127-382 🏠 www.couto.pt

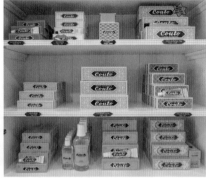

콘셉트 있는 통조림 숍 ……③
카사 오리엔탈 Casa Oriental

거대한 클레리구스탑 옆에서 작지만 화려한 색감으로 강렬한 존재감을 뿜어내는 카사 오리엔탈은 아베이루에서 시작된 통조림 브랜드 코무르Comur의 제품을 판매하는 매장이다. 이 자리에는 1910년부터 포르투갈 식민지에서 가져온 식료품을 파는 상점이 있었는데, 코무르가 2층 규모의 매장을 열며 그 시절의 분위기로 연출했다. 캔 하나하나에 이야기가 깃든 코무르의 화려한 제품 디자인과 레트로풍 인테리어가 잘 어울린다.

🚶 지하철 D선 상 벤투São Bento 역에서 도보 8분
📍 Campo dos Mártires da Pátria 111, 4050-367
🕐 09:30~19:00(금·토요일 ~20:00)
📞 +351-211-349-044
🏠 www.portuguesesardine.com

빈티지한 노포의 매력 속으로 ..... ④

페르난데스 마투스 Fernandes Mattos

1886년 문을 연 직물 가게가 아름다운 기념품점으로 변신했다. 가게 내부는 137년 전의 고풍스러운 인테리어를 고스란히 간직했다. 빈티지한 인테리어만큼 매력적인 포르투갈 전통 장난감, 모자, 옷, 신발, 양말, 인테리어용품 등 메이드 인 포르투갈 아이템이 많다. 렐루 서점 저리 가라 할 만큼 아름다운 나무 진열장에 놓인 상품만 구경해도 시간이 훌쩍 지나간다.

🚶 지하철 D선 상 벤투São Bento 역에서 도보 6분
📍 Rua das Carmelitas 108 114, 4050-284
🕐 10:00~19:00 📞 +351-222-005-568
🏠 www.fernandesmattos.pt

없는 게 없는 식료품점 ..... ⑤

카사 나탈 Casa Natal

1900년에 문을 연 카사 나탈은 구하기 힘든 빈티지 포트와인부터 와인과 증류주, 올리브 오일, 각종 향신료, 말린 과일, 부위별 바칼라우를 파는 식료품점이다. 현지인들은 질 좋은 식재료를 사러 오고 여행자들은 캔에 담인 올리브 오일이나 각양각색의 정어리 통조림을 사러 온다. 포트와인에 진심이라면 다른 곳에서 구하기 힘든 포트와인을 구할 수도 있으니 볼량 시장 가는 길에 들러보자.

🚶 지하철 D선 상 벤투São Bento 역에서 도보 9분 📍 Rua de Fernandes Tomás 833, 4000-219 🕐 09:00~19:30 ❌ 일요일 📞 +351-222-052-537 🏠 www.casanatal.pt

포트와인과 달콤한 선셋

빌라 노바 드 가이아

Vila Nova de Gaia

#포트와인 셀러 투어 #전망 좋은 모루 정원
#노을 맛집 #포르투 선셋

동 루이스 1세 다리 너머의 빌라 노바 드 가이아는 포트와인의
산지다. 강변에는 샌드맨, 카렘, 테일러스 등 내로라하는
포트와인 셀러가 즐비하고, 애주가들은 성지 순례하듯 이곳을
찾는다. 과거 영국인이 와서 지은 와인 셀러 건물이 많아
강 건너와 다른 건축 양식을 보인다. 해 질 녘 빌라 노바 드 가이아
강변에서 가이아 케이블카를 타고 언덕 위 모루 정원에
오르면 포르투갈에서 가장 낭만적인 노을을 맞이할 수 있다.

빌라 노바 드 가이아 상세 지도

하베이라 광장 ●

도루강

① 동 루이스 1세 다리

④ 포르투 크루즈
테라스 라운지 360º

세라 두 필라르 수도원 ③

Ⓜ Jardim do Morro

모루 정원 ②

카사 포르투게사 두 파스텔 드 바칼라우
아르코 드 리아우 ①

① 판타스틱 월드 오브 포르투기스 캔

⑥ 샌드맨

⑦ 카브

가이아 케이블카(상행) ③

쿠에베두 ⑩

메르카두 베이라 리우 ②

⑤ 와우

⑨ 그라함

테일러스 ⑧

ⓗ 바롱 레스토랑 & 와인 바

General Torres Ⓜ

S 제너라리우 토레스 역

S 빌라 노바 드 가이아 역

0   100m

143

에펠탑을 닮은 2층 철교 ····· ①

동 루이스 1세 다리 Ponte Dom Luís I

도루강 위로 에펠탑 하부를 닮은 철교가 아치를 그리며 히베이라와 빌라 노바드 가이아를 부드럽게 잇는다. 에펠탑을 만든 귀스타브 에펠의 제자 테오필 세리그Téophile Seyrig가 만들었기 때문이다. 동 루이스 1세 다리 곁에는 쌍둥이처럼 닮은 마리아 피아Maria Pia 다리가 있는데 귀스타브 에펠의 작품이다. 둘 다 에펠탑을 짓기 전에 만들어졌다. 스승과 제자가 각각 세운 두 다리의 이름은 포르투갈의 왕 루이스 1세와 왕비 마리아 피아에서 유래했다. 아치의 양 끝에 교각을 세우고 2층 다리를 놓아 2층에는 지하철, 1층에는 자동차가 지나다닌다. 172m의 넉넉한 폭 덕에 위아래 모두 보행자 도로가 있다. 더구나 44.6m 높이인 2층에서 바라보는 경치가 장관이다. 히베이라가 중세 포르투갈 건축 양식의 전시장이라면, 빌라 노바 드 가이아는 18세기 영국의 조지언Georgian 양식 건물이 많다. 영국 또는 영국계 포르투갈 가문에서 강변에 포트와인 셀러를 지은 덕이다.

🚶 ① 지하철 D선 자르딩 두 모루Jardim do Morro 역에서 도보 1분
② 히베이라 광장에서 도보 4분 📍 Ponte Luís I, 4000

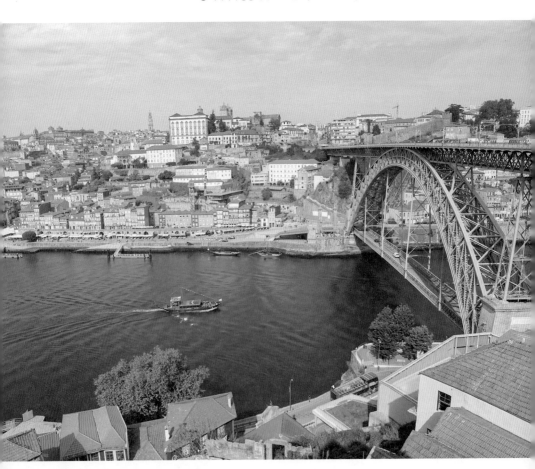

동 루이스 1세 다리를 오르는 3가지 방법

도루강 변의 근사한 풍경을 보고 싶다면 동 루이스 1세 다리 위에 올라야 한다.
편하게 가려면 케이블카나 지하철을 타고, 비용을 아끼고 싶다면 걸어서 오르면 된다.
어떤 방법으로 오르든 다양한 각도에서 멋진 풍경을 즐길 수 있다.

① 지하철

동 루이스 1세 다리 2층에서 가장 가까운 지하철역은 자르딩 두 모루 역이다. 지하철을 타고 그 역으로 갈 때 열차가 2층 다리 위를 건너간다. 걷지 않고 편하게 지하철 안에서 전망까지 즐길 수 있어 일석이조다. 자르딩 두 모루 역의 이름처럼 바로 앞이 모루 정원이니 정원을 둘러본 후 동 루이스 1세 다리로 향해보자.

② 케이블카

빌라 노바 드 가이아로 갈 때 동 루이스 1세 다리를 걸어서 건넜다면, 히베이라로 돌아올 때 편도로 케이블카를 타고 동 루이스 1세 다리를 오르는 방법도 있다. 케이블카 안에서 빌라 노바 드 가이아의 포트와인 셀러들을 내려다볼 수 있고, 케이블카에서 내리면 도루강을 배경으로 사진 찍기 좋은 포토존이 등장한다. 사진 한 장 남긴 후 걸어서 동 루이스 1세 다리를 건너도 되고, 모루 정원을 둘러본 후 지하철을 타고 시내로 갈 수도 있다.

③ 도보

히베이라 광장에서 동 루이스 1세 다리까지 강변을 거닐다가 자연스럽게 다리 1층으로 가면 빌라 노바 드 가이아까지 걸어서 이동할 수 있다. 두 다리와 체력만 있다면 지하철을 타는 것보다 오래 내가 원하는 만큼 풍경을 음미할 수 있다는 것이 장점이다. 포르투 대성당에서 출발하는 경우 대성당 동쪽으로 난 길을 따라 내려가면 동 루이스 1세 다리 2층과 연결된다. 높은 곳에서 경치를 감상하며 다리 건너 모루 정원까지 걸어서 이동할 수 있다.

모루 정원 Jardim do Morro

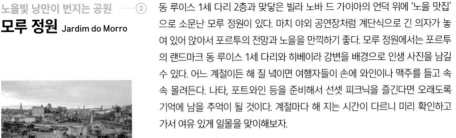

동 루이스 1세 다리 2층과 맞닿은 빌라 노바 드 가이아의 언덕 위에 '노을 맛집'으로 소문난 모루 정원이 있다. 마치 야외 공연장처럼 계단식으로 긴 의자가 놓여 있어 앉아서 포르투의 전망과 노을을 만끽하기 좋다. 모루 정원에서는 포르투의 랜드마크 동 루이스 1세 다리와 히베이라 강변을 배경으로 인생 사진을 남길 수 있다. 어느 계절이든 해 질 녘이면 여행자들이 손에 와인이나 맥주를 들고 속속 몰려든다. 나타, 포트와인 등을 준비해서 선셋 피크닉을 즐긴다면 오래도록 기억에 남을 추억이 될 것이다. 계절마다 해 지는 시간이 다르니 미리 확인하고 가서 여유 있게 일몰을 맞이해보자.

🚶 지하철 D선 자르딩 두 모루Jardim do Morro 역에서 도보 1분
📍 Jardim do Morro, 4430-210 📞 +351-223-742-400 🏠 www.cm-gaia.pt

세라 두 필라르 수도원 Mosteiro da Serra do Pilar

해 질 녘 모루 정원보다 덜 붐비면서도 노을과 동 루이스 1세 다리, 포르투의 전경을 감상할 수 있는 명당을 찾는다면 세라 두 필라르 수도원 앞 광장이 정답이다. 원형 건축물이 인상적인 이곳은 1996년 유네스코 세계문화유산에 등재된 수도원으로, 1528년 착공하여 1670년에 완공되었다. 내부는 임시 휴업 중이나, 수도원 안에 들어가지 않더라도 광장에서 환상적인 전망을 마음껏 즐길 수 있다.

⭐ 2025년 2월 현재 휴업 중

🚶 지하철 D선 자르딩 두 모루Jardim do Morro 역에서 도보 6분 📍 Largo Aviz, 4430-329 🕐 10:00~18:30 ❌ 월요일 💶 €2 📞 +351-220-142-425 🏠 culturanorte.gov.pt/patrimonio/mosteiro-da-serra-do-pilar

와이너리 위를 날아올라 ····· ④

가이아 케이블카

Teleférico de Gaia

Porto Card 10% 할인

빌라 노바 드 가이아와 동 루이스 1세 다리 정상을 이어주는 케이블카다. 600m 남짓한 거리를 이동하는 5분 동안 창밖으로 빌라 노바 드 가이아는 물론 강 건너 히베이라까지 탁 트인 풍경이 보여 눈이 번쩍 뜨인다. 와이너리 사이사이 골목길까지 훤히 내려다보는 기분이 상쾌하다. 높이보다 깊이 있는 전망을 선사한다. 케이블카에서 내려 몇 발짝만 걸으면 동 루이스 1세 다리 위다. 가파른 오르막을 오르는 대신 케이블카를 타며 전망까지 즐기니 비용이 아깝지 않다. 정원이 8명이지만 평일에는 정원을 꽉 채워 태우지는 않는다. 커플이라면 케이블카를 전세 낸 듯 단 둘이서 시간을 보내는 행운이 따를지도 모른다.

🚶 지하철 D선 자르딩 두 모루Jardim do Morro 역에서 도보 3분 📍 **상행** Avenida Ramos Pinto 331, 4430-233, **하행** Rua Rocha Leão 236, 4430-210 🕐 1/1~3/23 10:00~18:00, 3/24~4/25 10:00~19:00, 4/26~9/24 10:00~20:00, 9/25~10/24 10:00~19:00, 10/25~12/31 10:00~18:00 ❌ 12/25 💶 **편도** 일반 €7, 5~12세 €3.5, **왕복** 일반 €10, 5~12세 €5 📞 +351-223-741-440 🏠 gaiacablecar.com/en

시티 투어 팩 티켓

현장에서는 케이블카(왕복)와 크루즈 또는 버스 투어와 결합된 시티 투어 팩 티켓도 살 수 있다.

- 케이블카 왕복+크루즈: €27
- 케이블카 왕복+투어 버스 2일: €31
- 케이블카 왕복+크루즈+투어 버스 2일: €39

환영해! 와인의 세계 ····· ⑤

와우 WOW

Porto Card 10% 할인

'World of Wine'의 이니셜을 딴 와우는 와인과 문화 예술을 결합한 복합문화공간이다. 입장권을 사면 와인, 코르크, 초콜릿, 직물 등 박물관 7곳을 둘러볼 수 있다. 입장권은 전시를 몇 가지 관람하느냐(2~5개)에 따라 가격이 달라지며, 볼거리가 많으니 시간을 넉넉하게 잡고 방문하는 것이 좋다. 하루에 다 관람하지 못하더라도 만료 기간 내에 입장권만 가지고 가면 언제든 입장할 수 있다. 와우 안에는 박물관뿐 아니라 12개의 레스토랑과 바(스테이크 전문점 1828, 햄버거와 피자 전문점 PIP, 퓨전 일식 전문점 미라 미라Mira Mira)도 있으니 전시 관람 후 식사나 와인 한잔의 여유를 즐겨도 좋다. 야외 테라스 전망도 끝내준다.

🚶 가이아 케이블카 상행 정류장에서 도보 5분
📍 Rua do Choupelo 39, 4400-088
🕐 박물관 10:00~19:00
💶 입장권(박물관 2개) 일반 €34, 4~12세 €15
📞 +351-220-121-200 🏠 wow.pt

한눈에 보는
포트와인 셀러 투어

빌라 노바 드 가이아에는 강을 따라 샌드맨, 테일러스, 그라함 등 내로라하는
포트와인 메이커가 늘어서 있다. 도루밸리에서 수확한 포도를 포트와인으로 만들어
이곳 와인 셀러에서 숙성시킨다. 포트와인 셀러 투어를 하면 포트와인을 숙성하는
셀러를 둘러본 후 시음까지 할 수 있다. 시음 와인은 대부분 2~3가지로
투어 비용에 포함되는데, 와인을 토니나 빈티지로 업그레이드하면 비용이
올라가기도 한다. 한국에서는 맛보기 힘든 토니와 빈티지 와인을 접할 수 있는 기회이니
홈페이지에서 시음 와인 종류를 살펴보고 예약하자.

	가장 좋은 접근성으로 여행자를 유혹하다	파두 공연과 시음, 두 마리 토끼 잡기	빌라 노바 드 가이아의 거대한 포트와인 셀러	전망 좋은 레스토랑에서 식사까지 즐기다	신생 포트와인을 편안한 분위기에서 맛보다
	샌드맨	**카렘**	**테일러스**	**그라함**	**쿠에베두**
	SANDEMAN	CALEM PORTO	TAYLOR'S	W&J GRAHAM'S PORT	QUEVEDO Friendology Forever
포트와인 셀러 투어·시음	€22~ (시음 와인 3잔)	€20~ (시음 와인 2~3잔)	€25 (시음 와인 3잔)	€30~ (시음 와인 3잔)	€12~ (시음 와인 3잔, 2인 이상 가능)
한국어 오디오 가이드	X	X	O	X	X
와인숍	포트와인 셀러 투어를 하지 않더라도 포트와인 구입 가능				
레스토랑·바	바만 있음	X	O	O	X
파두 공연	X	시음 2잔+파두 공연 €25	X	X	X
포르투 카드 할인율	투어 11~3월 30%, 4~10월 10%	투어 11~3월 10%	오디오 가이드 투어 10%	투어 및 구매 10%	X

샌드맨의 명랑한 초대 ····· ⑥
샌드맨 Sandeman

Porto Card
10~30% 할인

접근성 좋은 위치와 샌드맨이라는 쉬운 이름 덕에 많은
여행자들이 찾는 포트와인 셀러다. 샌드맨의 매력은 강렬
한 캐릭터. 돈The Don이라는 이름의 캐릭터는 검은 망
토와 검은 모자에 포트와인을 들고 미스터리한 분위기를
풍긴다. 망토는 포르투갈 대학생의 교복에서, 모자는 스
페인의 중절모 카바렐루Caballero에 착안한 디자인이다.
샌드맨 포트와인 셀러 투어는 총 7가지로, 투어 시간과 시
음 와인 종류에 따라 가격이 달라진다. 가장 기본적인 투
어는 포르투 샌드맨 비지트Porto Sandeman Visit로 샌드맨
의 캐릭터 복장을 한 직원이 이끄는 대로 셀러를 둘러보
고, 테이스팅 룸에서 화이트, 루비, 토니 3잔을 시음할 수
있다. 소요 시간은 50분이다.

🚶 동 루이스 1세 다리에서 도보 5분 📍 Largo Miguel
Bombarda 3, 4430-222 🕐 4~10월 10:00~12:30,
14:00~18:00, 11~3월 09:00~12:30, 14:00~17:30
💶 포트와인 셀러 투어 €22~ 📞 +351-223-740-534
🏠 www.sandeman.com

파두 선율에 맞춰 건배 ····· ⑦
카렘 Cálem

Porto Card
시음·파두 공연 10% 할인

카렘에는 포트와인 셀러 투어와
시음(화이트, 토니 2잔), 파두 공연
관람을 한 번에 즐기는 종합선물세트 같은 코스가 있다.
카렘이 파두 공연을 하는 이유는 영국인이 운영하는 포트
와인 셀러와 달리 '메이드 인 포르투갈' 포트와인임을 강
조하기 위해서다. 카렘은 1859년 창립 이후부터 1998년
포르투갈 와인 메이커 소그비누스Sogevinus에 인수되기
전까지 포르투갈 가문이 4대째 운영했다. 포르투갈의 소
울이 녹아드는 카렘의 밤은 낮보다 아름답다. 포트와인을
홀짝이며 와인 저장고 안을 울리는 파두 선율에 심장이
뛰는 경험을 해보자. 예약은 홈페이지에서 하면 된다.

🚶 동 루이스 1세 다리에서 도보 2분
📍 Avenida Diogo Leite 344, 4400-111
🕐 포트와인 셀러 10:00~19:00,
투어·시음·파두 공연 18:00
💶 투어·시음 €20~, 시음·파두 공연 €25
📞 +351-223-746-660
🏠 www.calem.pt

테일러스 Taylor's

Porto Card
10% 할인

테일러스를 설명할 때는 프리미엄 포트와인의 대명사라는 수식어가 늘 따라붙는다. 영국의 와인 비평가 마이클 브로드벤트Michel Broadbent는 "테일러스는 포트 와인계의 샤토 라투르(최상급 보르도 와인)"라고 평했다. 1692년부터 4세기가 넘게 대대손손 오직 최고의 포트와인 만들기에 매진해 쌓은 평판이다. 명성에 걸맞게 셀러도 대저택 같은 위엄을 뽐낸다. 과거에는 정해진 시간에 가이드 투어를 통해 셀러를 둘러볼 수 있었는데, 셀러 리노베이션 후 오디오 가이드 투어를 만들어 한국어로 원하는 시간에 투어를 즐길 수 있다. 워낙 규모가 크고 볼거리가 많아서 오디오 가이드 투어는 1시간 정도 진행되며, 투어 후 아름다운 테이스팅 룸에서 포트와인 3잔을 시음할 수 있다. 맑은 날에는 시음 와인을 들고 공작새가 사는 정원으로 나서보자. 정원의 백미는 히베이라의 풍광이 한눈에 담기는 테라스다.

🚶 가이아 케이블카 상행 정류장에서 도보 7분 📍 Rua do Choupelo 250, 4400-088
🕐 포트와인 셀러 10:00~18:15, 테이스팅 룸·와인숍 10:00~19:30 ❌ 1/1, 12/25
💶 셀러 투어 일반 €25, 어린이 €9, 가족(성인 2인+어린이 2인) €62
📞 +351-223-772-973 🏠 www.taylor.pt/en

그라함 Graham's

Porto Card
10% 할인

영화 〈남아 있는 나날〉에 달링턴 저택의 만찬에서 그라함을 마시는 장면이 나올 정도로 영국 상류층의 사랑을 듬뿍 받아온 포트와인이다. 특히 그라함 토니 포트와인은 풍미가 뛰어나 현지인들이 꼭 사라고 추천하는 아이템이다. 게다가 그라함이 있는 언덕 위에서 강 아래를 굽어보는 전망이 얼마나 근사한지, 전망 좋은 테이스팅 룸에서 음미하는 포트와인은 또 얼마나 달콤한지 모른다. 이왕이면 세월이 켜켜이 쌓인 와인 저장고까지 둘러보는 투어에 참여해보자. 3,500개가 넘는 오크통으로 가득한 저장고와 빈티지 와인은 그라함의 자랑이자 진귀한 볼거리다. 거대한 오크통에서 와인을 숙성시킬 때 와인이 새면 즉시 발견하기 위해 바닥에 흰 자갈을 깔아놓은 세심함도 인상적이다.

🚶 가이아 케이블카 상행 정류장에서 도보 12분 📍 Rua Rei Ramiro 514, 4400-281
🕐 4~10월 10:00~18:00(테이스팅 룸 ~19:00), 11~3월 10:00~17:30(테이스팅 룸 ~18:30)
❌ 1/1, 2월 중 직원 교육일 이틀, 12/25 💶 메인 테이스팅 룸 €30~, 빈티지 룸 €60~,
시음 와인에 따라 다름 📞 +351-223-776-490 🏠 www.grahams-port.com

비눔 레스토랑 & 와인 바
Vinum Restaurant & Wine Bar

그라함 롯지 안에 자리한 레스토랑 겸 와인 바로, 탄성을 자아내는 전망에 포르투갈 북부 요리와 와인의 환상적인 조화를 선보인다. 점심 코스 메뉴가 인기이며 구글맵을 통해 예약 가능하다.

쿠에베두 Quevedo

'이지 드링킹 easy-drinking 포트와인'을 모토로 하는 1993년생 와인 셀러로 포트와인계의 MZ세대라 할 수 있다. 포트와인 보관용 나무 상자를 만들던 골목 안 공장을 테이스팅 룸으로 개조해 운영하는데, 포트와인을 종류별로 비교하며 시음하기 좋은 플레이트 메뉴가 다양하다.

🚶 가이아 케이블카 상행 정류장에서 도보 2분
📍 Rua de Santa Marinha 77, 4400-111 🕐 1/1~4/25
11:00~19:00, 4/26~10/31 12:00~20:00, 11/1~12/31
11:00~19:00 ❌ 12/25 💶 포트와인 3잔 €12(2인 이상 가능)
📞 +351-223-710-412 🏠 www.quevedo.pt

오감으로 만나는 포르투갈의 맛 ······ ①
카사 포르투게사 두 파스텔 드 바칼라우
Casa Portuguesa do Pastel de Bacalhau

발을 들인 순간 동화책에서 툭 튀어나온 듯한 환상적인 분위기에 압도되고 만다. 렐루 서점에서 영감을 받은 듯한 계단을 오르기만 해도 기분이 좋아지는데, 연주자가 고풍스러운 19세기 파이프 오르간까지 연주해주니 뜻밖의 파티에 초대받은 기분이다. 화려한 인테리어에 비해 메뉴는 즉석에서 만들어주는 파스텔 드 바칼라우(€5)와 로제즈Rosez 포트와인으로 단출하다. 바칼라우와 포트와인을 함께 즐기는 메뉴(€15)도 있다. 파스텔 드 바칼라우 안에는 포르투갈 치즈 중 최고로 꼽히는 피디오 세라 다 에스트렐라PDO Serra da Estrela를 넣어 풍미가 좋다. 팔레트에 잔과 바칼라우를 쏙 끼워주는 것도 포인트다. 잔과 팔레트는 기념으로 가져올 수 있으니 관광지 가격이라고 시무룩해지지 말자.

🏃 가이아 케이블카 상행 정류장에서 도보 2분
📍 Avenida de Diogo Leite 122, 4400-111
🕐 10:00~21:00(금·토요일 ~22:00)
📞 +351-211-648-919
🏠 www.pasteldebacalhau.pt

가성비 좋은 푸드코트 ······ ②
메르카두 베이라 리우
Mercado Beira-Rio

강변에 자리한 핑크색 건물, 메르카두 베이라 리우는 샌드위치부터 피자, 파스타, 바칼라우 아 브라스(€9.75~) 같은 가벼운 식사 메뉴부터 와인과 치즈 플래터까지 입맛대로 주문하기 좋은 작은 식당들이 모인 푸드코트다. 가게에서 직접 주문하고 계산한 후 메뉴가 나오면 받아 오는 셀프서비스 시스템이라 다른 레스토랑보다 가격이 저렴한 편이다. 정중앙에는 포르투갈 국민맥주 슈퍼복(€2~)을 주문할 수 있는 바도 있다. 야외 테이블이 있는 가게를 선택한다면, 전망을 즐기며 포트와인을 시음하는 것도 좋다.

🏃 ① 가이아 케이블카 상행 정류장에서 도보 1분 ② 지하철 D선 자르딩 두 모루Jardim do Morro 역에서 도보 16분
📍 Avenida de Ramos Pinto 148, 4400-261
🕐 11:00~22:00 📞 +351-930-415-404
🏠 www.mercadobeirario.pt

히베이라를 바라보며 여유 한 입 ⋯⋯ ③

아르 드 리우 Ar de Rio

건물 외관은 네모난 박스 모양인데, 안으로 들어가면 육각형 벌집 모양 천장과 통유리가 빚어내는 풍경이 색다르다. 메뉴는 바칼랴우부터 아귀밥(€16.4~)까지 다양한데, 빵을 죽처럼 갈아 만든 브레드 퓌레에 해산물을 듬뿍 넣은 아소르다 드 마리스쿠(€24)도 맛볼 수 있다. 야외에는 강을 향해 릴렉싱 체어를 늘어놓아 동 루이스 1세 다리와 도루강 풍경을 음미하기 좋다. 푸른 저녁 빛이 강 위로 내려앉을 때 야외 테라스에 있으면 꿈결 같은 야경이 다 내 것처럼 느껴진다.

🚶 지하철 D선 자르딩 두 모루Jardim do
Morro 역에서 도보 13분 📍 Avenida de
Diogo Leite 5, 4400-111 🕐 월~목요일
12:00~16:00, 19:00~23:45, 금요일
12:00~16:00, 19:00~01:00, 토요일
12:00~01:00, 일요일 12:00~23:45
📞 +351-223-701-797
🏠 www.arderio.pt

전망 좋은 루프톱 바 ⋯⋯ ④

테라스 라운지 360°

Terrace Lounge 360°

포트와인 브랜드 '포르투 크루즈'에서 운영하는 루프톱 바다. 포르투 크루즈는 1989년 포트와인 문화를 널리 알리겠다는 포부로 업계에 뛰어든 신진 와인 메이커로 레스토랑과 바를 함께 운영한다. 모던한 아줄레주로 리모델링한 19세기 건물의 4층에 오르면 동 루이스 1세 다리와 히베이라 전망을 즐기며 칵테일(€8~)을 홀짝이기 좋은 루프톱 바가 등장한다. 와인(1잔 €4.5~)에 곁들이기 좋은 가벼운 타파스 메뉴도 꽤 다양한 편이다.

🚶 동 루이스 1세 다리에서 도보 6분
📍 Largo Miguel Bombarda 23, 4400-222
🕐 12:30~24:00(일요일 ~19:00)
❌ 월요일 📞 +351-220-925-401
🏠 www.espacoportocruz.pt

©Terrace Lounge 360°

©Terrace Lounge 360°

©Terrace Lounge 360°

환상적인 통조림 천국 ······ ①

판타스틱 월드 오브 포르투기스 캔
The Fantastic World of Portuguese Can

동화 속 통조림으로 만든 집이 이런 모습일까? 2층 규모의 판타스틱 월드 오브 포르투기스 캔 매장 안으로 들어서면 판타지 영화의 주인공이 된 것 같다. 이곳은 아베이루에서 포르투갈 전통 통조림 산업의 명맥을 잇고 있는 '코무르'의 매장이다. 코무르는 포르투, 아베이루, 카스카이스 등 22곳에 매장이 있는데, 빌라 노바 드 가이아 지점은 그중 가장 크고 아름다운 매장으로 꼽힌다. 환상적인 색감과 디자인의 정어리 통조림을 구경하고 살 수 있다. 여행자에게는 도시별 디자인을 살린 통조림이 인기다. 무얼 사야 할지 결정하기 힘들 때는 멋진 유니폼을 입은 직원에게 물어보면 친절하게 알려준다.

🏃 지하철 D선 자르딩 두 모루Jardim do Morro 역에서 도보 12분　📍 Avenida de Diogo Leite 138, 4400-111　🕙 10:00~21:00(금·토요일 ~22:00)　📞 +351-211-349-044
🏠 www.comur.com

AREA ···· ④

미술관과 서퍼의 해변을 찾아서

보아비스타 Boavista
포즈 Foz
마토지뉴스 Matosinhos

#카사 다 무지카 #알바루 시자 #해변
#비치 바 #서핑 강습

보아비스타 거리를 따라가다 마주치는 실험적인
공연장 카사 다 무지카와 서정적인 정원이 딸린
세랄베스 현대미술관까지, 보아비스타는 포르투의 또 다른
면모를 보여주는 지역이다. 도루강과 대서양이 만나는
포즈에서는 파도가 철썩이는 해변이 시작된다.
대서양을 품은 마토지뉴스에 가면 거센 파도를 온몸으로
느끼며 서핑을 배울 수 있다.

보아비스타·포즈·마토지뉴스
상세 지도

Ⓜ Senhora da Hora

Ⓜ Senhor de Matosinhos

Ⓜ Matosinhos Sul

• 레사 다 팔메이라 해변

⑤ 피시나 다스 마레스

라그 세뇨르 두 파드랑 ④

마토지뉴스 해변 ⑦

⑧ 솔티 웨이브 서프

⑧ 서핑 라이프 클럽

④ 카스텔로 두 케이주

페르골라 다 포즈 ③

⑥ Praia da Luz

③ 프라이아 다 루즈

세랄베스 현대미술관 ②

Ⓜ Serralves

Ⓜ Casa da Música

가사 다 무지카 ①

로툰다 다 보아비스타 ①

메르카두 붕 수세수 ①

메르카두 붕 수세수 ②

Trindade Ⓜ

• 수정궁 정원

Museu C. Eléctrico 🚋

🚋 Alfândega

도루강

Infante 🚋

Passeio Alegre 🚋

대서양

0 500m

카사 다 무지카 Casa da Música

Porto Card
투어 25% 할인

마치 먼 미래에서 불시착한 우주선 같은 이 건물은 네덜란드 건축가 렘 쿨하스Rem Koolhaas가 설계한 공연장이다. 대담한 외관만큼이나 공연장 내부도 구조가 파격적이다. 1,300석 규모의 메인 공연장은 소리가 다각도로 반사되도록 크기가 다른 목재 패널을 썼고, 악기의 종류나 오케스트라 규모에 맞춰 천장의 반사판이 움직이도록 했다. 악기 소리에 영향을 주지 않도록 좌석은 벨벳 소재로 만들고, 좌석 한가운데를 가로지르는 통로는 만들지 않았으며, 앞뒤로 움직일 수 있는 특수 좌석을 두어 공간의 효율성을 높였다. 인터미션에 쉬기 좋은 로비 공간은 모던하면서도 채광이 좋고, VIP 대기실은 아줄레주로 멋스럽게 꾸몄다. 공연을 보지 않아도 가이드 투어(1시간 소요)에 참가하면 카사 다 무지카를 구석구석 둘러볼 수 있다.

🏃 보아비스타. 지하철 A·B·C·E·F선 카사 다 무지카Casa da Música 역에서 도보 5분 📍 Avenida da Boavista 604-610, 4149-071
🕐 매표소 10:00~19:00(일요일·공휴일 ~18:00, 공연 있는 날은 공연 종료 시까지), 영어 가이드 투어 12:00·16:30 💶 가이드 투어 €12
📞 +351-220-120-220 🏠 www.casadamusica.com

알바루 시자의 철학이 깃든 ······ ②

세랄베스 현대미술관
Museu de Arte Contemporânea de Serralves

Porto Card
20% 할인

포르투의 '에덴 공원'이라 불리는 정원을 품은 미술관이다. 건축계의 노벨상이라 일컬어지는 프리츠커Pritzker상 수상자 알바루 시자 비에이라Alvaro Siza Vieira(이하 알바루 시자)가 설계했다. 하얗고 단아한 미술관은 거대한 정원의 한쪽 구석에 위치한다. 1930년대에 지은 저택과 정원이 있던 부지에 미술관을 지어달라는 의뢰를 받은 알바루 시자가 기존 정원의 모양을 존중해 큰 나무가 없는 자리에 미술관을 지었기 때문이다. 미술관에서는 신디 셔먼, 앤디 워홀, 호안 미로 등 현대미술 작가의 특별전이 자주 열린다. 약 55,000평의 드넓은 정원은 현대조각 전시, 핑크빛 아르 데코 빌라 '카사 드 세랄베스Casa de Serralves', 야외 테라스가 낭만적인 티 하우스, 장미 정원 등이 있다. 매년 5월 말에서 6월 초에는 세랄베스 축제Serralves em Festa를 개최해 정원 곳곳에서 이색 이벤트가 열린다.

🚶 보아비스타. 버스 201·502번 Serralves 정류장에서 도보 1분 📍 Rua de Dom João de Castro 210, 4150-417 🕐 10~3월 10:00~18:00(주말·공휴일 ~19:00), 4~9월 10:00~19:00 💶 일반 €24, 12~17세·65세 이상 €12 ※첫째 일요일 10:00~14:00 무료입장 📞 +351-808-200-543 🏠 serralves.pt

1번 트램 타고 푸른 해변으로

리스본에 28번 트램이 있다면 포르투에는 1번 트램이 있다. 19세기부터 운행해온 카멜색
빈티지 트램으로 1872년에는 말이 끌던 마차였는데, 1895년 전기를 도입하며 트램으로 변모했다.
1번 트램을 타면 도루강의 멋진 풍경을 감상하며 대서양까지 갈 수 있다.

트램 여행 가이드

1번 트램의 출발점은 인판테Infante 정류장으로 상 프란시스쿠 대성당 앞에 있다.
성당 앞에서 출발해 알판데가Alfândega, 트램 박물관Museu C. Eléctrico 등을 지나
도루강을 따라 종점인 파세이오 알레그레Passeio Alegre까지 달려 포즈에 내려
준다. 창가에 앉아 스치는 풍경을 바라보다 보면 30분이 훌쩍 지나간다. 도루강
끝자락 포즈는 강과 대서양이 만나는 지역이다. 종점에서 내려 야자수 산책로를
따라 20분쯤 걸어가면 탁 트인 대서양을 바라볼 수 있는 페르골라 다 포즈에 닿
는다. 저녁 무렵이라면 서쪽 하늘을 물들이는 대서양의 노을을 감상해보자.

🕐 09:00~20:35, 20분 간격 운행 💶 1회권 €6, 2회권 €8
🏠 www.stcp.pt/en/tourism/porto-tram-city-tour

포즈로 가는 길이라면 왼편, 포르투 시내로 돌아오는 길이라면 오른편 창가 자리에 앉자!
그래야 도루강 풍경을 온전히 차지할 수 있다.

포즈의 로맨틱한 산책로 ········ ③

페르골라 다 포즈 Pérgola da Foz

철썩철썩 파도치는 바다 옆, 1930년 네오 클래식 양식으로 지은 크림색 산책로는 포즈의 랜드마크다. 건립 당시 포르투 시장의 아내가 프랑스 니스에 갔다가 그 시절 유행했던 영국식 산책로에 반해 남편에게 포르투에도 로맨틱한 산책로를 만들자고 해서 지었다는 풍문이 있다. 어쨌거나 포르투 사람들은 이곳이 포즈에서 가장 로맨틱한 길이라고 입을 모은다. 사랑하는 이와 함께 포르투를 여행 중이라면 손을 꼭 잡고 이 길을 걸어보면 어떨까?

🚶 포즈. 트램 1번 Passeio Alegre 정류장에서 도보 20분
📍 Avenida do Brasil 694, 4150-378

전망 좋은 요새 ...... ④
카스텔로 두 케이주 Castelo do Queijo

15세기에 지은 요새로, 두터운 석벽과 망루에서 짐작할 수 있듯 전쟁 시 해양 방
어 요새의 역할을 했다. 터줏대감처럼 같은 자리를 지키다 보니 요새 앞 바위에
둘러싸인 해변의 이름도 카스텔로 두 케이주 해변이다. 카스텔로 두 케이주는
'치즈 성'이라는 뜻인데, 성을 위에서 바라보면 치즈 조각과 닮았다는 데서 유래
했다. 요새 안으로 들어가면 대서양의 해안선과 거센 파도를 감상할 수 있다.

🚶 포즈. 버스 1M·200·500·502번 Castelo
do Queijo 정류장에서 도보 1분 📍 Praça
de Gonçalves Zarco 20, 4100-274
🕐 09:00~17:30 ❌ 월요일
💶 €2 📞 +351-225-320-080

알바루 시자가 지은 야외 수영장 ...... ⑤
피시나 다스 마레스 Piscina das Marés

레사 다 팔메이라 해변Praia de Leça da Palmeira에 자리
한 피시나 다스 마레스는 1966년에 개장한 수영장으
로 건축가 알바루 시자가 설계했다. 프리츠커상 수상
자를 소개하는 20세기 세계 건축 참고서 '20세기 100
대 건축물'에 유일하게 수록된 포르투갈 건축물이기도
하다. 해수를 활용한 수영장으로 바다를 바라보며 안
전하게 수영을 즐길 수 있다는 점이 매력 포인트다. 메
인 수영장은 왼쪽으로 갈수록 깊어지는 구조이며, 옆
에 유아용 수영장도 있다. 단, 물이 매우 차갑다. 물품
보관함은 따로 없지만 탈의실, 샤워기, 카페가 있으며
안전 요원과 경비원이 상주한다.

🚶 마토지뉴스. 버스 507번 Piscina das Marés 정류장에서
도보 2분 📍 Avenida Liberdade, 4450-716 🕐 6~9월
09:00~19:00, 개장일은 홈페이지 확인 ❌ 10~5월
💶 평일 1일 €8, 반일 €5, 주말 1일 €10, 반일 €6
📞 +351-229-952-610 🏠 www.matosinhosport.pt

마토지뉴스 해변에서 서핑하기

포르투 북부의 마토지뉴스 해변은 파도가 많아 서핑하기 좋다. 대서양의 파도를
온몸으로 느껴보고 싶다면 마토지뉴스의 서핑 스쿨에서 서핑을 배워보는 건 어떨까?
바람 잘 날 없는 마토지뉴스 바다에는 서퍼들이 사랑하는 파도가 출렁이고 서핑은 사계절 언제든 배울 수 있다.

Beach

마토지뉴스 해변 Praia de Matosinhos

파도가 거세 수영보다는 서핑을 하기 좋은 바다다. 하지만 모래사장이 넓어서
여름이면 선탠과 해수욕을 즐기는 포르투 사람들로 붐빈다. 공공 화장실이 있으
며, 여름에는 유료로 비치파라솔을 빌릴 수 있고 비치 바도 문을 연다.

🚶 지하철 A선 마토지뉴스 술Matosinhos Sul 역에서 도보 7분
📍 Avenida General Norton de Matos, 4450-208

Surfing

40년 경력 서퍼 주앙 디오구가 이끄는
서핑 라이프 클럽 Surfing Life Club

서핑 라이프 클럽은 1994년 주앙 디오구João Diogo 서핑 스쿨이란 이름
으로 문을 연 포르투 최초의 서핑 스쿨로, 서핑 수업은 물론 스탠드업
패들SUP 수업도 받을 수 있다. 서핑 그룹 수업은 1회에 €30인데, 패키
지로 들으면 3회 €80, 5회 €100로 저렴해진다. 개인 수업 역시 1회에
€50이고 3회 €135, 5회 €225로 가격이 저렴해진다.

📍 Avenida General Norton de Matos 369, 4450-208
💶 서핑 그룹 수업 1회 €30, SUP €45 📞 +351-937-567-092
🏠 surfinglifeclub.com

©Surfing Life Club

©Surfing Life Club

장비 대여와 친절한 맞춤 수업을 진행하는
솔티 웨이브 서프 Salty Wave Surf

라고스와 포르투 두 곳에서 서핑 스쿨을 운영한다. 개인
또는 그룹 서핑 수업과 더불어 전문 서퍼와 함께 서핑 명소
로 떠나는 서핑 가이드 투어(서파리)라는 프로그램도 운
영 중이다. 모든 수업은 홈페이지에서 예약할 수 있다. 서핑
장비 대여도 가능한데, 초보자를 위한 소프트탑 서프보드
부터 하드보드까지 다양한 서프보드를 갖추고 있다.

📍 Avenida General Norton de Matos, 4450-281
💶 서핑 그룹 수업 1회 €30, 4회 €90
📞 +351-931-692-605 🏠 www.saltywavesurf.com

©Salty Wave Surf

서핑 수업 시 알아두면 좋은 팁!

서핑 수업에는 기본적으로 서핑슈트와 서프보드 대여가 포함된
다. 대부분 제대로 된 탈의실과 샤워실이 없으니 수영복을 입고
가서 그 위에 슈트를 입는 게 편하다. 몸을 닦을 수건과 갈아입을
옷도 챙겨 가자. 수업은 서핑 실력에 맞춰 진행된다. 서핑 처음
이라면 1회 차에는 지상에서 자세 연습부터 시작해 서프보드에
서 일어서기를 배운다. 2회 차에는 패들링, 3회 차에는 파도 보
는 법을 배울 수 있다. 긴 여행 중이라면 3회 이상 강습을 받아보
길 추천한다.

골라 먹는 재미가 있는 푸드코트 ──── ①

메르카두 봉 수세수
Mercado Bom Sucesso

오래된 시장을 리모델링한 메르카두 봉 수세수는 갓 구운 빵과 신선한 식재료 뿐 아니라 다양한 요리를 이것저것 골라 먹기 좋은 푸드코트다. 산타 비파나 Santa Bifana에서는 비파나, 서프 앤 터프Surf & Turf에서는 베이컨을 곁들인 참치 버거, 타스카 아 다 마리아Tasca a da Maria에서는 구운 양고기, 살 앤 피멘타Sal & Pimenta에서는 로스트 미트를 맛볼 수 있다. 초콜릿 로사Chocolate Rosa에서는 초 콜릿 케이크와 치즈케이크, 밀푀유 등 달콤한 디저트를 판매한다.

🚶 보아비스타. 지하철 A·B·C·E·F선 카사 다 무지카Casa da Música 역에서 도보 10분
📍 Praça do Bom Sucesso 74-90, 4150-145　🕐 푸드코트 08:00~23:00, 레스토랑 11:00~23:00　📞 +351-226-056-610　🏠 www.mercadobomsucesso.pt

로컬이 사랑하는 숯불 BBQ ──── ②

로툰다 다 보아비스타 Rotunda da Boavista

카사 다 무지카 옆 로터리에 자리한 그릴 전문점으로, 여행자보다 현지인이 즐 겨 찾는 숯불구이 바비큐 맛집이다. 외관은 작아 보여도 안은 2층 규모로 좌석이 넉넉하다. 인기 메뉴는 돼지갈비 바비큐(€11.5)! 돼지고기 외에도 닭, 송아지, 토 끼, 메추리까지 다양한 바비큐를 선보인다. 문어 스테이크 폴보 아 라가레이루 (€31.1)도 양이 푸짐하고 맛있다. 식사 후 당을 충전하기 좋은 디저트 메뉴도 다 채롭다. 카사 다 무지카에서 공연을 관람할 때 들르기 좋은 곳이다.

🚶 보아비스타. 지하철 A·B·C·E·F선 카사 다 무지카Casa da Música 역에서 도보 5분
📍 Praça de Mouzinho de Albuquerque 153, 4100-360　🕐 10:00~22:30
📞 +351-226-063-742
🏠 www.grupoboavista.com

해변의 빛나는 비치 바 ······③

프라이아 다 루즈 Praia da Luz

위층은 레스토랑, 아래층은 해변으로 연결되는 비치 바인데 레스토랑보다는 비치 바를 추천한다. 세상에서 가장 편한 자세로 해변의 소파에 드러누워 쉴 수 있기 때문이다. 바다에 뛰어들었다가 시원한 맥주(€2) 한 잔 쭉 들이켜면 여기가 천국이 아닐까 싶다. 샤워 시설이 있어 수영복과 비치타월만 챙겨 가면 된다. 커피(카푸치노 €2.5~), 음료는 물론 가벼운 식사 메뉴까지 있어 언제 가도 즐겁다. 바다 위를 물들이는 석양을 바라보며 즐기면 더욱 좋다.

🚶 포즈. 버스 1M번 Praia da Luz
정류장에서 도보 1분
📍 Rua Coronel Raúl Peres, 4150-155
🕐 평일 12:00~15:00, 17:00~22:00,
주말 12:00~22:00
📞 +351-226-173-234

푸짐하고 맛있는 생선구이 ······④

라그 세뇨르 두 파드랑 Lage Senhor do Padrão

마토지뉴스의 생선구이 거리에서도 싱싱한 해산물 요리를 가격 대비 푸짐하게 맛볼 수 있는 로컬 레스토랑이다. 정어리구이(€8.5), 갑오징어구이(€11) 등 싱싱한 해산물 구이부터 바칼라우 아 브라가(2인 €34.5), 아귀밥(2인 €28.5) 요리까지 포르투갈 해산물 요리의 모든 메뉴를 즐길 수 있다. 와인도 저렴한 편이다. 토요일에는 현지인들이 단체로 점심을 즐기는 분위기. 예약은 필수다.

🚶 마토지뉴스. 지하철 A선 마토지뉴스 술Matosinhos Sul 역에서 도보 8분 📍 Rua Heróis de França 516, 4450-159 🕐 12:00~15:00, 19:00~22:30
❌ 월·일요일 📞 +351-229-384-807

건축과 바다를 만나다

포르투 근교
Porto Suburbs

포르투 근교 여행지는 중부의 아베이루와 코스타 노바 그리고 북부의 브라가와 기마랑이스로 나뉜다. 포르투갈의 베니스라 불리는 아베이루에서는 몰리세이루를 타고 운하를 유람하기 좋고, 아베이루 옆 코스타 노바에서는 세상 어디에도 없는 줄무늬 마을을 만날 수 있다. 포르투갈에서 세 번째로 큰 도시 브라가 여행의 백미는 산과 조화를 이루는 성소 봉 제수스 두 몬트이고, 기마랑이스 여행의 하이라이트는 브라간사 공작 저택이다.

AREA ① 아베이루·코스타 노바
AREA ② 브라가·기마랑이스

MUSEU ARTE NOVA · CASA DE CHA

8105AV5
MT

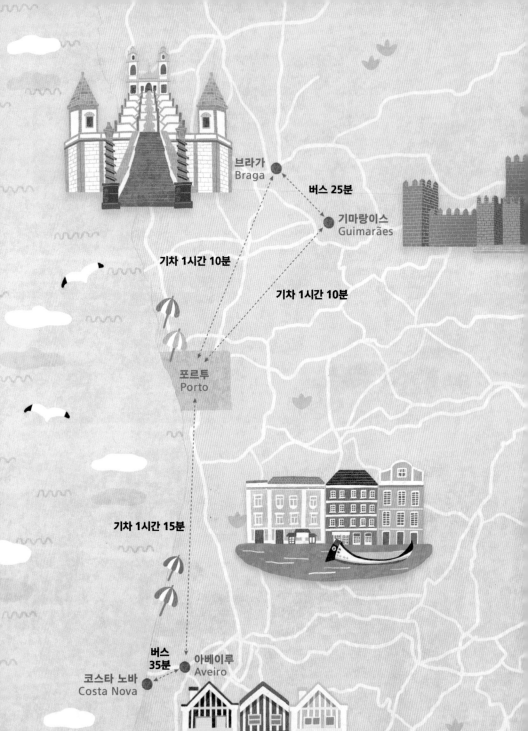

브라가
Braga

버스 25분

기마랑이스
Guimarães

기차 1시간 10분

기차 1시간 10분

포르투
Porto

기차 1시간 15분

버스
35분

아베이루
Aveiro

코스타 노바
Costa Nova

포르투 근교
한눈에 보기

포르투에서 3박 이상 머문다면 하루는 당일치기 근교 여행을 떠나보자.
포토제닉 여행지가 취향이라면 아베이루와 코스타 노바를,
역사와 건축을 둘러보는 여행을 원한다면 브라가와 기마랑이스를 추천한다.
양쪽 모두 아침에 출발해 저녁에 돌아오는 알찬 일정을 짜기 좋다.

AREA ⋯⋯①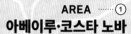
아베이루·코스타 노바

운하의 도시 아베이루는 포르투 상 벤투 역에서 기차로 1시간 거리
의 소도시다. 운하 위를 오가는 몰리세이루를 타고 아르누보 양식 건
물을 감상하고, 운하 옆 레스토랑에서 해산물 요리를 즐기는 재미가
있다. 아베이루에서 버스로 35분 거리인 코스타 노바에서는 줄무늬
마을과 해변을 배경으로 인생 사진을 남길 수 있다.

AREA ⋯⋯②
브라가·기마랑이스

웅장한 봉 제수스 두 몬트 성당이 감탄을 자아내는 브라가와 포르투
갈 초대 왕이 태어난 성이 남아 있는 기마랑이스는 유서 깊은 건축을
보려는 역사 여행지. 상 벤투 역에서 기차로 1시간이면 브라가
에 도착해 당일치기로 다녀오기 부담이 없다. 브라가에서 기마랑이
스는 버스로 이동할 수 있으며, 기마랑이스에서 기차로 1시간 10분
이면 상 벤투 역에 도착한다.

컬러풀한 색감의 소도시

아베이루 Aveiro
코스타 노바 Costa Nova

#포르투갈의 베니스 #운하의 도시 #몰리세이루
#오부스 몰레스 #줄무늬 마을

아베이루는 물길 따라 여유와 낭만이 흐르는 운하의 도시다.
운하 위로는 알록달록한 배 몰리세이루가 떠 있고 운하 옆으로는
아르누보 양식의 건물들이 멋진 자태를 뽐낸다. 아베이루에서
버스로 30분 떨어진 코스타 노바는 줄무늬 마을로 유명하다.
오색찬란한 줄무늬 집들이 호수를 바라보고 줄지어
있는 까닭이다. 줄무늬 마을의 뒷길은 대서양으로 통한다.

아베이루·코스타 노바
여행의 시작

아베이루와 코스타 노바 여행은 포르투의 상 벤투 역에서 기차를 타고 시작하는 것이 편하다. 아베이루 역에서 아베이루 운하까지는 도보 15분 거리다. 아베이루에서 코스타 노바까지는 기차가 없어서 버스나 택시를 타고 이동해야 한다.

포르투

상 벤투 역 ·········· 기차 1시간 15분~, €3.9 ··········

아베이루

아베이루 역

아베이루 버스 터미널 ······ 버스 35분~, €2.5 ······

코스타 노바

라르고 아 안카 정류장

어떻게 갈까?

포르투 ▶ 아베이루 | 기차 CP

포르투 상 벤투 역에서 아베이루Aveiro 역까지 근교선 U열차가 오전 6시부터 오후 7시까지 매시 5분마다 출발한다. 아베이루 역에서 상 벤투 역까지는 오전 9시부터 오후 8시까지 매 시각 18분마다 기차가 있다. U열차는 통근용으로 CP 홈페이지나 앱에서는 시간 조회만 가능하며, 승차권은 상 벤투 역 창구나 자동 발매기에서 구입할 수 있다.

🕐 아베이루행 06:00~19:00, 상 벤투행 09:00~20:00 💶 편도 €3.9, 왕복 €7.8 🏠 www.cp.pt

아베이루 ▶ 코스타 노바 | 버스 Bus

아베이루 역 앞 아베이루 버스 터미널Terminal Rodoviário de Aveiro이나 운하 근처 정류장에서 트랜스데브Transdev 36번 버스를 타면 포르투갈 최대의 등대가 있는 바라Barra를 거쳐 코스타 노바로 간다. 종착역은 코스타 노바의 라르고 아 안카Larg A Anca 정류장(구글맵 Bus Stop Costa Nova to Aveiro 검색)이며, 배차 간격이 30분~1시간 30분으로 기니 시간을 넉넉하게 잡고 이동하자. 아베이루에서 코스타 노바로 가는 버스는 오전 6시 50분부터 오후 11시 15분까지 약 30분 간격으로 운행하며, 코스타 노바에서 아베이루는 오전 7시부터 오후 11시 10분까지 30분~1시간 간격으로 운행한다. 아베이루에서 버스를 탈 때 그날의 시간표를 확인하고 이동하자.

🕐 코스타 노바행 06:50~23:15(주말 07:20~), **아베이루행** 07:00~23:10(일요일 08:20~)
💶 €2.5 🏠 www.transdev.pt

아베이루 ▶ 코스타 노바 | 택시 Taxi

아베이루 역 앞에서 택시를 타고 코스타 노바까지 이동할 경우 15분이면 도착하고, €10 정도의 요금이 나온다.

어떻게 다닐까?

아베이루의 운하가 있는 구시가는 생각보다 작다. 아베이루 역에서 운하까지는 걸어서 15분 거리다. 운하 주변에서 식사를 한 뒤 몰리세이루를 타고 운하를 둘러보는 데 반나절이면 충분하다. 시간 여유가 있다면 자전거를 빌려 운하를 따라 달릴 수도 있다. 고맙게도 자전거는 무료로 빌려준다.

코스타 노바는 아베이루 구시가보다 아담해서 줄무늬 마을을 둘러보고 코스타 노바 해변을 거니는 데 2시간이면 충분하지만, 줄무늬 마을을 배경으로 사진을 얼마나 오래 찍느냐에 따라 머무는 시간이 달라진다. 여름철 바다에서 물놀이를 할 계획이라면 코스타 노바에 숙소를 잡는 것도 좋다.

아베이루의 무료 자전거, 부가 BUGA

무료 자전거를 빌려 아베이루 운하를 상쾌하게 달려보자. 국적과 나이를 불문하고 여권만 지참하면 누구나 2시간 동안 무료로 대여할 수 있다. 코주Cojo 운하 근처에 키오스크가 있다.

📍 Praça do Mercado 2, 3800-095
🕐 평일 09:00~18:00, 주말 10:00~13:00,
14:00~18:00 📞 +351-967-050-441

아베이루 상세 지도

③ 살포엔테

🚶 코스타 노바

📍 엠1882
① 엠1882

아베이루 옛 기차역 ②
트리카나 드 아베이루 ②
아베이루 버스 터미널 🚌
아베이루 역

② 오 바이루
① 오 텔레이루
③ 프라카 두 페이스

① 아베이루 운하 & 몰리세이루

③④ 부가

📍 엠1882

• Forum Aveiro

0   100m

아베이루·코스타 노바
추천 코스

아베이루와 코스타 노바는 포르투에서 기차를 타고 훌쩍 떠나기 좋은 여행지다. 아베이루가 한적한 소도시라면 코스타 노바는 여름철 사람들이 몰리는 바닷가 마을 분위기다. 아베이루에서 몰리세이루를 타고 운하 위에 놓인 다리와 운하 주변 아르누보 양식 건물을 둘러보고 신선한 해산물을 점심으로 맛본 후, 코스타 노바로 가서 오후 햇살을 만끽하면 알찬 코스가 완성된다.

🕐 **소요 시간** 8시간~

💶 **예상 경비** 교통비 €27.8(기차+택시)~ + 몰리세이루 €15 + 식비 €30~ + 쇼핑 비용 = 총 €72.8~

✅ **참고 사항** 코스타 노바 줄무늬 마을에서 역광을 피해 멋진 인생 사진을 남기려면 아침 일찍 출발해 코스타 노바를 둘러본 후 아베이루로 이동하자. 기차와 버스, 택시를 적절히 활용하면 시간과 체력을 아낄 수 있다.

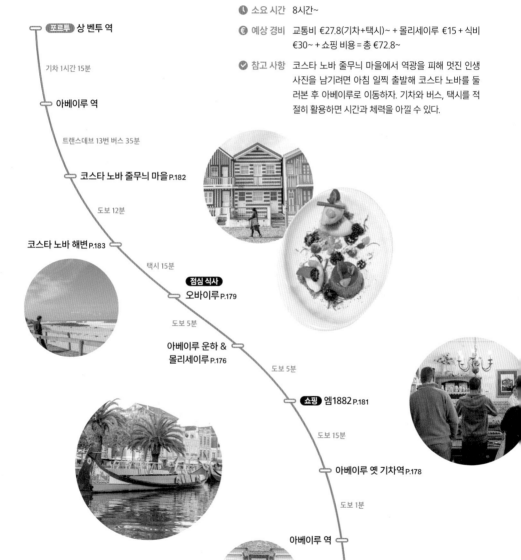

포르투 상 벤투 역

기차 1시간 15분

아베이루 역

트랜스데브 13번 버스 35분

코스타 노바 줄무늬 마을 P.182

도보 12분

코스타 노바 해변 P.183

택시 15분

점심 식사
오바이루 P.179

도보 5분

아베이루 운하 &
몰리세이루 P.176

도보 5분

쇼핑 엠1882 P.181

도보 15분

아베이루 옛 기차역 P.178

도보 1분

아베이루 역

기차 1시간 15분

포르투 상 벤투 역

아베이루 운하 & 몰리세이루

Aveiro & Moliceiro

운하의 도시 아베이루와 바다와 호수 사이 코스타 노바를 만든 것은 8할이 폭풍이었다. 1576년 폭풍에 밀려온 모래가 만의 입구를 막아 아베이루에 석호가 생겼다. 아베이루 사람들은 석호에서 수초를 채취하고, 그것을 바다로 나르기 위해 운하를 만들었다. 그 시절 수초Moliço를 채집하는 남자를 몰리세이루Moliceiro라 불렀고, 몰리세이루가 수초를 배에 싣고 아베이루로 나르다 보니 그 배도 몰리세이루라고 부르게 되었다. 세월이 흘러 빨강, 노랑, 초록 총천연색의 몰리세이루는 수초가 아니라 들뜬 표정의 여행자들을 태우고 미끄러지듯 유유히 운하 위를 오간다. 아베이루의 운하를 즐기는 가장 좋은 방법은 단연 몰리세이루를 타는 것이다.

🚶 아베이루Aveiro 역에서 도보 16분
📍 몰리세이루 선착장 Rua do Clube dos Galitos 19, 3810-164

알고 타면 더 재밌는 몰리세이루 보트 투어

아베이루 여행의 백미는 몰리세이루를 타고 운하 위에서 도시의 풍경을 감상하는 보트 투어다. 업체는 달라도 유람 코스가 같으며, 현장에서 얼마든지 보트 투어에 참가할 수 있다.

어떻게 탈까?

아베이루 운하에는 온다 클로살Onda Clossal, 아베이루 콤 파이샹 Aveiro com Paixão, 비바 아 리아Viva a Ria 등 다양한 업체에서 영업하는 몰리세이루 선착장이 있다. 모두 현장 구매와 홈페이지 예매가 가능하다.

🕐 09:00~18:00 € 45분 일반 €15, 5~12세 €7 🏠 온다 클로살 www.ondacolossal.pt, 아베이루 콤 파이샹 www.aveirocompaixao.pt/en, 비바 아 리아 www.vivaaria.com

유람 루트

선착장에서 출발해 학회 문화 센터까지 갔다가 카르카벨로스 다리까지 한 바퀴 빙 돌아오는 코스다. 시간은 약 45분이 걸린다.

관전 포인트

어두운 다리 아래를 지날 때는 호각의 일종인 부부젤라를 불어 배가 지나감을 알린다. 베니스의 곤돌라 뱃사공처럼 노래를 불러주지는 않지만, 입담 좋은 가이드가 동행해 아베이루에 대한 설명을 청산유수로 쏟아낸다. 디테일이 살아 있는 아르누보 양식의 건물들을 눈여겨보라고 하는데, 운하에 아른아른 비치는 도시의 색감도 아름답다.

몰리세이루의 그림은 19금?

곤돌라보다 화려한 몰리세이루에는 19금 만화 같은 그림이 그려져 있어 멀리서 보면 동화 같은 모양에 반하지만, 가까이서 보면 야한 그림에 깜짝 놀랄 수도 있다.

몰리세이루는 타이밍이다!

가장 타기 좋은 시간은 석양이 질 때다. 황금빛 햇살이 쏟아지는 해질 무렵은 로맨틱 오브 로맨틱 몰리세이루 타임. 더 달달한 순간을 보내고 싶다면 배 위에서 오부스 몰레스를 맛보아도 좋다.

177

아줄레주에 깃든 옛 이야기 ----- ②

아베이루 옛 기차역 Antiga Estação de Aveiro

기차를 타고 아베이루 역에 도착해 밖으로 나서면 새하얀 건물을 캔버스 삼아 아줄레주 벽화를 그린 아름다운 건물이 시선을 사로잡는다. 건물의 정체는 1861년에 지은 옛 기차역이다. 더 이상 기차는 서지 않지만, 존재만으로 주변을 환하게 밝혀준다. 운하 위의 몰리세이루, 염전을 일구는 사람들 등 아베이루의 옛 모습을 아줄레주로 그려 놓아 그림책 보듯 들여다보는 재미가 있다. 내부에서는 전시도 열린다. 옛 기차역 앞 광장에 드문드문 놓인 벤치에서 쉬어 가기도 좋다.

🚶 아베이루Aveiro 역에서 도보 1분
📍 Rua Dr. João de Moura 2, 3800-187

칼사다 포르투게사 따라 걸어볼까?

아베이루 옛 기차역에서 중심가로 가는 길에는 포르투갈 전통 자갈 바닥, 칼사다 포르투게사Calçada Portuguesa의 장식을 눈여겨보자. 돛단배, 방향키 등 대항해 시대의 상징물들이 대부분이다. 덕분에 낯선 도시로 탐험을 시작하는 여행자의 발걸음도 괜스레 경쾌해진다.

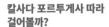

운하 옆 맛집이 모여 있는 ----- ③

프라카 두 페이스

Praça do Peixe

아베이루 미식 여행을 할 때는 프라카 두 페이스를 기억하자. 수산 시장이 있는 광장으로, 광장 주변에 아베이루의 레스토랑과 바가 모여 있다. 광장 앞 운하에 몰리세이루 선착장도 있고, 주변에 알록달록 화려한 색으로 칠한 건물이 많아 포토존 역할도 톡톡히 한다.

🚶 아베이루Aveiro 역에서 도보 16분
📍 Largo da Praça do Peixe, 3800-243

아베이루의 터줏대감 식당 ······ ①
오 텔례이루 O Telheiro

신선한 재료로 만든 정통 포르투갈 해산물 요리를 맛보고 싶다면 오 텔례이루로 향하자. 두툼한 메뉴판만큼 메뉴도 와인 리스트도 다양하다(하우스 와인 €1.5~). 아로즈 링구아스(€24.5)는 해물밥 중에서도 바칼랴우의 혀가 메인으로 들어간 요리로 다른 곳에서 보기 드물다. 맵지 않고 걸쭉한 대구탕에 밥을 말아 먹는 기분으로 한 그릇 비울 만한 맛이다. 생선구이를 주문할 때는 주방에 전시된 싱싱한 생선을 직접 보고 고를 수도 있다. 가격은 생선 무게에 따라 달라진다.

🚶 아베이루Aveiro 역에서 도보 17분 📍 Largo da Praça do Peixe 20, 3800-243
🕐 화~토요일 12:00~15:30, 17:30~23:15, 일요일 12:30~15:30
❌ 월요일 📞 +351-234-429-473

수산 시장 옆 모던 레스토랑 ······ ②
오 바이루 O Bairro

크리에이티브한 젊은 셰프들이 편안한 '이웃'을 모토로 영업하는 해산물 레스토랑이다. 도보 1분 거리의 수산 시장에서 매일 싱싱한 해산물을 공수해 와 주기적으로 신메뉴를 선보인다. 버섯 리소토(€24), 새우 리소토(€21) 등 무얼 주문하든 비장의 무기 같은 와인을 권해주니 한 잔 곁들이면 금상첨화다. 접근성, 신선한 재료, 맛, 모던한 분위기, 다정한 직원까지 모두 기대 이상이다.

🚶 아베이루Aveiro 역에서 도보 1분
📍 Largo da Praça do Peixe 24, 3800-243 🕐 12:30~15:00, 19:30~23:00
❌ 수요일 📞 +351-234-338-567

살포엔테 Salpoente

일몰Poente이 아름다운 운하 옆 오래된 소금Sal 창고가 레스토랑 살포엔테Salpoente로 변신했다. 공간도 멋지지만 셰프의 손끝에서 탄생한 바칼랴우 아 브라스 살포엔테(€26.5) 등의 메뉴는 비주얼도 맛도 한 곳이 다르다. 2층 규모 건물을 포르투갈 디자이너의 가구와 포르투갈 와인으로 가득 채웠다. 오부스 몰레스를 재해석한 디저트(€12.5)는 오부스 몰레스 위에 레드베리와 아이스크림을 올려 새콤한 맛과 달콤한 맛이 입안에서 왈츠를 추는 기분이다. 현지 식재료의 변주를 좀 더 제대로 즐기고 싶다면, 애피타이저부터 메인과 두 가지 디저트까지 7가지 코스 요리로 구성한 테이스팅 메뉴Tasting Menu Stories & Traditions(€65~80)를 맛보자. 다양한 식감의 호박, 비트루트 바비큐 앤 샐러드 등으로 구성된 채식 테이스팅 메뉴(€52.5)도 준비되어 있다.

🚶 아베이루Aveiro 역에서 도보 13분　📍 Antigo Cais de Sao Roque 83, 3800-256
🕐 12:30~15:00, 19:30~22:30　📞 +351-234-382-674　🏠 www.salpoente.pt

장인 정신이 담긴 오부스 몰레스 ⋯⋯ ①

엠1882 M1882

아베이루의 명물 오부스 몰레스는 한 입 베어 물면 혀를 휘감는 달달한 기운에 몸을 부르르 떨게 되는 달콤한 디저트다. 이왕이면 뼈대 있는 가게의 오부스 몰레스를 사서 맛보자. 엠1882는 아베이루의 오부스 몰레스 전문점 중 가장 역사가 길다. 1882년 문을 연 이래 140년 넘게 안티고 수녀원의 수녀로부터 전수받은 레시피를 우직하게 지켜왔다. 맛은 말할 것도 없고 조개, 물고기 등 정교한 모양이 예술이다. 독특하게도 벨을 누르면 문을 열어주는 은밀한 판매 방식을 고수한다. 패키지도 다양한데, 아베이루 풍경을 그려 넣은 통이나 박스에 담긴 오부스 몰레스(1kg €24)는 선물용으로 제격이다.

🚶 아베이루Aveiro 역에서 도보 16분 📍 Rua Dom Jorge Lencastre 37, 3800-142
🕐 09:00~17:00(토요일 ~12:00) ❌ 일요일 📞 +351-234-422-323
🏠 www.m1882.com

달콤함의 결정판 ⋯⋯ ②

트리카나 드 아베이루 Tricana de Aveiro

1927년에 문을 연 베이커리 트리카나 드 아베이루는 간판처럼 크게 쓰인 '오부스 몰레스'라는 글씨 탓에 가게 이름이 오부스 몰레스라고 오해를 받기도 한다. 달걀노른자와 설탕을 듬뿍 넣어 만든 오부스 몰레스(€1.2)를 비롯해 다양한 빵과 디저트를 판다. 아베이루 역과 가까워 오가는 길에 들르기 좋다.

🚶 아베이루Aveiro 역에서 도보 1분
📍 Avenida Dr. Lourenço Peixinho, Lgo da Estação 259, 3810-168
🕐 평일 07:00~20:00, 토요일 08:00~20:00, 일요일 08:00~13:00
📞 +351-234-428-792

●

바다를 낀 이색 사진 여행지, 코스타 노바 Costa Nova

오색찬란한 줄무늬 집들

코스타 노바 줄무늬 마을 Casas Típicas da Costa Nova

조르르 줄지어 있는 형형색색의 줄무늬 집들. 실제로 보면 동화 속에서 툭 튀어 나온 것 같은 쨍한 색감에 마음까지 쨍해진다. 유래를 알고 나면 쨍한 마음은 이 내 찡해진다. 유난히 안개가 잦은 지역이라 어부가 일을 마치고 집을 잘 찾아왔 으면 하는 마음에 어부의 아내가 페인트칠을 한 것이 시초다. 그 마음이 이웃으 로 번져 온 마을의 집들이 줄무늬 옷을 입게 되었다. 세월이 흘러 그 집들은 카 페, 기념품점, 숙소로 바뀌었지만, 코스타 노바는 세상 그 어디에도 없는 줄무늬 마을이 됐다. 소금기 탓에 매년 페인트칠을 해야 유지된다고 한다. 그림 같은 풍 경 뒤에는 손수 집을 매만지는 동네 주민들의 부단한 노력이 숨어 있다.

🏃 버스 트랜스데브 13번 Larg A Anca 정류장 바로 앞
📍 Avenida José Estêvão, Costa Nova do Prado

코스타 노바 수산 시장
Mercado da Costa Nova

줄무늬 마을 끝자락의 코스타 노바 수 산 시장에서는 장어와 조개는 물론 바 다에서 낚은 정어리, 문어, 새우, 게, 거 북손 등 싱싱한 해산물을 판다. 포르투 갈에서도 보기 드물게 호수와 바다에 서 잡은 해산물을 동시에 판매하는 곳 이니 구경 삼아 들러보자.

지금까지 이런 줄무늬 마을은 없었다. 파란 하늘 아래 노랑, 빨강, 파랑, 선명한 색감의 줄무늬 집들이 나란히 서 있는 풍경을 직접 보고 싶다면 아베이루 여행에 코스타 노바를 추가하자. 바다를 등진 채 석호를 향해 지은 코스타 노바의 집들은 모두 동향이다. 역광을 피해 사진을 찍으려면 오전에 코스타 노바로 떠나자.

서핑하기 좋은 해변
코스타 노바 해변 Praia da Costa Nova

오래전 대서양으로 가는 지름길을 찾던 어부가 석호 너머의 이 바닷가를 발견했다. 하여 새로운 해안이란 뜻의 '코스타 노바'라고 이름을 붙였다. 코스타 노바는 이제 여름이면 바캉스를 즐기러 온 사람들로 붐빈다. 해변에는 비치 바도 여럿 있다. 서퍼들이 사랑하는 파도가 밀려오는 날에는 서핑 천국으로 바뀌기도 한다. 파도만큼이나 바람이 좋아 패러글라이딩하기 좋은 해변으로도 손꼽힌다.

🚶 페르난두 레스토랑Resturante D. Fernando 옆 Rua do Banho 도로를 따라 도보 이동 📍 Rua da Quinta do Cravo 17

포르투갈의 로마와 건국의 도시

브라가 Braga
기마랑이스 Guimarães

#봉 제수스 두 몬트 #유네스코 세계문화유산
#포르투갈의 로마 #건국의 도시 #중세 도시

브라가는 기원전 20년 로마 제국 시대에 브라카라
아우구스타Bracara Augusta라는 이름으로 건립된 도시다.
기원후 3세기경 이베리아반도에서 가장 먼저 가톨릭이 전해져
'포르투갈의 로마'라 불리며, 봉 제수스 두 몬트가
주요 볼거리다. 브라가에서 25km 떨어진 기마랑이스는
포르투갈 초대 왕 아폰수 1세가 태어난 곳으로
건국의 도시라 불리며, 그 유적이 구시가에 남아 있다.

브라가·기마랑이스
여행의 시작

포르투 상 벤투 역에서 브라가행 기차에 오르며 여행을 시작해보자. 브라가에서 기마랑이스까지는 버스로 25분이면 갈 수 있다. 브라가나 기마랑이스에서 포르투로 돌아올 때도 기차를 타고 상 벤투 역에 내리면 이동이 수월하다.

포르투

상 벤투 역 ············· 기차 1시간 10분, €3.55 ·········· **브라가 역**

캄파냐 버스 터미널 ···· 버스 45분~, €2.99~ ·····**브라가 버스 터미널**

브라가

기마랑이스

····· 버스 25분~, €6 ········· **기마랑이스 버스 터미널**

어떻게 갈까?

포르투 ▶ 브라가·기마랑이스 | 기차 CP

기차는 포르투 상 벤투 역에서 30분에 1대꼴로 출발하는 U열차를 타면 브라가 역에 1시간 10분 만에 도착한다. IC열차를 타면 55분, AP열차를 타면 1시간 만에 도착한다. 기마랑이스까지는 U열차로 1시간 10분 정도가 걸린다. 브라가나 기마랑이스 역에서 포르투로 돌아올 때는 1시간에 1대꼴로 출발하는 U열차를 이용하면 된다.

🕐 브라가·기마랑이스행 06:15~24:50, 상 벤투행 04:34~23:32
€ U €3.55, IC €13.25~14.25, AP €16.5~22.6 🏠 www.cp.pt

포르투 ▶ 브라가·기마랑이스 | 버스 Bus

포르투 캄파냐 버스 터미널에서 플릭스버스, 알사가 브라가를 오간다. 플릭스버스가 운행 편도 많고 저렴하니 버스를 이용한다면 플릭스버스를 예약해서 탑승하자.

- **플릭스버스**Flixbus 포르투 캄파냐 버스 터미널에서 출발해 브라가와 기마랑이스로 간다. 버스 출발 시간이 일정하지 않으니 온라인으로 원하는 시간으로 예약해서 탑승하자. 버스 안에서 충전과 와이파이를 이용할 수 있다. 버스에 따라 다르지만 브라가까지 45분~1시간 10분, 기마랑이스까지 45분 정도가 소요된다.

  🕐 브라가행 06:15~23:35, 기마랑이스행 08:45~22:35
  € 브라가행 €4~, 기마랑이스행 €4~ 🏠 global.flixbus.com

- **알사**Alsa 포르투 캄파냐 버스 터미널, 지하철 카사 다 무지카 역 인근 버스 터미널(구글맵 검색명 Terminal Alsa/Autna Casa da Música Porto)에서 출발해 1시간 10분이면 브라가에 도착한다. 숙소와 가까운 곳에서 버스를 타고 출발하자. 버스 안에서 충전 케이블과 와이파이를 이용할 수 있다.

©Alsa

  🕐 10:30~19:00 € €10~ 🏠 www.alsa.com/en

브라가 ▶ 기마랑이스 | 버스 Bus

브라가에서 기마랑이스로 갈 때에는 브라가 버스 터미널Centro Coordenador de Transportes de Braga에서 40번 버스를 타면 직행으로 25분 만에 기마랑이스 버스 터미널Estação Rodoviária de Guimarães에 도착한다.

🕐 09:00~19:30 € €6

어떻게 다닐까?

브라가 역이나 버스 터미널에서 구시가의 명소까지는 걸어서 충분히 이동할 수 있다. 봉 제수스 두 몬트는 대중교통으로 이동해야 한다. 버스로 이동할 때는 봉 제수스Bom Jesus 정류장에서 내려 푸니쿨라를 타면 편하고, 택시나 렌터카로 이동할 때는 봉 제수스 두 몬트 성당 바로 앞까지 갈 수 있다. 봉 제수스 두 몬트는 무료입장이다. 시내버스는 주말 배차 간격이 주중보다 넓으니 홈페이지에서 시간을 확인한 후 이용하자.

기마랑이스 역시 케이블카를 타고 오르는 페냐 성소를 제외하면 구시가 볼거리는 도보로도 이동이 가능하다. 한편, 브라가와 기마랑이스에는 명소 사이를 오가는 오픈 톱 투어 버스가 있다. 투어 버스에는 명소 입장료가 포함되지 않는다.

🏠 브라가 시내버스 www.tub.pt

투어 버스 | 옐로 버스 브라가 Yellow Bus Braga

브라가 시내 명소와 봉 제수스 두 몬트를 1시간 여정으로 운행한다. 원하는 곳에 내리고 타며 이곳저곳을 돌아볼 수 있다. 영어 오디어 가이드도 제공한다. 옐로 버스 이용 시 봉 제수스 두 몬트 푸니쿨라와 브라가 대중교통 또한 무료로 이용할 수 있다.

📍 Avenida Central, 4710 🕐 10:00~17:00, 1시간 간격 운행 💶 일반 €12, 어린이 €6
📞 +351-218-503-225 🏠 www.yellowbustours.com/en/braga

투어 버스 | 옐로 버스 기마랑이스 Yellow Bus Guimarães

기마랑이스의 주요 시내 관광 명소를 돌아보는 투어 버스로 자유롭게 내렸다 다시 탈 수 있다. 영어 오디오 가이드도 제공한다.

📍 Alameda de São Dâmaso, 4810-286 🕐 09:30~12:30, 14:30~17:30, 1시간 간격 운행
💶 일반 €12, 어린이 €6 📞 +351-253-515-400 🏠 www.yellowbustours.com/en/guimaraes

브라가 상세 지도

- 🚌 브라가 버스 터미널
- ④ 브라가 대성당
- ⑤ 산타바바라 정원
- 🚌 옐로 버스 브라가(출발지)
- ① 아 브라질레이라
- ② 카르틸류
- 🚈 브라가 역

- 호텔 두 엘레바도르 레스토랑
- 봉 제수스 두 몬트 푸니쿨라(상행) ②
- Bom Jesus 🚌
- 봉 제수스 계단 ①
- 봉 제수스 두 몬트 ③
- ③

0 ___ 300m

브라가·기마랑이스
추천 코스

포르투갈의 로마라 불리는 브라가와 건국 도시 기마랑이스는 포르투 북부 미뇨 지방의 주요 도시다. 포르투에서 아침 일찍 출발하면 브라가 봉 제수스 두 몬트를 방문한 후 브라가 시내에서 점심을 먹고 기마랑이스까지 이동해 두 도시를 하루 만에 둘러볼 수 있다.

🕐 소요 시간 8시간~

€ 예상 경비 교통비 €26~ + 입장료 €15 + 식비 €20~ = 총 €61~

✅ 참고 사항 브라가 대성당 주변에 기념품점들이 있으니 소소한 쇼핑을 즐기는 것도 좋다. 기마랑이스를 건너뛰고 브라가만 당일치기로 여행한다면 아 브라질레이라 카페에서 커피도 마시고 주변 산책을 즐긴 다음 포르투로 돌아오자.

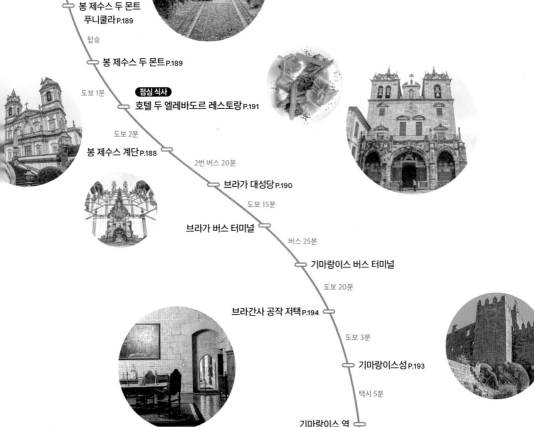

〔포르투〕 상 벤투 역

기차 1시간

브라가 역

택시 15분

봉 제수스 두 몬트 푸니쿨라 P.189

탑승

봉 제수스 두 몬트 P.189

도보 1분

〔점심 식사〕
호텔 두 엘레바도르 레스토랑 P.191

도보 2분

봉 제수스 계단 P.188

2번 버스 20분

브라가 대성당 P.190

도보 15분

브라가 버스 터미널

버스 25분

기마랑이스 버스 터미널

도보 20분

브라간사 공작 저택 P.194

도보 3분

기마랑이스성 P.193

택시 5분

기마랑이스 역

기차 1시간 10분

〔포르투〕 상 벤투 역

분수와 조각으로 장식한 걸작 ······ ①

봉 제수스 계단 Escadórios do Bom Jesus

수많은 여행자가 봉 제수스 두 몬트가 담긴 사진에 이끌려 이곳을 찾는다. 사진 속 포인트는 우뚝 솟은 봉 제수스 두 몬트 성당까지 지그재그로 층층이 쌓은 바로크 양식 '오감의 계단'과 '삼덕의 계단'이다. 오감의 계단은 한 층에 20계단씩 다섯 층으로, 각 층마다 오감을 상징하는 얼굴 모양 분수가 있다. 계단을 오르며 눈, 코, 입, 귀, 항아리(몸을 씻는 물을 상징, 촉각)에서 물을 뿜는 분수를 마주하게 되는데, 성당으로 가는 길에 눈, 코, 입 등으로 지은 죄를 참회하라는 뜻이라고 한다. 오감의 계단을 다 오르면, 각 층마다 믿음, 소망, 사랑을 상징하는 분수가 있는 삼덕의 계단이 펼쳐진다. 믿음과 소망과 사랑. 그중 제일은 무엇일까 생각하며 계단을 오르다 보면 봉 제수스 두 몬트 성당 입구에 다다른다. 브라가 시내가 내려다보이는 아름다운 전망은 덤이다.

🚶 버스 2번 Bom Jesus 정류장 바로 앞 📍 Estrada de São Pedro
📞 +351-253-676-636 🏠 bomjesus.pt

편리한 산악 케이블카 ⋯⋯ ②

봉 제수스 두 몬트 푸니쿨라
Bom Jesus do Monte Funicular

1882년 개통한 이래 100년이 넘게 오감과 삼덕의 계단 아래에서 봉 제수스 두 몬트 성당 앞을 오르내리는 산악 케이블카다. 포르투갈뿐 아니라 이베리아반도를 통틀어 가장 오래된 수력 푸니쿨라로, 마누엘 조아킹 고메스가 설계했다. 봉 제수스 두 몬트를 오를 때 타보길 추천한다.

🚶 버스 2번 Bom Jesus 정류장 바로 앞
📍 Estrada de São Pedro 77, 4715
🕐 09:00~13:00, 14:00~20:00(동절기 ~19:00), 매시간 25분·55분 2회 운행 💶 편도 €2, 왕복 €3

6세기에 걸쳐 완성한 유네스코 세계문화유산 ③

봉 제수스 두 몬트 Bom Jesus do Monte

브라가 외곽 이스피뉴산에 자리한 '산에 계신 좋은 예수님'이라는 뜻의 성당으로, 산과 바로크 양식 건축물이 완벽한 조화를 보여준다. 산 정상에 십자가가 나타나는 기적이 일어났던 자리에 작은 '성소'를 지은 데서 시작해 15~16세기에 재건했다. 17세기에는 예수에게 바치는 6개의 예배당과 순례자 예배당을 지었으며, 18세기에 지금의 모습을 갖추게 되었다. 당시 브라가 추기경의 지시로 건축가 카를로스 아마란테Carlos Amarante가 신고전주의 양식으로 설계하고 완성했다. 성당 안에는 예수님이 십자가에 못 박히는 모습이 테라코타로 표현되어 있어 뮤지컬의 한 장면처럼 드라마틱하게 다가온다. 시간이 된다면 성당을 둘러싼 숲길을 거닐며 자연의 정취를 느껴보자.

🚶 버스 2번 Bom Jesus 정류장에서 봉 제수스 계단을 오르거나 봉 제수스 두 몬트 푸니쿨라 탑승 📍 Estrada do Bom Jesus, 4715-056 🕐 하절기 08:00~19:00, 동절기 09:00~18:00 📞 +351-253-676-636 🏠 bomjesus.pt

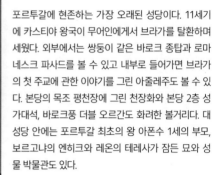

브라가 대성당 Sé de Braga

포르투갈에 현존하는 가장 오래된 성당이다. 11세기
에 카스티야 왕국이 무어인에게서 브라가를 탈환하며
세웠다. 외부에서는 쌍둥이 같은 바로크 종탑과 로마
네스크 파사드를 볼 수 있고 내부로 들어가면 브라가
의 첫 주교에 관한 이야기를 그린 아줄레주도 볼 수 있
다. 본당의 목조 평천장에 그린 천장화와 본당 2층 성
가대석, 바로크풍 더블 오르간도 화려한 볼거리다. 대
성당 안에는 포르투갈 최초의 왕 아폰수 1세의 부모,
보르고냐의 엔히크와 레온의 테레사가 잠든 묘와 성
물 박물관도 있다.

🚶 브라가Braga 역에서 도보 12분
📍 Rua Dom Paio Mendes, 4700-424
🕐 4~9월 09:30~12:30, 14:30~17:30,
10~3월 09:30~12:30, 14:30~18:30
€ 통합권(대성당+성가대석+성물 박물관) €5,
대성당 €2, 성가대석 €2, 성물 박물관 €3
📞 +351-253-263-317 🏠 se-braga.pt

산타바바라 정원
Jardim de Santa Barbara

대주교 궁으로 쓰던 건물 곁 아담하고 소박한 정원이다. 17세기에 조성되었으
며, 1955년의 조경을 다듬어 지금의 풍경을 갖췄다. 정원 중앙에는 수호신인 성
인 바바라의 석상이 있는 분수가 있는데, 17세기의 모습을 고스란히 간직하고
있다. 정원 바로 앞 주스티누 크루즈 거리와 프란시스쿠 산체스 거리에서는 가끔
버스킹도 열린다.

🚶 브라가Braga 역에서 도보 15분 📍 Rua Dr. Justino Cruz, 4700-317

커피에 두툼한 토스트 한 조각 ······ ①
아 브라질레이라 A Brasileira

시인 페르난두 페소아의 단골 카페로 유명한 리스본 아 브라질레
이라의 브라가 분점이다. 1907년 번화한 거리 한가운데 문을 연 이
래 성업 중이다. 관광객으로 가득한 리스본 본점에 비하면 현지인
들의 사랑방 같은 분위기다. 맑은 날에는 야외에 앉아도 좋고, 비가
오는 날에는 유리창 밖의 비를 보며 브라질 커피(€3.3)를 홀짝이
기 좋다. 빵 종류도 다양하다. 토스트를 주문할 때는 잼을 곁들인
토스트(€2.8)를 주문하자.

🏃 브라가Braga 역에서 도보 15분 📍 Largo do Barão de São Martinho
17, 4700-328 🕐 08:00~24:00 📞 +351-253-262-104
🏠 www.facebook.com/CafeABrasileiraBraga

숙성 스테이크와 포르투갈 와인 ······ ②
카르틸류 Kartilho

고기 애호가라면 브라가 사람들이 입을 모아 추천하는 숙성 스테
이크 전문점 카르틸류에서 와인과 식사를 즐겨보자. 와인 저장고
에 저장된 포르투갈 와인만 300여 병으로 취향을 이야기하면 메
뉴에 없는 와인도 추천해준다. 숙성 스테이크(티본 €52)를 주문하
면 테이블 위에서 불을 붙여주는 퍼포먼스가 압권이다. 소금과 소
스를 함께 내주는데, 맵싸한 치미추리 소스에 스테이크를 찍어 먹
으면 더욱 맛있다. 소스는 무료로 리필할 수 있다.

🏃 브라가Braga 역에서 도보 15분 📍 Rua Dom Afonso Henriques 36,
4700-030 🕐 월~목요일 19:00~24:00, 금·토요일 12:00~15:00,
19:00~24:00 ❌ 일요일 📞 +351-968-611-888 🏠 kartilho.pt

전망 좋은 레스토랑 ······ ③
호텔 두 엘레바도르 레스토랑 Hotel do Elevador Restaurante

봉 제수스 두 몬트 푸니쿨라 정류장 바로 앞에 있
는 호텔 두 엘레바도르의 메인 레스토랑이다. 봉
제수스 계단과는 또 다른 파노라마 뷰를 바라
보며 식사를 즐길 수 있다. 호텔 내 레스토랑이라
가격은 저렴하지 않지만, 그만큼 담음새도 서비스
도 고급스럽다. 브라가의 대표 요리인 감자와 브라가 소스를 곁들
인 바칼라우 아 브라가(€26)나 폴보 그렐라두(€26.5)를 즐겨보자.

🏃 봉 제수스 두 몬트에서 도보 15분 📍 Monte do Bom Jesus,
4715-056 🕐 12:00~15:00, 19:00~22:00
📞 +351-253-603-400 🏠 www.hoteisbomjesus.pt

살아 있는 박물관
기마랑이스 산책

포르투갈 태동의 역사가 깃든 기마랑이스는 포르투에서
브라가를 오가는 길에 돌아보기 좋은 아담한 여행지다.
포르투갈 왕국의 전신인 포르투갈 공국의 수도이자
초대 왕 아폰수 1세의 탄생지로 도시 전체가
유네스코 세계문화유산으로 등재되어 있다. 기마랑이스성,
브라간사 공작 저택 등 15~19세기에 지은 건물이
가까이에 있어 묶어서 둘러보기 좋다. 시간 여유가 된다면
케이블카를 타고 페냐 성소에 올라 멋진 전망도 즐겨보자.

기마랑이스
상세 지도

🚶 기마랑이스성
🚶 상 미구엘 성당
🚶 브라간사 공작 저택
● 카르무 정원

🚶 포르투갈 건국 도시 성벽　　🚡 기마랑이스 케이블카(상행)

🚌 기마랑이스 버스 터미널
● GuimarãeShopping

CP 기마랑이스 역

페냐 성소 🚶

0 ─── 300m

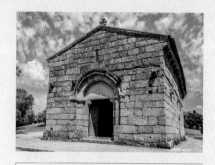

기마랑이스성 Castelo de Guimarães

10세기 말 무마도나 디아스Mumadona Dias 공작 부인이 사별 후 산타 마리아 수도원Mosteiro de Santa Maria을 지을 때 무어 인들이 자꾸 공격하자 요새를 세운 것이 기마랑이스 성의 기 원이다. 방어를 위해 성벽의 탑에 총안을 설치한 것이 그 증거 다. 12세기 초 보르고냐의 엔히크가 이곳으로 오며 성을 더 단단하게 재건했고, 훗날 포르투갈의 초대 왕이 된 아폰수 1세가 태어났다. 13~14세기에는 탑이 추가되었지만 오랜 세 월 방치되었다가 20세기에 이르러 복원했고 국보로 지정됐 다. 성 앞에는 아폰수 1세의 동상과, 작지만 이국적인 나무가 많은 카르무 정원Jardim do Carmo도 있다.

🏃 ① 기마랑이스 버스 터미널Estação Rodoviária de Guimarães 에서 도보 20분 ② 기마랑이스Guimarães 역에서 도보 25분
📍 Rua Conde Dom Henrique 3, 4800-412
🕐 10:00~18:00 ❌ 1/1, 부활절, 5/1, 6/24, 12/25
💶 일반 €5, 학생증 소지자·65세 이상 €2.5
📞 +351-253-412-273 🏠 pdmas.guimaraes.pt/paco

기마랑이스성의 서쪽 끝 작은 예배당, 상 미구엘 성당 Igreja São Miguel do Castelo

1664년 아폰수 1세가 세례를 받았을 때 쓴 분수가 있 는 로마네스크 양식의 성당이다. 19세기에 훼손되었다 가 1920년대에 복원됐다. 매년 아폰수 1세의 생일을 기 념하여 이곳에서 미사가 열린다. 분수 근처에는 아폰수 1세의 세례를 알리는 문구가 새겨져 있으나, 실제로 이 곳에서 세례를 받았는지는 미지수다. 성당 바닥에는 포 르투갈의 건국 공신들이 묻혀 있고 이곳에 묻힌 기사 들의 이름이 회강암으로 된 석판에 적혀 있다. 성당은 1910년 국보로 지정되었다.

아폰수 1세의 취향이 깃든 대저택

브라간사 공작 저택

Paço Dos Duques De Bragança

브라간사의 1대 공작이었던 아폰수 1세가 15세기 초반 축조한 석조 저택이다. 아폰수 1세는 그 시절 유럽을 두루 여행하며 경험한 이국적인 요소들을 경사진 지붕, 원뿔형 첨탑, 뾰족하고 긴 굴뚝 등으로 저택 설계에 녹여냈다. 개방형 회랑과 커다란 문들로 이어지는 본관 발코니에서 당시 프랑스 건축 양식의 흔적도 엿볼 수 있다. 16세기 브라간사 가문이 빌라 비코사Vila Viçosa로 이주하며 방치되었다가, 1933년 살라자르 독재 정권 시절 복원됐다. 현재 저택 내부에는 17~18세기의 가구, 도자기, 무기, 미술품이 전시되어 있다. 강렬한 색의 스테인드글라스가 시선을 끄는 예배당도 볼거리다.

🚶 ① 기마랑이스 버스 터미널Estação Rodoviária de Guimarães에서 도보 12분 ② 기마랑이스Guimarães 역에서 도보 25분 📍 Rua Conde Dom Henrique 3, 4800-412
🕐 10:00~18:00 ❌ 1/1, 부활절, 5/1, 12/25
💶 일반 €5, 학생증 소지자·65세 이상 €2.5
📞 +351-253-412-273 🏠 pdmas.guimaraes.pt/paco

기마랑이스 케이블카
Teleférico de Guimarães

1994년부터 기마랑이스 도심에서부터 1,700m 떨어진 페냐산Montanha da Penha을 잇고 있다. 케이블카를 타고 400m 높이의 페냐산 정상에 오르는 시간은 10분. 케이블카 밖으로 점점 작아지는 기마랑이스 시내를 구경하며 전망을 즐겨보자. 기마랑이스 역에서 케이블카 탑승장까지는 걸어갈 수 있는 거리이며 표지판 안내가 잘 되어 있다.

🚶 기마랑이스Guimarães 역에서 도보 15분
📍 Rua Comendador Joaquim Sousa Oliveira 37, 4810-025 🕐 금~일요일 10:00~17:30 ❌ 월~목요일
💶 **편도** 일반 €5, 4~11세 €3, **왕복** 일반 €10, 4~11세 €5
📞 +351-253-515-085 🏠 www.turipenha.pt

©Teleférico de Guimarães

©Teleférico de Guimarães

©Santuário da Penha

숲속의 성스러운 예배당

페냐 성소 Santuário da Penha

울울창창한 페냐산 속 경건한 분위기가 느껴지는 성소다. 페냐 성소가 세워진 것은 1947년으로, 유명 건축가 안토니우 마르케스 다 실바António Marques da Silva가 설계했다. 안타깝게도 건축가는 성소가 완공되기 3개월 전 세상을 떠났고, 성소가 완성된 후 많은 사람이 성지 순례하듯 찾아오고 있다. 성소 뒤로는 산책로, 호텔, 캠핑장, 미니 골프장 등이 있다.

🚶 기마랑이스 케이블카 하행 정류장에서 도보 10분
📍 Parque Campismo da Penha, 4810-038
🕐 평일 10:30~18:00, 주말 09:30~19:00, 일요일 미사 16:00
📞 +351-253-414-114 🏠 www.penhaguimaraes.com

포르투갈 건국 이야기가 담긴

포르투갈 건국 도시 성벽 Aqui Nasceu Portugal

기마랑이스에는 "포르투갈은 이곳에서 탄생했다Aqui Nasceu Portugal"라는 문구가 새겨진 성벽이 있다. 문구를 새긴 이는 포르투갈의 초대 왕 아폰수 1세다. 왕위를 계승하고 1128년 기마랑이스 근교에서 벌어진 마메드São Mamede 전투에서 승리한 후, 포르투갈이 스페인으로부터 독립하자 자랑스러운 국가의 탄생을 기념하기 위해 그가 태어난 기마랑이스의 벽에 이런 문구를 새겼다.

🚶 기마랑이스Guimarães 역에서 도보 10분
📍 Rua do Anjo 15, 4810-451

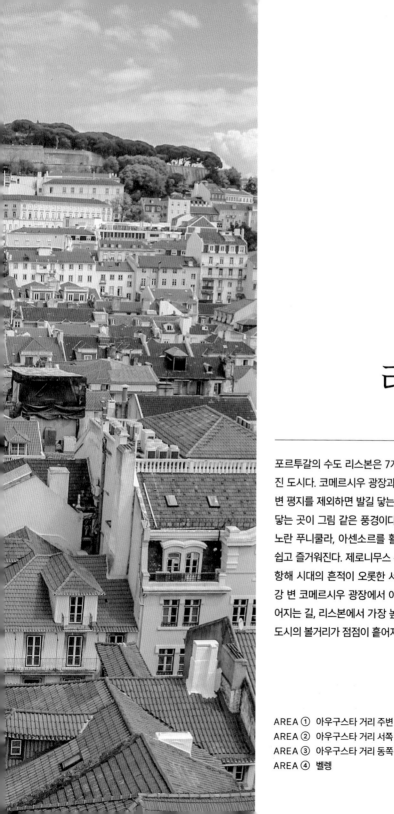

트램이 오가는 언덕

리스본
Lisboa

포르투갈의 수도 리스본은 7개의 언덕으로 이루어진 도시다. 코메르시우 광장과 아우구스타 거리 주변 평지를 제외하면 발길 닿는 곳이 언덕이요, 눈길 닿는 곳이 그림 같은 풍경이다. 언덕을 오르내리는 노란 푸니쿨라, 아센소르를 활용하면 여행이 한결 쉽고 즐거워진다. 제로니무스 수도원, 벨렝탑 등 대항해 시대의 흔적이 오롯한 서쪽의 벨렝부터 테주강 변 코메르시우 광장에서 아우구스타 거리로 이어지는 길, 리스본에서 가장 높은 지역 알파마까지 도시의 볼거리가 점점이 흩어져 있다.

AREA ① 아우구스타 거리 주변
AREA ② 아우구스타 거리 서쪽
AREA ③ 아우구스타 거리 동쪽
AREA ④ 벨렝

포르투에서 리스본으로 가는 법

서울에서 리스본으로 가는 직항편은 없다. 파리, 프랑크푸르트, 암스테르담 등 유럽의 대도시를 경유해 리스본 공항 제1 터미널로 들어온다. 런던, 파리 등을 여행한 후 라이언에어, 부엘링 등 유럽의 저비용 항공사를 이용하면 제2 터미널로 도착한다. 포르투에서 리스본까지는 비행기, 기차, 버스 순으로 빨리 이동할 수 있다. 기차와 버스의 경우 소요 시간은 비슷하지만 요금은 버스가 더 저렴하다.

포르투		리스본
포르투 공항	비행기 55분~, €53~	리스본 공항
캄파냐 역	기차 2시간 50분~, €10.5~	산타 아폴로니아 역
캄파냐 버스 터미널	버스 3시간 15분~, €6~	오리엔트 버스 터미널
캄파냐 버스 터미널	버스 3시간 30분~, €10.85~	세트 히우스 버스 터미널

비행기 Airplane

포르투갈 국적기 탑이나 저비용 항공사 라이언에어를 타면 55분 만에 도착한다. 리스본 공항은 시내까지 택시로 이동 시 빠르면 15분 안에 도착할 정도로 시내와 가까우니 여행 일정이 짧을 경우 비행기 이동을 고려해보자. 탑을 이용할 경우 스타얼라이언스 마일리지도 쌓을 수 있다. 항공권은 일찍 예약할수록 저렴한 편이다. 단, 라이언에어는 항공료보다 짐값이 더 많이 나오는 경우도 있으니 주의하자.

€ €53~ 🏠 www.aeroportoporto.pt

기차 CP

포르투갈 국영 철도 CP를 타면 리스본까지 2시간 50분에서 3시간 15분 정도가 소요된다. 포르투 캄파냐 역에서 승차해 리스본 아우구스타 거리 동쪽에 있는 알파마 지구의 산타 아폴로니아 역에 하차한다. 산타 아폴로니아 역은 리스본 지하철과 바로 연결되어 있어 다른 지역으로 이동하기도 편하다. 좌석은 1등석과 2등석이 있는데, 1등석 칸은 1-2석 구조, 2등석 칸은 2-2석 구조다. 좌석 아래 콘센트가 있어 휴대전화 충전도 가능하다. 포르투에서 리스본으로 갈 때는 기차 진행 방향 기준 오른쪽에 앉으면 대서양 바다를 볼 수 있다.

🕐 05:40~20:40 € 1등석 €24.5~, 2등석 €10.5~ 🏠 www.cp.pt

버스 Bus

포르투갈 대표 고속버스 헤데 익스프레수스는 30분에서 1시간 간격으로 리스본과 포르투를 오간다. 포르투 캄파냐 버스 터미널에서 출발해 리스본의 오리엔트 버스 터미널 또는 세트 히우스 버스 터미널에 도착한다.

🕐 06:30~01:00
🏠 bustickets.distribusion.com

스페인에서 리스본 가는 법

포르투갈과 국경이 접해 있는 스페인을 여행한 후 리스본으로 이동할 때는 비행기뿐 아니라 버스로도 이동할 수 있다. 스페인 마드리드와 세비야에서 리스본으로 가는 직행 버스가 있으며, 알사, 플릭스버스, 유로라인Eurolines 중 하나를 타면 된다. 비행기는 리스본 공항, 버스는 세트 히우스 버스 터미널로 들어온다.

교통수단	지역	소요 시간	요금
버스	마드리드	7시간 55분~	€9~44
	세비야	6시간 30분~	€17~49
홈페이지	알사 www.alsa.com 플릭스버스 global.flixbus.com 유로라인 www.eurolines.eu		

리스본 공항에서
시내로 이동

리스본 공항은 시내에서 약 8km 거리에 위치해 가까운 편이다. 빨리 가고 싶다면 택시, 저렴하게 이동하고 싶다면 지하철을 추천한다. 숙소가 아우구스타 거리에서 연결되는 호시우 광장 주변이라면 지하철보다 버스가 빠르고 편리하다. 리스본 공항을 검색할 때 포르텔라 공항Aeroporto da Portela이라는 이름이 나오기도 하는데, 본래 포르텔라 공항으로 불리다가 움베르투 델가두 공항Aeroporto Humberto Delgado으로 개칭된 터라 혼용된다.

리스본 공항		리스본 시내
아에로포르투 역	지하철 30분~, €1.85	호시우 역
리스본 공항	버스 35분~, €1.85	호시우 광장
리스본 공항	택시 15분~, €15~	호시우 광장

지하철 Metro

공항에서 시내까지 30분 이상이 걸린다. 공항의 지하철역은 아에로포르투Aeroporto 역으로, 시내 중심가로 들어오려면 알라메다Alameda, 살다냐Saldanha, 상 세바스티앙São Sebastião 역 등에서 갈아타야 한다. 이른 시간에 도착해 여행을 바로 시작할 계획이라면 24시간권 구입을 추천한다.

🕐 06:40~23:52 　€ 1회권 €1.85, 24시간권 €7 　🏠 www.metrolisboa.pt/en

버스 Bus

708·722·744·783번 4개의 노선이 공항에서 시내까지 운행 중이다. 공항 출구로 나와 오른쪽에 버스 정류장이 있으며 호시우 광장까지 약 35분이 소요된다. 버스 승차권은 공항 내 발매기나 버스에서 운전기사에게 현금으로 구입 가능하다. 기사에게 구매 시 영수증을 발행해 주는데, 검표원이 불시에 확인 할 수 있으니 지니고 있어야 한다.

🕐 06:30~21:30 　€ €1.85, 버스에서 현금 구매 시 €2.2

택시 Taxi

택시는 가장 빠른 교통수단이다. 평균 15분 내외면 공항 택시 승강장에서 호시우 광장에 도착한다. 요금은 €15~25 선이다.

리스본의
대중교통

리스본의 주요 관광지는 트램, 버스, 지하철의 접근성이 좋은 편이다. 가파른 언덕이 많은 시내 동쪽의 알파마나 바이루 알투에서 이동할 때는 트램과 아센소르를 이용하면 이동하는 과정도 재미있고 체력도 아낄 수 있다. 코메르시우 광장에서 호시우 일대는 도보로 이동 가능하다.

지하철 Metro

노선은 단 4개이며 색으로 구분한다. 파란색 아줄Azul(Az), 빨간색 베르멜랴Vermelha (Vm), 초록색 베르드Verde(Vd), 노란색 아마렐라Amarela(Am)가 있다. 그중 여행자가 주로 이용하는 역은 아줄선의 바이샤-시아두, 헤스타우라도레스(호시우 역, 호시우 광장 연결), 상 세바스티앙(굴벤키안 미술관 연결)이다. 리스본에서 다른 도시로 이동할 때 이용하는 오리엔트 역, 오리엔트 버스 터미널(오리엔트 역), 세트 히우스 버스 터미널(자르딩 주로지쿠 역), 산타 아폴로니아 역은 모두 지하철역과 연결되어 있어 이용하기 편하다.

🕐 06:30~01:00 €1.85 🏠 www.metrolisboa.pt

트램 Tram

12번, 15번, 18번, 24번, 25번, 28번 총 6개 노선이 있다. 그중 노란 빈티지 트램의 나무 의자에 앉아 창밖 풍경을 감상하다 보면 투어 버스가 부럽지 않다. 끼익 소리를 내며 코너를 돌거나 덜컹이며 언덕을 내려올 때 롤러코스터 못지않은 스릴은 덤이다. 트램에 탑승할 때는 손을 들어 승차 의사를 표시하면 된다. 트램은 앞쪽 문으로 타서 요금을 내고 뒤쪽으로 내린다. 단말기에 교통카드나 승차권을 찍거나, 트램 기사에게 현금을 내고 승차권을 구입하면 된다. 만원 트램 안에는 소매치기가 출몰하니 지갑과 휴대전화 도난에 신경 쓰자.

🕐 06:00~23:00 €3.2 🏠 www.carris.pt/en

아센소르 Ascensor

멀리서 봤을 때 트램인 듯 트램 아닌 탈것이 보이면 아센소르다. 가파른 언덕을 오르내리는 산악 케이블카의 일종으로 푸니쿨라라고도 하며, 포르투갈어로 '아센소르'라 부른다. 리스본에는 3개의 아센소르가 있다. 아센소르 다 비카, 아센소르 다 글로리아, 아센소르 두 라브라. 모두 19세기에 만들어져 2002년 국가기념물로 지정됐다.

€ €4.2 🏠 www.carris.pt/en

버스 Bus

지하철역이나 트램 정류장에서 멀리 떨어진 장소는 버스를 이용하면 편리하다. 구글맵에서 경로를 검색해서 탑승하는 방법이 가장 쉽다. 버스에 승차할 때 문 근처 단말기에 교통카드나 승차권을 찍으면 된다. 승차권이 없다면 버스 기사에게 현금을 내고 구입할 수도 있다. 가장 유용한 버스는 피게이라 광장에서 상 조르즈 성까지 오가는 737번이니 기억해두자.

🕐 06:00~23:00 € €2.2 🏠 www.carris.pt/en

페리 Ferry

카이스 두 소드레 페리 터미널에서 카실랴스Cacilhas행 페리를 타면 영화 〈리스본행 야간열차〉의 주인공처럼 테주강을 건너 알마다에 다녀올 수 있다. 탑승할 때는 교통카드를 이용한다.

🕐 05:35~01:40 € €1.55

택시 Taxi

택시는 유럽의 다른 도시에 비해 저렴한 편이지만, 우버나 볼트 같은 모바일 차량 배차 서비스 앱이 더욱 저렴하다. 코메르시우 광장에서 벨렝으로 갈 때 트램이 혼잡해서 앉지 못하는 경우가 많은데, 이럴 때 이용하면 편하게 이동할 수 있다. 앱을 이용할 경우 미리 다운받아서 결제할 카드를 등록해두자.

€ €3.25~

바람을 맞으며 타는 재미, 전동 킥보드 E-scooter

리스본에서도 한국에서처럼 전동 킥보드를 대여할 수 있다. 안전모 없이 언덕에서 타다가 사고가 나면 위험하니, 평지인 코메르시우 광장 주변이나 벨렝 지역에서 타는 것을 추천한다. 라임Lime, 볼트Bolt, 하이브Hive 등의 앱을 받아 주변에 전동 킥보드가 있는 장소를 확인한 후 대여하면 된다.

€ 10분 €1.6~

리스본
지하철 노선도

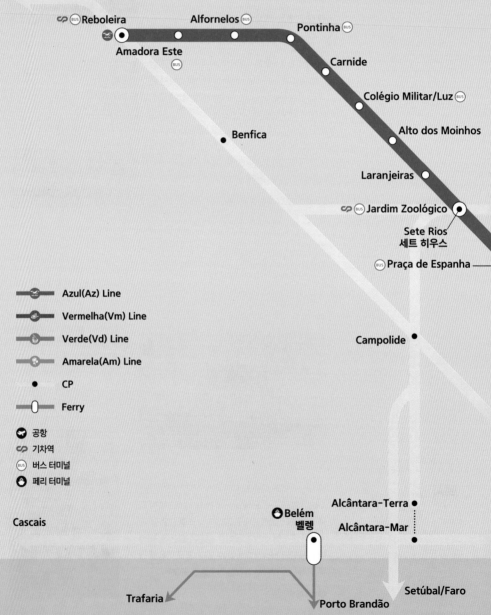

Sintra

Reboleira

Amadora Este

Alfornelos

Pontinha

Carnide

Colégio Militar/Luz

Benfica

Alto dos Moinhos

Laranjeiras

Jardim Zoológico

Sete Rios
세트 히우스

Praça de Espanha

Azul(Az) Line
Vermelha(Vm) Line
Verde(Vd) Line
Amarela(Am) Line
CP
Ferry

공항
기차역
버스 터미널
페리 터미널

Campolide

Cascais

Alcântara-Terra

Belém
벨렝

Alcântara-Mar

Trafaria

Porto Brandão

Setúbal/Faro

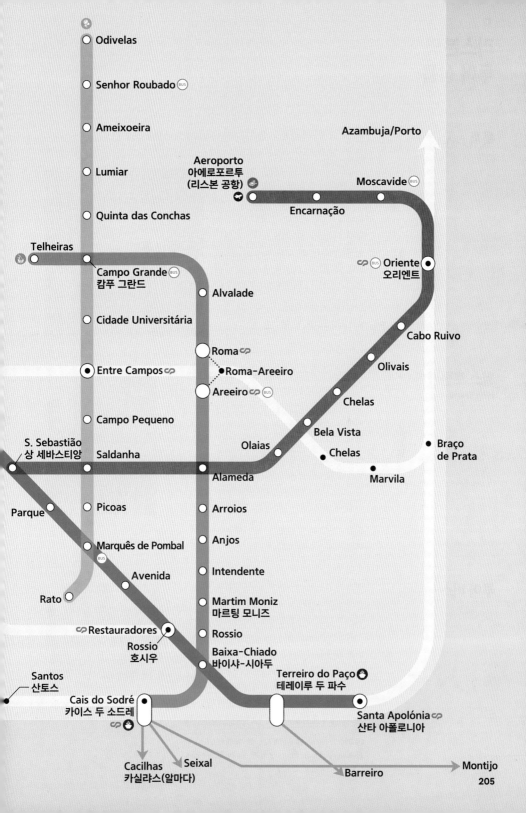

Odivelas

Senhor Roubado (BUS)

Ameixoeira

Lumiar

Quinta das Conchas

Telheiras

Campo Grande (BUS)
캄푸 그란드

Cidade Universitária

Entre Campos

Campo Pequeno

S. Sebastião
상 세바스티앙   Saldanha

Parque

Picoas

Marquês de Pombal

Rato   Avenida

Restauradores

Rossio
호시우

Santos
산토스

Cais do Sodré
카이스 두 소드레

Aeroporto
아에로포르투
(리스본 공항)

Encarnação   Moscavide (BUS)

Azambuja/Porto

Alvalade

Roma
Roma-Areeiro
Areeiro (BUS)

Olaias

Alameda

Arroios

Anjos

Intendente

Martim Moniz
마르팅 모니즈

Rossio

Baixa-Chiado
바이샤-시아두

Terreiro do Paço
테레이루 두 파수

Oriente
오리엔트

Cabo Ruivo

Olivais

Chelas

Bela Vista
Chelas   Braço
de Prata

Marvila

Santa Apolónia
산타 아폴로니아

Cacilhas
카실랴스(알마다)   Seixal   Barreiro   Montijo

205

리스본의
투어 상품

리스본에는 툭툭, 트램, 버스 등의 교통수단을 이용하는 투어 상품이 있다. 가성비가 높은 편은 아니지만 아이와 함께하는 가족 여행이나, 시간 여유가 없을 때 한번 고려해보자.

툭툭 TukTuk

동남아도 아닌데 웬 툭툭? 놀라지 마시라. 시동을 걸 때 툭툭 소리가 난다고 해서 툭툭이라 불리는 삼륜차가 리스본 골목을 누빈다. 한 청년 창업가가 리스본의 언덕을 누비는 투어 상품으로 툭툭을 도입한 이래 포르투갈 전역에서 툭툭 붐이 일었다. 아우구스타 거리 동쪽의 알파마, 그라사 지역의 전망대를 둘러볼 때 유용하지만, 나 홀로 여행자에게는 부담스러운 가격이다. 종류는 3인용과 6인용 2가지이니 3명이 함께 여행 중이라면 고려해보자. 시간과 추천 코스가 정해져 있으나 흥정이 가능하다.

🕐 하절기 09:00~19:00, 동절기 09:30~18:30 💶 1시간 €80

힐스 트램카 투어
Hills Tramcar Tour

리스본에서 가장 인기 있는 노란색 28번 트램이 지나는 길을 빨간색 트램을 타고 돌아보는 투어다. 마르팅 모니즈 광장에서 출발한다. 노란색 트램처럼 정차하지는 않지만, 리스본을 쭉 훑어본 후 여행을 시작할 수 있다는 게 장점이다. 힐스 트램카 투어 이용 시 해당 승차권으로 산타 주스타 엘리베이터, 아센소르, 트램을 무료로 이용할 수 있으며, 유효기간은 개시 후 24시간이다. 투어에는 12가지 언어로 된 오디오 가이드가 있으나 한국어가 없다는 것이 단점이다.

🕐 10:00~18:15, 약 30분 간격 운행 💶 일반 €25, 11~16세 €19
🏠 www.yellowbustours.com/en/lisbon/hills-tram-28-hop-on-hop-off-tour

투어 버스 Tour Bus

빠르게 명소를 둘러보고 싶다면, 원하는 장소에 내렸다 탈 수 있는 투어 버스를 타는 것도 좋은 방법이다. 아우구스타 거리 주변만 돌아다닐 때는 굳이 투어 버스를 탈 필요가 없지만, 벨렝을 둘러보는 날은 고려해볼 만하다. 투어 버스는 피게이라 광장에서 출발한다. 상품 구매자에

한하여 카리스Carris에서 운영하는 모든 대중교통(트램, 아센소르)과 산타 주스타 엘리베이터를 무료로 이용할 수 있다는 것도 장점이다.

🕐 09:30~19:00 💶 일반 €22~, 11~16세 €16.5~
🏠 www.yellowbustours.com/en/lisbon/bus-tours

교통카드와 시티패스

리스본과 신트라, 카스카이스를 여행할 때는 리스보아 카드를 사면 활용도가 높다. 반면 리스본만 하루 이틀 정도 여행할 경우에는 교통카드인 나베간트 카드를 사서 원하는 관광지에 입장하는 편이 저렴할 수 있으니 잘 따져보고 구입하자.

선불형 교통카드
나베간트 카드
Navegante Card

구 비바 비아젬 카드로 지하철, 트램, 아센소르, 버스, 페리를 모두 이용할 수 있는 충전식 교통카드다. 지하철역이나 기차역의 발매기에서 구매할 수 있고 플라스틱이 아니라 종이 재질이다. 최소 €3부터 €40까지 충전해서 쓸 수 있다. 지하철, 트램, 버스에서 카드를 한 번 찍을 때마다 €1.66씩 결제되며(현금으로 탑승할 경우 버스 €2.2, 트램 €3.2), 충전한 금액이 남아도 반환은 되지 않으니 얼마나 이용할지 생각해서 충전하자.

ⓔ 카드 발급비 €0.5
🏠 www.metrolisboa.pt/en/buy

컨택리스 카드로 지하철 이용 가능!
컨택리스 기능이 있는 비자, 마스터카드는 물론이고 애플페이, 구글페이 이용자는 스마트폰으로도 리스본 지하철(전체 역)을 이용할 수 있다.

일일 교통패스
원 데이 티켓
1 Day Ticket(24h)

카드를 개시한 시간부터 24시간 동안 무제한 탑승이 가능한 교통패스다. 구매 당일 5회 이상 대중교통을 이용한다면 이 패스가 경제적이다. 페리, 신트라와 카스카이스로 가는 기차가 추가된 패스도 있다. 페리를 타고 테주강 건너 알마다에 갈 계획이라면 페리가 추가된 패스를 구입하자.

ⓔ 일반 €7, 페리 추가 €10, 페리·기차 추가 €11 🏠 www.metrolisboa.pt/en/buy

관광형 시티패스
리스보아 카드
Lisboa Card

나베간트 카드의 교통카드 기능에 리스본과 리스본 근교 80곳 이상의 관광지 무료 입장 또는 입장료 할인 기능을 추가한 여행자용 카드다. 리스보아 카드는 지하철, 트램, 아센소르, 버스는 물론 신트라와 카스카이스를 오가는 기차까지 이용할 수 있다. 리스보아 카드를 개시한 순간부터 시간이 카운트된다.

ⓔ **24시간권** 일반 €27, 어린이 €18, **48시간권** 일반 €44, 어린이 €24.5, **72시간권** 일반 €54, 어린이 €30.5 🏠 www.lisboacard.org

카드 혜택에 포함되는 주요 관광지

무료입장(탑승)		입장권 20% 할인	입장권 10% 할인
·산타 주스타 엘리베이터		·카르무 수도원	·페나성 & 정원
·아우구스타 개선문 전망대		·리스본 대성당	·신트라 왕궁
·페르난두 페소아의 집		·파두 박물관	
·아센소르 다 비카	·상 조르즈 성	·굴벤키안 미술관	
·발견 기념비	·제로니무스 수도원	·해군 박물관	
·벨렘탑	·아줄레주 국립 박물관	·헤갈레이라 별장	

리스본 시내
한눈에 보기

리스본 시내 중심부는 아우구스타 거리를 기준으로 아우구스타 거리 주변의 평지 지역과
언덕이 많은 서쪽(바이루 알투·시아두), 더욱 언덕이 많은 동쪽(알파마·그라사)으로 나눌 수 있다.
벨렝탑과 발견 기념비가 있는 벨렝은 리스본 서쪽 끝 평지에 자리한다.
노란 트램을 타면 아우구스타 거리에서 벨렝까지 구석구석 누빌 수 있다.

AREA ⋯⋯ ①
아우구스타 거리 주변 Rua Augusta

아우구스타 거리에서 코메르시우 광장까지는 걷기 좋은 평지
다. 헤스타우라도레스 광장, 호시우 광장 등이 이어지고, 아우
구스타 거리 옆에는 산타 주스타 엘리베이터가 우뚝 서 있다.
아우구스타 거리의 끝 아우구스타 개선문을 통과하면 코메르
시우 광장에 닿는다.

AREA ⋯⋯ ②
아우구스타 거리 서쪽 Bairro Alto·Chiado

분위기 좋은 언덕과 골목이 이어진다. 리스본의 아이콘 노란 트
램이 지나는 시아두와 루이스 드 카몽이스 광장 주변은 쇼핑과
카페를 즐기기 좋은 번화가다. 아센소르를 타고 가는 상 페드루
알칸타라 전망대와 산타 카타리나 전망대도 매력 포인트다.

벨렝
Belém

AREA ⋯⋯ ③
아우구스타 거리 동쪽 Alfama·Graca

알파마와 그라사는 리스본에서도 지대가 가장 높다. 그 덕에
1755년 대지진에도 무너지지 않고 옛 모습을 유지해 아줄
레주가 아름다운 건물을 많이 볼 수 있다. 이 지역에서는 리
스본의 아이콘 28번 트램과 함께 포르투갈 그림엽서에 자주
등장하는 리스본 대성당, 전망대, 상 조르즈 성 등 멋진 장소
들을 만날 수 있다.

 4월 25일 다리

 예수

굴벤키안 미술관

코스타 노바

아줄레주 국립 박물관

아우구스타 거리 동쪽
Alfama·Graca

호시우 역

산타 아폴로니아 역

아우구스타 거리 서쪽
Bairro Alto·Chiado

아우구스타 거리 주변
Rua Augusta

카이두 소드레 역

알마다
Almada

AREA ······ ④
벨렝 Belém

포르투갈의 전성기인 대항해 시대를 돌아볼 수 있는 문화유산은 벨렝에 모여 있다. 제로니무스 수도원과 발견 기념비, 벨렝탑이 대항해 시대의 3대 볼거리이며, 그 사이로 마트, 베라르두 컬렉션 미술관 같은 뮤지엄이 자리한다.

리스본 2박 3일
추천 코스

Day 1

리스본 여행의 행복은 '1일 1나타'에서 온다. 아우구스타 거리의 파브리카 다 나타에서 커피와 나타 타임을 가진 후 상 조르즈 성에 올라보자. 상 조르즈 성 관람 후에는 포르타스 두 솔 전망대와 산타 루치아 전망대에서 로맨틱한 전망을 감상할 차례다. 리스본 대성당 앞에서 28번 트램을 타면 페소아의 단골 카페 아 브라질레이라까지 즐겁게 이동할 수 있다. 카르무 수도원을 둘러본 후 하행하는 산타 주스타 엘리베이터에 탑승하면 줄을 길게 서지 않을 수 있다. 알찬 여정의 마무리는 해물밥과 루프톱 바에서 맛보는 와인 한잔이다.

🕐 **소요 시간** 11시간~

💶 **예상 경비** 교통비 €11.5~ + 입장료 €28.1 + 식비 €55~ + 쇼핑 비용 = 총 €94.6~

✔ **참고 사항** 호시우 광장 옆 피게이라 광장에서 737번 버스를 타면 상 조르즈 성까지 빠르게 이동할 수 있다. 리스보아 카드를 이용한다면 트램과 상 조르즈 성 입장이 무료다.

카페 파브리카 다 나타 P.227

도보 1분

호시우 광장 P.222

도보 4분

피게이라 광장 P.223

도보 1분

Pç. Figueira 정류장

737번 버스 8분

Castelo 정류장

도보 1분

상 조르즈 성 P.249

도보 5분

도보 2분

포르타스 두 솔 전망대 P.255

도보 4분

산타 루치아 전망대 P.254

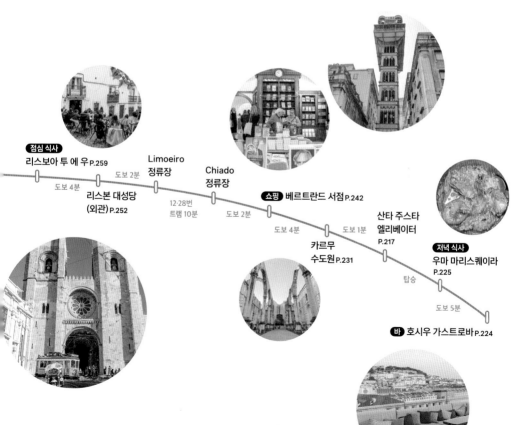

점심 식사
리스보아 투 에 우 P.259

도보 4분

리스본 대성당
(외관) P.252

도보 2분

Limoeiro
정류장

12·28번
트램 10분

Chiado
정류장

도보 2분

쇼핑 베르트란드 서점 P.242

도보 4분

카르무
수도원 P.231

도보 1분

산타 주스타
엘리베이터
P.217

탑승

저녁 식사
우마 마리스퀘이라
P.225

도보 5분

바 호시우 가스트로바 P.224

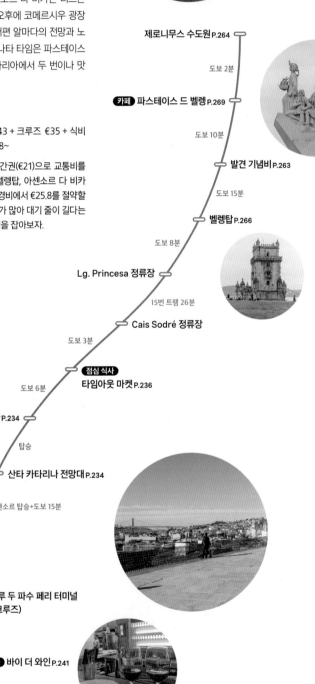

Day 2

오전에는 벨렘에서 대항해 시대가 남긴 아름다운 마누엘 양식 건축물을 둘러보고, 점심은 힙한 분위기의 푸드코트, 타임아웃에서 즐겨보자. 타임아웃에서 가까운 아센소르 다 비카는 리스본에서만 즐길 수 있는 독특한 푸니쿨라다. 오후에 코메르시우 광장에서 크루즈를 타면 강 위에서 벨렘과 건너편 알마다의 전망과 노을을 즐길 수 있다. 참고로 오늘의 달콤한 나타 타임은 파스테이스 드 벨렘과 타임아웃 안에 위치한 만테이가리아에서 두 번이나 맛볼 수 있다.

🕐 소요 시간 7시간~

€ 예상 경비 교통비 €13.8~ + 입장료 €43 + 크루즈 €35 + 식비 €45~ + 쇼핑 비용 = 총 €136.8~

☑ 참고 사항 리스보아 카드 사용 시 24시간권(€21)으로 교통비를 비롯해 제로니무스 수도원, 벨렘탑, 아센소르 다 비카를 무료로 즐길 수 있어 예상 경비에서 €25.8를 절약할 수 있다. 두 곳 모두 워낙 인기가 많아 대기 줄이 길다는 점을 감안하고 여유 있게 일정을 잡아보자.

제로니무스 수도원 P.264

도보 2분

카페 **파스테이스 드 벨렘** P.269

도보 10분

발견 기념비 P.263

도보 15분

벨렘탑 P.266

도보 8분

Lg. Princesa 정류장

15번 트램 26분

Cais Sodré 정류장

도보 3분

점심 식사 **타임아웃 마켓** P.236

도보 6분

아센소르 다 비카 P.234

탑승

산타 카타리나 전망대 P.234

아센소르 탑승+도보 15분

코메르시우 광장 P.218

도보 1분

테레이루 두 파수 페리 터미널
(리버 크루즈)

도보 20분

저녁 식사 **바이 더 와인** P.241

아줄레주 국립 박물관 P.257

도보 6분

Xabregas-R. Manutenção 정류장

781·782번 버스 16분

Cais Sodré 정류장

도보 3분

카이스 두 소드레 페리 터미널

페리 8분

카실랴스 페리 터미널

도보 11분

점심 식사
폰투 피날 P.244

도보 1분

보카 두 벤투 파노라마 엘리베이터 P.245

탑승+도보 7분

카스텔루 정원 P.245

도보 16분

카실랴스 페리 터미널

페리 8분

카이스 두 소드레 페리 터미널

도보 12분

코메르시우 광장 P.218

도보 2분

아우구스타 거리 P.216

도보 15분

아센소르 다 글로리아 P.235

탑승

상 페드루 알칸타라
전망대 P.235

도보 3분

저녁 식사
아 세비체리아 P.238

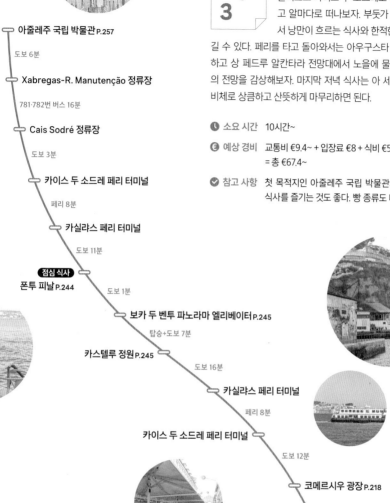

Day 3

포르투갈 고유의 예술 아줄레주 국립 박물관을 둘러보고 카이스 두 소드레로 이동해 페리를 타고 알마다로 떠나보자. 부둣가 노천 레스토랑에서 낭만이 흐르는 식사와 한적한 동네 산책을 즐길 수 있다. 페리를 타고 돌아와서는 아우구스타 거리에서 쇼핑도 하고 상 페드루 알칸타라 전망대에서 노을에 물들어가는 리스본의 전망을 감상해보자. 마지막 저녁 식사는 아 세비체리아에서 세비체로 상큼하고 산뜻하게 마무리하면 된다.

🕐 **소요 시간** 10시간~

€ **예상 경비** 교통비 €9.4~ + 입장료 €8 + 식비 €50~ + 쇼핑 비용 = 총 €67.4~

◆ **참고 사항** 첫 목적지인 아줄레주 국립 박물관의 카페에서 아침 식사를 즐기는 것도 좋다. 빵 종류도 다양하다.

213

리스본 여행의 중심지

아우구스타 거리

주변 Rua Augusta

**#리스본의 중심 #머물기 좋은 광장들
#테주강 노을 맛집 #엘리베이터 타고 가는 전망대**

테주강 변에 펼쳐지는 네모난 코메르시우 광장을 지나
아우구스타 거리를 따라 걸으면 네모난 호시우가 나오고,
옆길로 새면 또 다시 네모난 피게이라 광장이 나온다.
리스본에서 보기 드문 평지인 데다 광장을 중심으로 명소와
레스토랑, 카페가 모여 있어 걷기 좋은 길의 연속이다.
아우구스타 거리를 걷다가 산타 주스타 엘리베이터에 오르면
리스본의 멋진 전망을 눈에 담을 수 있다.

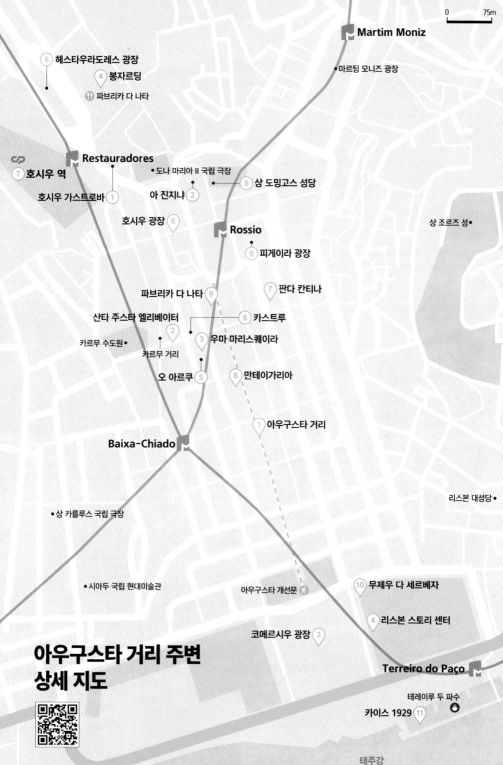

0 ———— 75m

Martim Moniz

⑤ 헤스타우라도레스 광장

④ 봉자르딩

🍴 파브리카 다 나타

• 마르팅 모니즈 광장

Restauradores

⑦ 호시우 역

호시우 가스트로바 ①

• 도나 마리아 II 국립 극장

아 진지냐 ②

⑧ 상 도밍고스 성당

• 상 조르즈 성

호시우 광장 ⑥

Rossio

⑨ 피게이라 광장

파브리카 다 나타 ⑨

⑦ 판다 칸티나

산타 주스타 엘리베이터

⑥ 카스트루

카르무 수도원 •

②

카르무 거리

③ 우마 마리스퀘이라

오 아르쿠 ⑤

⑧ 만테이가리아

① 아우구스타 거리

Baixa-Chiado

• 상 카를루스 국립 극장

• 리스본 대성당

• 시아두 국립 현대미술관

아우구스타 개선문 🚶

⑩ 무제우 다 세르베자

④ 리스본 스토리 센터

코메르시우 광장 ③

Terreiro do Paço

테레이루 두 파수 ⛵

카이스 1929 ⑪

아우구스타 거리 주변 상세 지도

테주강

215

아우구스타 거리 Rua Augusta

호시우에서 코메르시우 광장에 이르는 다섯 갈래의 길 가운데 중앙에 쭉 뻗은 대로는 '8월의 거리'라는 뜻의 루아 아우구스타다. 포르투갈어로 루아Rua는 거리, 아우구스타Augusto는 8월을 뜻한다. 양쪽으로 자라, 망고, 풀앤베어 등 브랜드 매장과 기념품점이 즐비하고 거리 중앙에 레스토랑의 노천 테이블이 펼쳐지는 보행자 전용 도로다. 나타 맛집 만테이가리아, 파브리카 다 나타도 이 거리에 지점이 있다. 이따금 거리 예술가의 공연까지 더해져 더욱 활기를 띤다. 단, 소매치기도 잠복해 있으니 가방을 도둑맞지 않도록 주의하자.

🚶 트램 15·18·25번 Praça do Comércio 정류장에서 도보 1분
📍 Rua Augusta, 1100-121

산타 주스타 엘리베이터
Elevador de Santa Justa

Lisboa Card 무료입장

아우구스타 거리를 걷다가 긴 줄이 나타나면 그곳이 바로 산타 주스타 엘리베이터의 입구다. 1902년생 엘리베이터로 120년이 넘는 시간 동안 지대가 낮은 바이샤와 언덕 위 바이루 알투 지역을 수직으로 잇고 있다. 시작은 증기 엘리베이터였는데, 1907년 전기 엘리베이터로 변신했다. 당시 새로운 건축자재였던 강철로 만든 신고전주의 양식으로, 철골의 자태가 우아해 《죽기 전에 꼭 봐야 할 세계 건축 1001》이라는 건축 백과사전에도 소개됐다. 귀스타브 에펠의 제자 라울 메스니에르 드 퐁사르Raoul Mesnier du Ponsard의 작품이다. 45m 높이 꼭대기에는 페소아가 "엘리베이터에서 보는 전망은 출신지를 막론하고 찬탄을 자아낸다"라고 예찬한 전망대가 있다. 엘리베이터와 전망대는 각각 입장료를 내야 한다.

🚶 지하철 Az·Vd선 바이샤-시아두Baixa-Chiado 역에서 도보 2분 📍 Rua do Ouro, 1150-060
🕐 엘리베이터 07:00~23:00, 전망대 09:00~23:00
€ 엘리베이터 왕복+전망대 €6.1
📞 +351-214-138-679

산타 주스타 엘리베이터를 타지 않고 전망대 가는 법

산타 주스타 엘리베이터를 잇는 두 도로의 높이에 차이가 있어 뒤편 카르무 수도원에서 '카르무 거리Rua do Carmo' 방향으로 가면 걸어서 전망대 입구에 갈 수 있다. 전망대는 입장료를 내고 들어가야 한다.

리스본의 모든 길은 이곳으로 통한다 ······ ③

코메르시우 광장 Praça do Comércio

리스본의 모든 길은 코메르시우 광장으로 통한다. 언덕을 누비는 트램도, 테주 강 물결을 가르는 페리도 광장을 향해 다가온다. 광장의 이름은 '무역'이라는 뜻인데, 과거 무역상들이 테주강 가에 배를 대고 돌계단을 올라 입성한 데서 유래된 이름이다. 사각형의 광장 중앙은 위풍당당한 주제 1세의 기마상이 장식하고 있다. 1755년 대지진으로 폐허가 된 도시를 폼발 후작과 함께 재정비한 왕이다. 지진으로 무너진 궁전 터를 새 단장한 곳이 바로 이 광장이다. 동상 뒤로 '승리의 아치'라 불리는 아우구스타 개선문이 광장의 위엄을 드높여준다. 그 옆으로 3층 높이의 ㄷ 자형 노란 회랑이 광장을 감싼다. 겨울이면 광장 한 켠에 대형 크리스마스트리도 설치된다. 아우구스타 개선문 뒤로는 도심을 관통하는 아우구스타 거리가 이어진다. 노을 질 무렵 테주강의 매력 또한 놓치지 말자. 바다처럼 넓은 강은 밀물과 썰물이 있어 해 질 녘이면 물가의 모래밭이 속살을 드러낸다. 강물에 발을 담그거나 계단에 앉아 붉은 노을을 맞이해도 좋고, 차가운 맥주 한잔 들이켜며 한낮의 열기를 식혀도 좋다. 강가의 낭만 놀이는 끝이 없다.

🚶 ① 트램 15·18·25번 Praça do Comércio 정류장에서 도보 1분
② 지하철 Az선 테레이루 두 파수Terreiro do Paço 역에서 도보 5분
📍 Praça do Comércio, 1100-148

승리의 아치 위에 올라볼까?
아우구스타 개선문
Arco da Rua Augusta

'승리의 아치Arco da Vitoria'라는 별칭에 걸맞게 눈부신 백색의 대리석 아치는 코메르시우 광장의 독보적인 랜드마크다. 코메르시우 광장 쪽에는 마리아 1세가 민족적 영웅 바스쿠 다 가마와 폼발 후작에게 월계관을 씌우는 수려한 조각이, 아우구스타 거리 쪽에는 정교한 시계가 장식되어 있다. 360도 파노라마 뷰를 즐길 수 있는 아치 위 전망대는 엘리베이터 탑승 후 시계 위로 난 나선형 계단으로 올라간다. 코메르시우 광장을 내려다보거나 호시우 광장까지 쭉 뻗은 아우구스타 거리를 구경할 수 있다.

🕐 10:00~19:00 💶 일반 €4.5, 5세 이하 무료
📞 +351-210-998-599

●

코메르시우 광장에서 떠나는
리버 크루즈

코메르시우 광장의 페리 터미널, 테레이루 두 파수Terreiro do Paço에서 리버 크루즈를 타면 강을 따라 벨렝까지 유람하며 리스본의 랜드마크를 바라볼 수 있다. 강 위에서 보는 코메르시우 광장, 4월 25일 다리, 발견 기념비, 벨렝탑 등은 거리를 걸으며 바라볼 때와는 또 다른 느낌으로 다가온다. 배 위에서 맞는 강바람도 시원하고, 크루즈가 벨렝까지 오가는 동안 가이드가 영어로 설명도 해준다.

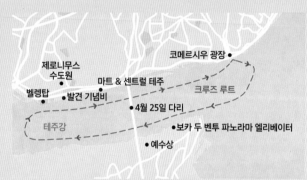

제로니무스 수도원 · 코메르시우 광장 · 벨렝탑 · 마트 & 센트럴 테주 · 발견 기념비 · 크루즈 루트 · 4월 25일 다리 · 테주강 · 보카 두 벤투 파노라마 엘리베이터 · 예수상

어떤 종류의 크루즈가 있을까?

크루즈 업체마다 시간에 따라 데이 크루즈(리버 크루즈)와 선셋 크루즈를 운영한다. 크루즈를 타고 테주강을 한 바퀴 도는 데는 1~2시간이 걸린다.

언제 탑승하면 좋을까?

데이 크루즈와 선셋 크루즈가 있는데, 이왕이면 선셋으로 타보자. 배 위에서 리스본의 서쪽 끝 벨렝이 노을에 물들어가는 풍경을 만끽할 수 있다.

어떤 업체를 선택할까?

FRS 포르투갈FRS Portugal 유람선에 실내 공간도 있으며 음료(와인, 커피 등)와 간식을 제공한다.

€ 리버 크루즈 €19, 선셋 크루즈 €34 ♠ www.frs-portugal.pt

노수 테주 Nosso Tejo 테주강에 다리가 놓이기 전 강을 오가던 리스본 전통 보트를 개조한 유람선으로 낭만이 있다.

€ 익스프레스 크루즈(45분) €15, 데이 크루즈 €25, 선셋 크루즈 €35 ♠ www.nossotejo.pt

리스본 스토리 센터 Lisboa Story Centre

Lisboa Card
무료입장

©Lisboa Story Centre

리스본의 역사 속으로 시간 여행을 떠날 수 있는 박물관이다. 대항해 시대 아메리카 대륙에서 카라벨선에 실어 온 물건도 둘러보고, 1755년에 일어난 대지진 당시의 모습도 생생하게 살펴볼 수 있다. 코메르시우 광장에서 동상으로 만난 품발 후작이 도시 재건을 위한 비전을 들려주는 것도 인상적이다.

©Lisboa Story Centre

©Lisboa Story Centre

🚶 트램 15·18·25번 Praça do Comércio 정류장에서 도보 2분 📍 Praça do Comércio 78, 1100-148 🕙 10:00~19:00 💶 €3.5
📞 +351-211-941-027
🏠 www.lisboastorycentre.pt

헤스타우라도레스 광장

Praça dos Restauradores

'부흥자'라는 뜻의 광장으로, 중앙에 스페인 통치 기간 동안 독립운동에 앞장선 투사들을 기리는 기념비가 서 있다. 30m 높이의 기념비는 오랜 세월 겪은 수난을 조각으로 표현해낸 작품이다. 광장 양쪽에는 공항버스 정류장이, 광장에서 호시우 광장으로 가는 길에는 호시우 역이 있다. 광장 옆 산투 안탕Santo Antão 골목으로 들어가면 관광안내소와 레스토랑이 속속 나타난다. 상 페드루 알칸타라 전망대를 오가는 아센소르 다 글로리아도 이곳에서 가깝다.

🚶 지하철 Az선 헤스타우라도레스Restauradores 역에서 도보 1분
📍 Praça dos Restauradores, 1250-001

오시오, 보시오, 즐기시오! ⸺⑥

호시우 광장 Praça do Rossio

아우구스타 거리를 따라 걷다 보면 만나게 되는 또 다른 광장이다. 중앙에는 브라질 최초로 황제가 된 동 페드루 4세의 동상이 우뚝 서 있고, 그 뒤로는 도나 마리아 II 국립 극장Teatro Nacional Dona Maria II이 신전처럼 서 있다. 동상 앞에서는 바로크풍 분수가 시원스레 물을 뿜어낸다. 호시우 광장을 한층 더 빛내주는 것은 '칼사다 포르투게사'라 불리는 물결치는 파도 모양의 자갈 바닥이다. 겨울이 오면 호시우 광장에 크리스마스 마켓이 열려 동화적인 분위기를 자아낸다. 한 가지 사실을 털어놓자면, 모두가 호시우 광장이라 부르지만 사실 이 광장의 정식 명칭은 '동 페드루 4세 광장Praça Dom Pedro IV'이다.

🚶 지하철 Vd선 호시우Rossio 역에서 도보 1분
📍 Praça Dom Pedro IV, 1100-193

판타지 영화 속 배경 같은 ⸺⑦

호시우 역

Estação do Rossio

호시우 광장 옆, 커다란 말발굽 모양 문이 시선을 사로잡는 기차역이다. 1887년 건립된 호시우 역은 네오 마누엘 양식과 낭만주의 양식이 어우러져 세계에서 아름다운 기차역으로 꼽힌다. 과거에는 다른 도시로 가는 기차가 정차했지만, 지금은 신트라 선만 남아 있다. 신트라에 갈 때는 이곳에서 기차 여행을 시작해보자. 기차역 내부에는 ATM과 스타벅스, 물품 보관함도 있다.

🚶 지하철 Az선 헤스타우라도레스Restauradores 역에서 도보 2분
📍 Rua 1º de Dezembro 125, 1249-970

상 도밍고스 성당 Igreja de São Domingos

누군가는 기적의 성당이라 하고 또 누군가는 비운의 성당
이라 한다. 내부가 검게 그을려 있는데, 1755년 대지진과
1959년 화재의 흔적이다. 세월이 할퀴고 간 아픔을 잊지
않도록 무너지고 타버린 모습을 그대로 두었다. 여행자들
에게는 더운 날 시원한 그늘이 되어주기도 한다. 호시우 광
장에서 동쪽의 알파마로 걸어가는 길에 들러보자.

🚶 ① 지하철 Vd선 호시우Rossio 역에서 도보 2분 ② 지하철
Az선 헤스타우라도레스Restauradores 역에서 도보 4분
📍 Largo São Domingos, 1150-320 🕐 07:30~19:00

피게이라 광장
Praça da Figueira

호시우 광장 옆길로 새면 나타나는 아담한 광장이다. 한가운데 엔히크 왕자의
아버지인 주앙 1세의 청동 기마상이 호기롭게 서 있다. 광장 옆 노천카페에 앉아
바라보는 상 조르즈 성 전망도 근사하다. 피게이라 광장의 진가는 부활절이나 크
리스마스 등 특별한 날에 열리는 마켓이다. 치즈, 빵, 소시지, 상그리아, 맥주를
파는 부스가 동상 주위를 빙 두르고 그 사이사이 예쁜 테이블이 놓인다. 구경만
해도 엔도르핀이 퐁퐁 솟는다.

🚶 지하철 Vd선 호시우Rossio 역에서 도보 4분 📍 Praça da Figueira, 1100-241

완벽한 전망이 펼쳐지는 루프톱 바 ····· ①

호시우 가스트로바 Rossio Gastrobar

호시우 역 바로 앞 알티스 아베니다 호텔 옥상에 있는 루프톱 바다. 호시우 가스트로바에서는 360도 파노라마 뷰로 전망을 즐기며 여유로운 시간을 보낼 수 있다. 낮에는 호시우 광장의 활기를 흡수하며 점심 식사를 하기 좋고, 저녁에는 소파에 기대 앉아 노을을 맞이하기 좋은 분위기다. 칵테일(€13~17)이나 와인을 한잔 홀짝이며 호시우 광장부터 아우구스타 거리와 알파마까지 오렌지빛으로 물들이는 노을을 바라보면 로맨틱한 하루가 완성된다.

🚶 호시우 역에서 도보 1분 📍 Rua 1º de Dezembro 118, 1200-360
🕐 12:30~24:00 ❌ 월·화요일 📞 +351-210-440-018
🏠 www.rossiogastrobar.com

백 년 넘은 진지냐 노포 ····· ②

아 진지냐 A Ginjinha

진지냐를 마시지 않았다면 리스본을 떠날 수 없다는 말을 아시는가. 그 말을 널리 알린 곳이 바로 1910년부터 진지냐를 만들어온 아 진지냐다. 진지냐란 신 체리와 설탕을 리큐어에 담가 만든 체리주다. 현지인들은 서서 진지냐(1잔 €1.5, 1병 €14.85~)를 마시는 분위기다. 맥주나 칵테일도 주문할 수 있다. 호시우 광장 한 모퉁이에서 체리 다섯 알이 그려진 집을 찾으면 된다.

🚶 지하철 Vd선 호시우Rossio 역에서 도보 1분
📍 Largo São Domingos 8, 1100-201 🕐 09:00~22:00
📞 +351-218-145-374 🏠 ginjinhaespinheira.com

소문난 해물밥 한 냄비 ····· ③
우마 마리스퀘이라 UMA Marisqueira

해물밥 대회에서 상을 탄 아로즈 드 마리스쿠(1인용 €17.9) 전문점이다. 두툼한 솥단지에 왕새우, 각종 조개, 생선 등을 넣고 자글자글 끓여낸 해물밥을 맛보려고 여행자들이 매일 줄을 선다. 싱싱한 해물과 죽처럼 부드러운 쌀, 진하고 걸쭉한 국물에 엄지 척! 하루에 한 끼는 밥을 먹어야 한다는 한식 중독자의 입맛까지 사로잡을 만하다. 사람 수에 따라 1인용, 2인용, 3인용 해물밥을 주문하면 된다. 주문 후 음식이 나오기까지 시간이 꽤 걸리니 배가 고플 때는 쿠베르트(빵, 치즈 등)를 애피타이저로 먹으며 기다리길 추천한다.

🚶 지하철 Az·Vd선 바이샤-시아두Baixa-Chiado 역에서 도보 3분 📍 Rua dos Sapateiros 177, 1100-044
🕐 12:00~22:00 ❌ 일요일 📞 +351-962-379-399
🏠 umamarisqueira.com

포르투갈식 치맥 타임 ····· ④
봉자르딩 Bonjardim

오직 치킨으로 70년간 외길을 걸어왔다. 추억의 통닭처럼 고소하고 순박한 맛이 매력인데, 여기에 매콤한 피리피리 소스가 더해져 입소문이 났다. 테이블마다 올려놓은 피리피리 소스를 치킨에 발라 먹어보자. 사이드 메뉴로 감자튀김Batata Frita(€3.8)이나 밥Arroz을 곁들이면 든든한 한 끼가 된다. 치킨Frango Assado(€13.3)은 맥주(€2~)와도 잘 어울린다. 닭죽을 좋아한다면 은은한 맛의 치킨 브로스 수프(€2.3)도 한 그릇 주문해보자.

🚶 지하철 Az선 헤스타우라도레스 Restauradores 역에서 도보 1분
📍 Travessa de Santo Antão 11, 1150-312
🕐 12:00~23:00 📞 +351-213-424-389

225

카타플라나 맛집 ⑤

오 아르쿠 O ARCO

해물밥이 아닌 다른 해산물 요리를 맛보고 싶다면 해물을 가득 넣고 걸쭉하게 끓여내는 카타플라나(€24.5)를 맛보러 가자. 1인분만 주문할 수 있는 것도 장점이다. 주문한 음식이 나오는 데 시간이 오래 걸리는 편이다. 새우 커리(€15.5)도 의외로 맛있으니 주문할 때 참고하자.

🚶 지하철 Vd선 호시우Rossio역에서 도보 3분
📍 Rua dos Sapateiros 161 163, 1100-577
🕐 12:00~15:30, 19:00~22:30 ❌ 수요일
📞 +351-213-463-280

파스텔 드 나타를 고급스럽게 ⑥

카스트루 Castro

장인의 손길로 만드는 완벽한 디저트를 추구하는 파스텔 드 나타 가게다. 아메리카노(€1.5) 맛도 진하고 풍부하다. 고급스러운 매장 인테리어와 오픈 키친에서 파스텔 드 나타(€1.8)를 만드는 모습도 눈길을 끈다. 매장은 작지만 야외 테이블이 있어 노천카페 느낌이 난다. 산타 주스타 엘리베이터 바로 앞에 있어 오가는 길에 들르기 좋다.

🚶 지하철 Vd선 호시우Rossio 역에서 도보 7분 📍 Rua Garrett 38, 1200-204 🕐 08:30~22:00(공휴일 09:00~) 📞 +351-282-761-410
🏠 castropasteisdenata.pt

얼큰한 라멘 전문점 ⑦

판다 칸티나 Panda Cantina

우육면 맛이 나는 라멘을 판매하는 가게로, 메뉴는 비프라멘(€9.9), 포크라멘(€9.9), 두부라멘(€9.9) 3가지가 있다. 모든 라멘은 자이언트 판다(€12.5) 사이즈로도 주문할 수 있으며 매운 맛 단계도 고를 수 있어 좋다. 기본 토핑으로 고수를 올려주며 달걀, 두부, 소고기, 돼지고기 토핑은 돈을 내고 추가할 수 있다. 예약은 따로 받지 않아 줄을 서서 입장해야 하지만, 회전율이 빠른 편이다. 본점이 인기를 얻어 리스본에 지점을 세 곳이나 냈다.

본점 🚶 지하철 Vd선 호시우Rossio 역에서 도보 2분
📍 Rua da Prata 252, 1100-052 🕐 12:00~23:00
🏠 www.facebook.com/PandaCantina

안 먹으면 후회하는 나타 ……⑧
만테이가리아 Manteigaria

벨렝의 원조 파스텔 드 나타 맛집보다 더 맛있다는 입소문이 나면서 인기가 높
아졌다. 리스본의 7개 매장 중 아우구스타 거리점이 접근성이 좋다. 아메리카노
(€1.5)와 함께 나타(€1.4)를 스탠딩 바에서 빠르게 즐겨도 좋고, 2층 창가에 앉
아 여유 있게 맛보기도 좋다. 시나몬을 뿌리지 않아도 시나몬 향이 은은하게 나
고 커스터드가 살짝 묽으면서도 달콤하다. 2개 이상 구입 시 포장도 가능하다.

아우구스타 거리　🚶 지하철 Az·Vd선 바이샤-시아두Baixa-Chiado 역에서 도보 2분
📍 Rua Augusta 195-197, 1100-619　🕐 08:00~24:00
📞 +351-213-470-631　🏠 manteigaria.com

리스본 3대 나타 전문점 ……⑨
파브리카 다 나타 Fabrica da Nata

파스테이스 드 벨렝, 만테이가리아
와 더불어 리스본 3대 파스텔 드
나타 맛집으로 손꼽힌다. 리스
본에는 아우구스타 거리와 헤스
타우라도레스 광장에 지점이 있
다. 두 지점 모두 아줄레주 타일로
포르투갈답게 꾸민 예쁜 인테리어 속에
서 느긋하게 커피와 나타를 함께 맛볼 수 있다. 포르투 지점에
서는 포트와인과 나타 세트를 파는데, 리스본에서는 파스텔 드
나타(€1.5) 1개와 포트와인 1잔으로 구성한 세트 메뉴(€5.5)도
판다.

아우구스타 거리
🚶 메트로 Az·Vd선 바이샤-시아두Baixa-Chiado 역에서 도보 4분
📍 Rua Augusta nº 275 A, 1100-052　🕐 08:00~23:00
📞 +351-912-551-171　🏠 www.fabricadanata.com

포르투갈 맥주의 세계로 ⑩
무제우 다 세르베자
Museu da Cerveja

코메르시우 광장의 노천카페에 앉아 맥주를 홀짝이며 광합성을 즐기고 싶다면 맥주 박물관이라는 뜻의 무제우 다 세르베자로 가보자. 대구와 세라 다 에스트렐라 치즈를 넣은 파스텔 드 바칼라우에 포르투갈 전 지역의 맥주(€3.5~)를 맛볼 수 있다.

🚶 지하철 Az선 테레이루 두 파수Terreiro do Paço 역에서 도보 1분
📍 Terreiro do Paço, Ala Nascente, nº 62 a 65, 1100-148 🕐 12:00~24:00
📞 +351-210-987-656 🏠 www.museudacerveja.pt

테주강 변 일몰 맛집 ⑪
카이스 1929 Cais 1929

테레이루 두 파수 페리 터미널 안에 자리한 카이스 1929는 선셋이 아름답기로 유명한 코메르시우 광장 주변 노천 레스토랑 중 테주강과 가장 가까운 곳에서 4월 25일 다리 너머 노을을 즐기기 좋은 레스토랑 겸 카페다. 칵테일, 목테일(무알코올 칵테일), 상그리아(€7.5~), 와인(1잔 €6~), 맥주(슈퍼복 €3.5~) 등 주류는 물론 커피, 주스, 스무디 등 음료 메뉴까지 다양하다. 취향에 맞는 술이나 커피를 한잔하며 석양빛을 즐겨보자.

🚶 지하철 Az선 테레이루 두 파수Terreiro do Paço 역에서 도보 1분 📍 Estação Ferroviária do Sul e Sueste, Avenida Infante Dom Henrique 1C, 1100-278
🕐 12:00~21:00 📞 +351-911-929-276
🏠 cais1929.pt

리스본의 보헤미아 지구

아우구스타 거리 서쪽 Bairro Alto·Chiado

**#카르무 수도원 #카몽이스 광장 #아름다운 상점들
#아센소르 타고 가는 전망대**

아우구스타 거리 서쪽의 랜드마크는 카르무 수도원이다.
카르무 수도원 뒤로 이어지는 바이루 알투에는 유난히 밤늦도록
불을 밝히는 바와 레스토랑이 많다. 바이루 알투와 어깨를
맞댄 시아두에는 루이스 드 카몽이스 광장을 중심으로
아름다운 카페와 상점이 모여 있다. 이 지역에는 아센소르를
타고 갈 수 있는 전망대가 두 곳 있으니 찾아가보자.

아우구스타 거리 서쪽
상세 지도

Restauradores

Rossio

Baixa-
Chiado

Cais do Sodré

호시우 역

아센소르 드 글로리아(상행)

헤스타우라도레스 광장

상 호케 성당 & 박물관

카르무 수도원 ①

비스타 알레그르 ①

베르트란드 서점 ⑤

상 카를루스 국립 극장

아 브라질레이라 ⑤

베르트란드 일레그르

상 카를루스 국립극장

루이스 드 카몽이스 광장 ③

큐티풀 ③

아 브라질레이라 ②

시아두 국립 현대미술관 ⑤

비카 두 사파투 카페 로스티스 ⑥

Pç. Luis Camões

바이 디 와인 ⑨

아 세제르리아 ④

파빌량 시네스

상 페드루 알칸타라 전망대

아 세제르리아 ④

비카 드 두아르드 벨루 거리

산타 카타리나 전망대

아센소르 다 비카(상행)

타임아웃 마켓 ①

플링 스트리트

콤파냐 포르투게사 두 샤 ⑤

돌리발 ⑤

그린 스트리트

아카소 ②

네이버후드 ⑦

프라데 도스 마레스 ③

산투스 역

카이스 두 소드레 역

알마다

카이스 두 소드레

코스타 노바 ⑥

페르난두 페소아의 집

페르난두 페소아의 집 ⑥

0   125m

카르무 수도원

Convento do Carmo

Lisboa Card
20% 할인

14세기에 만들어진 카르무 수도원은 1755년 리스본 대지진의 산증인이다. 대지진 이전에는 리스본 최대 규모 성당이었으나, 지금은 지진으로 지붕이 무너져 내린 상태를 유지하고 있다. 지붕 없는 수도원의 모습이 독특한 매력을 풍긴다. 박물관 입구 비석에는 교황 클레멘스 7세가 이곳을 찾는 신실한 기독교인에게 40일간의 관용을 베푼다는 내용이 새겨져 있다. 천국으로 가기 전 연옥에서 보내야 하는 시간 중 40일을 감면해준다는 뜻이다. 다행히 지붕이 남아 있는 수도원 본당은 현재 고고학 박물관으로 쓰이고 있어 페르난두 1세의 관을 비롯한 석관과 모자이크화, 예수의 수난을 묘사한 아줄레주, 13세기 주화 등이 전시되어 있다. 수도원 밖 작은 광장은 해도 잘 들고 나무 그늘에서 쉬어 가기 좋으며, 수도원 옆길은 산타 주스타 엘리베이터 전망대와 통로로 이어져 있다.

🚶 지하철 Az·Vd선 바이샤-시아두Baixa-Chiado 역에서 도보 4분 📍 Largo do Carmo, 1200-092 🕐 11~4월 10:00~18:00, 5~10월 10:00~19:00 ✖ 일요일, 1/1, 부활절, 5/1, 12/25 💶 일반 €7, 학생·65세 이상 €5, 14세 이하 무료 📞 +351-213-478-629
🏠 museuarqueologicodocarmo.pt

상 호케 성당 & 박물관

Igreja de São Roque & Museu de São Roque

Lisboa Card
박물관 40% 할인

16세기 초 흑사병 피해자를 치유해 성인이 된 상 호케를 기리기 위해 세운 성당이다. 겉모습은 소박해 보여도 안은 화려하다. 1755년 대지진에도 피해를 입지 않아 나무 조각에 금박을 입힌 탈랴 도라다Talha Dourada, 묵시록의 한 장면을 그린 천장화 등을 그대로 간직하고 있다. 성당 옆 박물관에는 아기 예수의 요람과 16세기 포르투갈 회화 작품, 은 세공품이 전시되어 있다.

🚶 지하철 Az·Vd선 바이샤-시아두Baixa-Chiado 역에서 도보 10분
📍 Largo Trindade Coelho, 1200-470 🕐 10:00~18:00(박물관 ~19:00)
✖ 월요일, 1/1, 부활절, 5/1, 12/25 💶 일반 €2.5, 14세 이하 무료
📞 +351-213-235-383 🏠 museusaoroque.scml.pt

시아두의 중심 ······ ③

루이스 드 카몽이스 광장
Praça Luís de Camões

28번 트램을 타면 지나치게 되는 작은 광장으로 시아두 지역의 중심이다. 광장 중심에는 16세기 국민 시인 루이스 드 카몽이스의 동상이 있는데, 동상 아래에서 카몽이스를 받치고 있는 8명은 포르투갈을 빛낸 수학자, 시인, 역사가 등 실존 인물이다. 광장 바닥의 칼사다 포르투게사는 그가 쓴 대서사시 《우스 루지아다스Os Lusíadas》를 테마로 디자인했다고 한다. 광장 한 켠에는 카몽이스 도서관이 자리하고 광장 주위에는 상점과 카페, 레스토랑 등이 즐비하다.

🚶 트램 24·28번 Pç. Luís Camões 정류장에서 도보 1분
📍 Largo Luís de Camões, 1200-243

마리아 칼라스도 공연을 한 ······ ④

상 카를루스 국립 극장
Teatro Nacional de São Carlos

신고전주의와 로코코 양식이 어우러진 이곳은 1793년 이탈리아 오페라 전용 극장으로 문을 열었다. 지금은 오페라 외에도 발레, 클래식, 파두, 현대음악 등 폭넓은 장르의 공연이 열린다. 마리아 칼라스, 프란체스코 타마뇨, 엔리코 카루소 같은 명가수도 이곳에서 공연했다.

🚶 지하철 Az·Vd선 바이샤-시아두Baixa-Chiado 역에서 도보 10분 📍 Rua Serpa Pinto 9, 1200-442 📞 +351-213-253-000 🏠 www.tnsc.pt

광장에 서 있는 동상의 비밀은?
국립 극장 앞 광장에는 머리가 책으로 된 청동상이 있는데, 동상의 주인공은 페르난두 페소아다. 페소아가 동상 바로 뒤편 건물에서 태어났기에 이 자리에 동상을 세웠다.

포르투갈 현대미술이 궁금하다면 ······ ⑤

시아두 국립 현대미술관
MNAC

Lisboa Card
무료입장

1994년 개관한 현대미술관으로 규모는 작아도 낭만주의, 자연주의, 초현실주의 등 포르투갈 현대미술의 흐름을 보여준다. 원래 상 프란시스쿠 수도원이었는데, 리스본 대지진에 무너지고 불탄 건물을 프랑스 건축가 장 미셸 빌모트의 설계로 재탄생시켰다. 정식 명칭은 'Museu Nacional de Arte Contemporânea do Chiado'지만, 시아두 미술관으로 통한다.

🚶 지하철 Az·Vd선 바이샤-시아두Baixa-Chiado 역에서 도보 10분 📍 Rua Serpa Pinto 4, 1200-444
🕐 10:00~18:00 ❌ 월요일 💶 €10 📞 +351-213-432-148
🏠 www.museuartecontemporanea.gov.pt

페르난두 페소아의 집 Casa Fernando Pessoa

Lisboa Card
무료입장

페르난두 페소아가 생의 마지막 15년을 살았던 3층 건물을 박물관으로 개조했다. 계단을 오르며 오감을 자극하는 전시를 감상하다 보면 페소아의 작품 세계로 한 걸음 다가가는 느낌이 든다. 초상화와 타자기, 안경 등 작가의 소장품도 전시되어 있는데, 서랍장을 특히 눈여겨보자. 페소아의 작품 중 최고로 꼽히는 〈양떼를 지키는 사람O Guardador de Rebanhos〉, 〈기울어진 비A Chuva Oblíqua〉, 〈승리의 송시Ode Triunfal〉를 서랍장에 기대어 썼다고 한다. 박물관 안에는 아담한 도서관이 있어 세계 각국의 언어로 번역된 페소아의 책을 찾아보는 재미가 있다. 1층에는 작가의 집에서 느낀 여운을 음미하기 좋은 카페 겸 바도 있다.

🚶 지하철 Am선 하투Rato 역에서 도보 15분 📍 Rua Coelho da Rocha 18, 1250-088
🕙 10:00~18:00 ❌ 월요일, 1/1, 5/1, 12/25 💶 일반 €6, 13~25세 €3, 12세 이하 무료
📞 +351-213-913-270 🏠 casafernandopessoa.pt

아센소르 타고 가는 전망대

산타 카타리나 전망대행

아센소르 다 비카 Ascensor da Bica

Lisboa Card
무료 탑승

1892년부터 245m에 이르는 유독 좁고 가파른 길을 활발하게 오르내린다. 비탈진 언덕을 교차하며 오가는 두 대의 아센소르 뒤로 푸른 테주강이 출렁이는 모습은 오직 리스본에서만 볼 수 있는 아련한 풍경이다. 2002년 국가기념물로 지정되었으며, 아센소르가 길을 따라 점점 높이 올라갈수록 테주강까지 시원하게 보이는 풍경이 아름답다. 단, 워낙 인기가 많아 비카를 타려는 줄이 늘 길다. 위쪽에서 비카를 배경으로 사진을 찍는 사람도 많다.

🚶 지하철 Az·Vd선 바이샤-시아두Baixa-Chiado 역에서 도보 15분
📍 Rua de S. Paulo 234, 1200-109
🕐 07:00~21:00(일요일·공휴일 09:00~)
€ €4.2

4월 25일 다리가 보이는 황홀한 전망
산타 카타리나 전망대 Miradouro de Santa Catarina

샌프란시스코의 금문교와 닮은 4월 25일 다리와 예수상이 가장 잘 보이는 전망대다. 광장에 편하게 앉아 광합성을 즐기거나 책을 읽기도 좋고 전망대 양쪽 카페에서 여유로운 시간을 보내기도 좋다. 해 질 무렵 운이 좋으면 버스킹 공연과 테주강을 물들이는 노을을 함께 감상할 수도 있다. 한편 전망대 앞 광장에 우뚝 서 강을 바라보고 있는 석상은 포르투갈의 대문호 카몽이스의 《우스 루지아다스》에 나오는 전설 속 바다 괴물이다.

🚶 지하철 Az·Vd선 바이샤-시아두Baixa-Chiado 역에서 도보 15분
📍 Rua de Santa Catarina, 1200

리스본에서는 트램을 닮은 아센소르를 타고 전망대에 오를 수 있다. 아우구스타 거리 서쪽, 깜짝 선물 같은 풍경을 선사할 전망대 두 곳을 기억하자. 산타 카타리나 전망대는 아센소르 다 비카, 알칸타라 전망대는 아센소르 다 글로리아를 타고 갈 수 있다.

상 페드루 알칸타라 전망대행

아센소르 다 글로리아
Ascensor da Glória

> Lisboa Card
> 무료 탑승

산타 주스타 엘리베이터처럼 1885년부터 쭉 저지대와 언덕을 이어 온 리스본 고유의 교통수단이다. 언덕 위까지는 거리가 265m지만 경사가 살벌해서 걸어가면 아센소르를 타는 것보다 훨씬 오래 걸릴뿐더러 숨이 차고 땀도 난다. 오르내릴 때 벽에 그린 형형색색의 그라피티를 감상하는 것도 재미있다.

🚶 지하철 Az선 헤스타우라도레스Restauradores 역에서 도보 1분 📍 **상행** Calçada da Glória 2, 1250-096, **하행** Calçada da Glória 51, 1250-096 🕐 월~목요일 07:00~23:55, 금요일 07:00~24:25, 토요일 08:30~24:20, 일요일·공휴일 09:00~23:55 💶 €4.2

영화 〈리스본행 야간열차〉 촬영지

상 페드루 알칸타라 전망대 Miradouro de São Pedro de Alcântara

리스본이 '언덕의 도시'임을 강렬하게 느끼게 해주는 전망대 중 하나다. 전망대에 서면 풍경이 파노라마처럼 펼쳐지는데, 노을 질 무렵 그 풍경이 더욱 짙고 깊어진다. 밤에도 공원의 석상이 은은하게 빛나 운치가 있다. 한낮이나 오후에는 공원 한 켠의 카페에 앉아 커피나 맥주를 홀짝이기 좋은 분위기다. 상 페드루 알칸타라 공원 안에 자리해 여느 전망대보다 편히 앉아 쉬어 가기 좋은 벤치가 많다. 역광이 심한 오전보다는 해 질 무렵에 전망대를 찾는 것이 좋다.

🚶 아센소르 다 글로리아 하행 정류장에서 도보 8분
📍 Rua de São Pedro de Alcântara, 1200-470

입맛대로 골라 먹는 재미 ⋯⋯⋯ ①

타임아웃 마켓 Time Out Market

19세기부터 리스본 최대 규모의 시장으로 명맥을 이어온 히베이라 시장Mercado da Ribeira이 '타임아웃'으로 변신해 여행자를 끌어 모은다. 2014년 타임아웃 포르투갈 매거진 팀이 설계한 신개념 푸드 마켓으로 한 지붕 아래 햄버거, 바칼라우, 감바스, 초밥, 피자, 스테이크 전문 레스토랑 등이 어깨를 나란히 한다. 음식을 주문해 중앙 테이블에서 먹거나, 각 키오스크 앞에 마련된 바 자리에서 식사할 수 있다. 45번 키오스크에는 라이프스타일 편집숍 아 비다 포르투게사가 있어 식도락 후 쇼핑을 즐기기 그만이다. 포르투갈 쇼핑 아이템 비누와 쿠토 치약도 살 수 있어 좋다.

🚶 지하철 Vd선 카이스 두 소드레Cais do Sodré 역에서 도보 1분
📍 Avenida 24 de Julho 49, 1200-295
🕐 10:00~24:00 💶 매장마다 다름 📞 +351-210-607-403
🏠 www.timeout.com/time-out-market-lisboa

키오스크 번호로 보는 타임아웃 맛집

55개의 키오스크로 이루어진 타임아웃은 선택의 폭이 넓어서 무얼 먹을지 행복한 고민에 빠지기 십상이다. 카테고리별 맛집 정보를 참고해서 골라보자.

음식 Food

튀긴 대구 껍질, 대구 후무스 등 새로운 대구 요리를 선보이는 ㊹ 테라 두 바칼라우Terra do Bacalhau, 감바스가 맛있는 ⑤ 몬테마르Monte Mar, 소프트 셸 크랩 튀김으로 유명한 ① 아줄Azul, 정통 프란세지냐를 즐기기 좋은 ⑩ 미구엘 카스트로 에 실바Miguel Castro e Silva, 미국식 버거로 인기를 모은 ⑱ 그라운드 버거Ground Burger 등이 있다.

디저트 Dessert

㊾~㊿ 만테이가리아Manteigaria는 달걀과 품질 좋은 버터로 갓 구운 나타를 판매한다. 그 밖에 ㉕ 크러쉬 도넛Crush Donut은 24시간 발효한 브리오슈 반죽으로 만든 수제 도넛을 다채롭게 선보인다.

음료 Drink

㉗ 비어 익스피리언스 슈퍼복Beer Experience Superbock에서는 포르투갈 국민맥주 슈퍼복의 프리미엄 생맥주를 맛볼 수 있고, 가장 오래된 포트와인 브랜드 ㉚ 테일러스Taylor's의 키오스크에서 포트와인 시음을 즐겨도 좋다. 핑크 토닉처럼 가볍게 마시기 좋은 포트와인 베이스의 칵테일도 판매한다.

현지인이 좋아하는 레스토랑 ……②

아카소 Acaso

밤이면 불을 밝힌 테라스가 그윽한 분위기를 뿜어내는 아카소는 그린 스트리트 바로 옆, 현지인들이 즐겨 찾는 레스토랑이다. 시그니처 메뉴는 스위트 포테이토 퓌레와 트러플 올리브 오일로 맛을 낸 양배추구이, 트러플드 캐비지(€7.8)와 소티드 슈림프Sauteed Shrimp(€17.9)다. 여기에 문어 스테이크(€20)나 바칼라우 요리(€16.5~)를 하나 더하면 밸런스가 좋은 식사가 된다. 와인 한 병까지 함께 맛보면 금상첨화. 요리가 나올 때마다 친절하게 설명을 해주는 직원 덕에 식사가 더욱 맛있게 느껴진다.

🚶 트램 28번 R. Poiais S. Bento 정류장에서 도보 4분
📍 Rua do Merca Tudo 4, 1200-447 🕐 평일 12:00~15:00, 18:00~24:00, 토요일 18:00~24:00, 일요일 18:00~23:00
📞 +351-936-248-218 🏠 acasorestaurante.eatbu.com

프라데 도스 마레스 Frade dos Mares

한국인 여행자 사이에서 문어 스테이크 맛집으로 소문난 레스토랑이다. 도톰한 문어 다리를 구운 폴보 아 라가레이루(€25)뿐만 아니라 마늘, 칠리, 화이트 와인 그리고 레몬주스로 맛을 낸 새우 감바스(€14)도 맛있고, 참치 타다키를 콩과 와사비 퓌레와 함께 먹는 타다키 드 아툼(€21)도 기대 이상이다. 작지만 아늑한 분위기도 좋다. 단, 테이블이 많지 않으니 예약하고 방문하자.

🚶 트램 28번 R. Poiais S. Bento 정류장에서 도보 4분 📍 Avenida Dom Carlos i 55A, 1200-647 🕐 12:30~15:00, 18:30~22:30 📞 +351-213-909-418

아 세비체리아 A Cevicheria

리스본 스타 셰프 키코Kiko가 페루 전통 요리 세비체에 포르투갈의 맛을 더해보자는 열망으로 시작한 레스토랑이다. 안으로 들어서면 천장의 거대한 문어가 시선을 압도하고, 활기찬 직원들이 유쾌하게 손님을 맞이한다. 세비체(€22.4~) 전문 레스토랑답게 세비체만 6가지나 되고 바칼랴우와 문어 메뉴도 있다. 모든 메뉴는 신선한 현지 재료로 만드는데, 생선을 숭덩숭덩 굵게 썰고 해조류를 넣은 세비체는 맛도 식감도 다채롭다. 이왕이면 칵테일 피스코 사워와 함께 세비체를 즐겨보자. 페루산 브랜디와 라임을 베이스로 단맛과 신맛이 절묘하게 어우러진 피스코 사워는 상큼하게 입맛을 돋워준다.

🚶 지하철 Am선 하투Rato 역에서 도보 11분 📍 Rua Dom Pedro V 129, 1250-096 🕐 12:00~23:00 📞 +351-218-038-815 🏠 www.acevicheria.pt

아 브라질레이라 A Brasileira

1905년 문을 아 브라질레이라는 리스본 최초로 진한 커피 비카(€2.5)를 선보인 유서 깊은 카페다. 리스본 출신 작가 페르난두 페소아도 여기서 비카나 압생트를 홀짝이며 글을 쓰거나 문학 모임을 가졌다고 한다. 그래서 이곳의 테라스에는 1988년에 만든 페소아의 동상이 서 있고 내부에서는 페소아의 시집을 판매한다. 짙은 녹색과 금색을 사용한 정문과 거울로 장식한 벽, 긴 오크 바 등 건축가 주제 파체코José Pacheco가 디자인한 클래식한 인테리어도 매력 포인트다. 비카를 비롯한 다양한 커피 외에 나타, 애플파이 등 디저트도 판다. 라이즈 푸딩 위에 페소아의 얼굴을 그려주는 아로즈 돌체Arroz Dolce(€7)도 시그니처 메뉴다.

🚶 지하철 Az·Vd선 바이샤-시아두Baixa-Chiado 역에서 도보 4분
📍 Rua Garrett 122, 1200-205
🕐 08:00~24:00 📞 +351-213-469-541
🏠 www.abrasileira.pt

로스터리 카페에서 즐기는 스페셜 커피 ⋯⋯ ⑥

파브리카 커피 로스터스

Fábrica Coffee Roasters

세계 각지에서 수입한 원두를 직접 로스팅하는 로스터리 카페로 다양한 추출 방법을 통해 커피의 다양한 특성을 강조한다. 에스프레소 머신, 핸드드립, 에어로프레스 등 추출 기구에 따라 다르게 표현되는 커피의 섬세한 맛과 향을 다양하게 즐길 수 있다. 약간의 빵 메뉴도 준비되어 있다. 모던하고 심플한 인테리어 속에서 아메리카노(€2.3), 카페라테(€3.3) 등을 즐기기 좋다.

🚶 트램 28번 Chiado 정류장에서 도보 4분
📍 Rua das Flores 63, 1200-193
🕐 08:30~18:30 📞 +351-211-392-948
🏠 www.fabricacoffeeroasters.com

이웃처럼 편안한 카페에서 맛보는 커피 ⋯⋯ ⑦

네이버후드 Neighbourhood

리스본의 뜨는 골목 그린 스트리트의 맞은편에 있는 네이버후드 카페는 창밖으로 지나가는 노란 트램을 보며 커피 한잔의 여유를 즐기기 좋은 곳이다. 약간 산미가 도는 진한 롱블랙 커피(€2.5)의 맛도 매력적이다. 아침 메뉴로 터키시 에그(€12), 부리토(€11~) 등 이색적인 메뉴를 갖추고 있다. 김치 아보카도 앤드 프라이드 에그(€12.5)는 카페 주인장 지인의 한국인 할머니를 통해 공수한 김치를 넣은 샌드위치인데, 한국인 입맛에는 다소 고개가 갸우뚱해지는 맛이다. 숙소가 근처라면 매일 아침 모닝 커피 마시러 가기 딱 좋은 분위기다.

산토스 🚶 트램 15번 Conde Barão-Av. 24 Julho 정류장에서 도보 5분 📍 Largo do Conde Barão 25, 1200-163 🕐 08:30~23:00 📞 +351-214-068-809 🏠 www.neighbourhoodlisbon.com

100년 넘게 같은 자리를 지켜온 바 ····· ⑧
파빌량 시네스 Pavilhão Chinês

이보다 더 고풍스러울 수는 없다. 1901년 문을 연 이래 122년째 영업 중인 바다. 안으로 들어갈수록 중국, 아프리카, 중동 등 세계 각국에서 수집한 다양한 앤티크 소품이 바를 장식한다. 메인 바에서는 유니폼을 차려입은 노장 바텐더가 익숙한 손놀림으로 칵테일(€13~)을 만들어준다. 칵테일 외에 와인과 맥주 등 마실 거리도 다양하다. 안주 메뉴는 따로 없다. 과거로 타임슬립한 듯 앤틱한 분위기의 바에서 여유로운 시간을 보내보자. 바 안쪽 깊숙한 곳에는 당구대도 있다.

🚶 지하철 Am선 하투Rato 역에서 도보 11분
📍 Rua Dom Pedro V 89, 1250-093
🕐 18:00~02:00 📞 +351-213-424-729

포르투갈 와인을
제대로 즐기려면 ····· ⑨
바이 더 와인 By the Wine

와인과 타파스를 캐주얼하게 즐기기 좋은 힙한 와인 바. 아치형 천장을 녹색 와인 병으로 가득 채운 인테리어가 압도적이다. 리스본, 도루, 당, 알렌테주 등 80여 종의 포르투갈 지역별 와인 리스트를 자랑한다. 와인을 잔(€3~)으로 주문할 수 있어 다양하게 맛보기 좋다. 포르투갈 남부 알가르브 지방의 수제 빵과 벨로타 이베리아 햄 보드부터 연어 세비체, 등심 스테이크, 송아지 카르파초 등 와인에 어울리는 메뉴도 다채롭다.

🚶 트램 28번 Chiado 정류장에서 도보 5분 📍 Rua das Flores 41-43, 1200-193
🕐 13:00~24:00(월~수요일 19:00~) 📞 +351-213-420-319 🏠 www.bythewine.pt

기네스북에 오른 서점은 어떤 모습일까? ...... ①
베르트란드 서점
Livraria Bertrand

2010년 '세계에서 가장 오래된 서점'으로 기네스북에 오른 베르트란드 서점은 290년의 역사를 자랑한다. 무려 1732년 페드루 포르Pedro Faure가 창업한 이래 포르투갈과 스페인에 50개 지점을 둔 서점으로 성장했다. 문학, 역사, 예술, 과학, 철학, 여행, 요리 등 다양한 분야의 책을 아름답게 진열해두었는데, 그중에서도 페르난두 페소아와 주제 사라마구의 책 코너가 눈길을 끈다. 서점 깊숙한 곳에는 페소아의 그림이 걸린 아담한 카페도 있다.

본점 🚶 트램 28번 Chiado 정류장에서 도보 1분 📍 Rua Garrett 73-75, 1200-203 🕐 09:00~22:00 📞 +351-210-305-590 🏠 www.bertrand.pt

포르투갈 왕실 도자기의 멋 ...... ②
비스타 알레그르 Vista Alegre

1824년 문을 연 도자기 브랜드로, 포르투갈 왕실에 도자기를 납품했을 뿐만 아니라 영국 엘리자베스 여왕을 위한 디너 세트를 제작하기도 했다. 도자기 디자인에 포르투갈의 색과 문화가 잘 녹아들어 있어 아이쇼핑만 해도 눈이 즐겁다.

🚶 트램 28번 Chiado 정류장에서 도보 1분 📍 Largo do Chiado 20 23, 1200-108 🕐 10:00~20:00 📞 +351-213-461-401 🏠 vistaalegre.com

고품격 커트러리 쇼핑 ...... ③
큐티폴 Cutipol

현지인보다 한국인에게 더 유명한 고급 수제 커트러리 브랜드다. 큐티폴은 1964년 포르투에서 시작된 브랜드지만, 리스본 매장의 접근성이 더 좋다. 가격은 한국보다 약간 저렴한 편이며, 홈페이지에 상품 가격이 소개되어 있으니 미리 확인하고 쇼핑해도 좋다.

🚶 트램 28번 Chiado 정류장에서 도보 1분 📍 Rua do Alecrim 105, 1200-016 🕐 10:00~14:00, 15:00~19:00 ❌ 일요일 📞 +351-213-225-075 🏠 www.cutipol.pt/en

콤파냐 포르투게사 두 샤
Companhia Portugueza do Chá

포르투갈 차에 대한 자부심이 묻어나는 고풍스러운 가게다. 일단 예뻐서 안을 들여다보게 되고, 들어가면 아름다운 틴 케이스에 담긴 다양한 차를 구경하느라 시간 가는 줄 모른다. 선물용 홍차를 구입하기에도 손색이 없다.

🏃 트램 28번 R. Poiais S. Bento 정류장에서 도보 2분
📍 Rua do Poço dos Negros 105, 1200-337
🕙 10:00~19:00 ❌ 일요일 📞 +351-213-951-614
🏠 companhiaportuguezadocha.com

돌리발 D'Olival

질 좋은 로컬 제품을 소개하는 식료품 상점이다. 포르투갈 각지에서 소량 생산하는 프리미엄 올리브 오일을 시음해보고 살 수 있다. 원하는 향과 바디감을 말하면 그에 맞는 올리브 오일도 추천해준다. 알록달록한 작은 그릇과 포르투갈 음식에 빼놓을 수 없는 피리피리 소스 같은 식재료도 판다.

🏃 트램 28번 R. Poiais S. Bento 정류장에서 도보 1분
📍 Rua Poiais de São Bento 81, 1200-347
🕙 11:00~19:00 ❌ 일요일 📞 +351-918-742-209
🏠 www.dolival.pt

코스타 노바 Costa Nova

지중해 감성이 담긴 클래식한 디자인부터 모던한 디자인까지 코스타 노바의 다양한 식기를 직접 보고 구매할 수 있는 매장이다. 한국보다는 저렴한 편이니 홈페이지에서 사고 싶은 디자인을 찾아보고 매장에 들러보자.

🏃 지하철 Am선 하투Rato 역에서 도보 10분
📍 Rua Castilho 69 Loja esq, 1250-068
🕙 10:00~14:00, 15:00~19:00 ❌ 일요일
📞 +351-210-991-777 🏠 www.costanova.pt

페리 타고 가는
알마다 Almada

영화 <리스본행 야간열차>를 본 사람이라면 주인공이 페리를 타고 테주강을 건너는 장면을 기억할 것이다. 영화 속 주인공처럼 페리를 타고 알마다Almada로 짧은 여행을 떠나보자. 강 건너에서 바라보는 리스본이 더욱 아름답게 다가온다. 페리에서 내려 부둣가 끝 노천 레스토랑에서 식사를 하고, 엘리베이터에 탑승해 윗동네에 올라 한적한 분위기의 골목을 걷다 보면 환상적인 전망을 품은 공원을 마주하게 된다.

🚶 카이스 두 소드레 페리 터미널에서 카실랴스행 페리를 타면 된다. 나베간트 카드와 리스보아 카드 모두 사용 가능하다. 카실랴스 페리 터미널에 내린 후 주변 명소로 걸어서 이동할 수 있다. 출퇴근 시간에는 15분 간격으로 배를 운항하며 소요 시간은 8분 정도다. ⏱ 05:35~01:40 € €1.55~

4월 25일 다리가 보이는 부둣가의 낭만
폰투 피날 Ponto Final

4월 25일 다리가 잘 보이는 부두 끝, '마침표'라는 뜻의 레스토랑에서 야외의 노란 테이블에 앉아 파도처럼 철썩이는 강물 소리를 들으며 식사를 즐기면 신선놀음이 따로 없다. 메뉴는 생선구이와 해산물 요리 위주이고 와인 리스트도 다양하다. 여름에는 해 질 무렵 이곳에서 식사를 하려고 알마다를 찾는 여행자가 많다. 야외 테이블에 앉으려면 예약은 필수다.

🚶 카실랴스 페리 터미널에서 도보 11분
📍 Rua do Ginjal 72, 2800-285 ⏱ 12:30~16:00, 19:00~23:00 ❌ 화요일 📞 +351-936-869-031

절벽 위를 잇는 유리 엘리베이터
보카 두 벤투 파노라마 엘리베이터
Elevador Panorâmico da Boca do Vento

폰투 피날에서 강변을 따라 2분쯤 걸으면 강변 공원이라는 뜻의 자르딩 두 리우Jardim do Rio와 절벽 위를 잇는 50m 높이의 키다리 엘리베이터가 등장한다. 유리 캡슐로 되어 있어 테주강과 강 건너 리스본의 아름다운 전망을 감상하며 이동할 수 있다. 바로 내려와도 되지만, 엘리베이터를 타고 올라간 김에 절벽 위 동네에서 산책을 즐겨도 좋다.

🚶 폰투 피날에서 도보 2분
📍 Largo Boca do Vento, 2800-202
🕐 09:00~23:00
📞 +351-220-315-755
🏠 www.cm-almada.pt

전망 속 저곳은 어디?

4월 25일 다리 Ponte 25 de Abril

4월 25일 다리라는 뜻의 폰테 25 드 아브릴은 1962년 리스본과 알마다를 잇기 위해 테주강 위에 놓은 붉은색 현수교다. 길이 2,278m로 세계에서 가장 긴 서스펜션 다리로 알려져 있다. 원래 이름은 독재 정권 시절 독재자의 이름을 따 '살라자르 다리'였지만, 1974년 4월 25일 혁명 이후 지금의 이름이 되었다.

📍 Ponte 25 de Abril
📞 +351-212-947-920

예수상 Santuário do Cristo Rei

테주강을 내려다보며 두 팔 벌린 웅장한 예수상으로 브라질 리우데자네이루의 예수상과 똑같은 모양이다. 82m 높이의 기단 위에 28m 예수상이 서 있는 형태로 엘리베이터를 타면 꼭대기 전망대에 오를 수 있다.

🚶 카실라스 페리 터미널에서 도보 30분
📍 Avenida do Cristo Rei, 2800-058
🕐 09:30~18:00(7/1~14 ~18:45, 7/15~8/31 ~19:30, 9/1~20 ~18:45)
❌ 12/24~25 €8
📞 +351-212-751-000 🏠 cristorei.pt

4월 25일 다리와 예수상을 한눈에
카스텔루 정원 Jardim do Castelo

파노라마 전망을 품은 아담한 공원이다. 보카 두 벤투 파노라마 엘리베이터에서 내려 4월 25일 다리와 예수상을 한눈에 조망하고 싶다면 이곳으로 향하자. 붐비지 않고 공원 내에 벤치가 많아 가만히 앉아서 전망을 음미할 수 있다.

🚶 보카 두 벤투 파노라마 엘리베이터에서 도보 7분
📍 Largo 1º de Maio, 2800-246 📞 +351-212-549-700

언덕과 골목의 낭만

아우구스타 거리
동쪽 Alfama·Graca

**#빈티지 트램 #언덕 위의 전망대 #상 조르즈 성
#골목 안 아줄레주 #벼룩시장 구경**

언덕이 많은 리스본에서도 가장 높은 지역이다. 알파마 언덕
꼭대기에는 상 조르즈 성이 남아 있고 미로 같은 골목 안에는
아줄레주로 장식한 건물이 빼곡하다. 좁은 골목 사이로는
노란 트램이 지나다닌다. 트램에서 내려 미라도루,
즉 전망대라고 쓰인 표지판만 따라가면 뜻밖의 선물 같은
풍경을 눈에 담을 수 있다. 알파마 초입에는 리스본 대성당과
파두 박물관 등 볼거리가 많다. 매주 화요일과
토요일에 열리는 도둑시장 쇼핑도 알파마 여행의 묘미다.

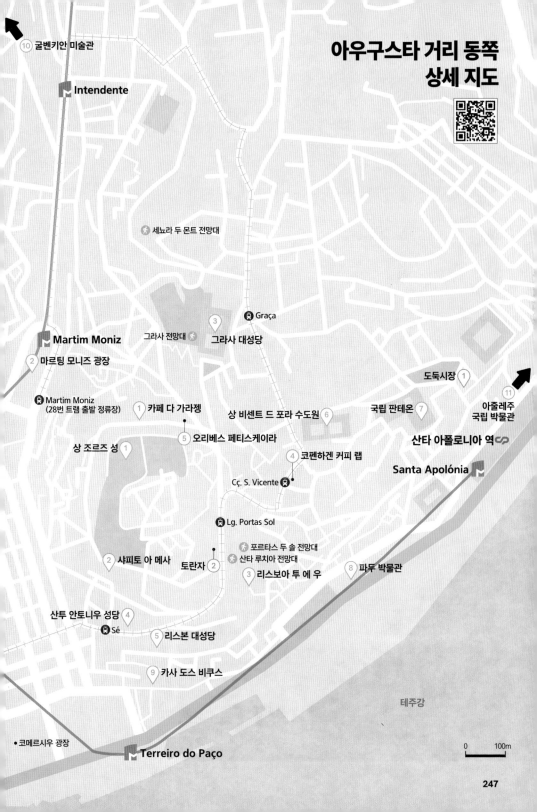

아우구스타 거리 동쪽
상세 지도

⑩ 굴벤키안 미술관

🚇 Intendente

🚶 세뇨라 두 몬트 전망대

🚇 Graça
③ 그라사 전망대 🚶
그라사 대성당

🚇 Martim Moniz
② 마르팅 모니즈 광장

🚇 Martim Moniz
(28번 트램 출발 정류장)
① 카페 다 가라젱

⑤ 오리베스 페티스케이라

상 비센트 드 포라 수도원 ⑥

도둑시장 ①

국립 판테온 ⑦

🚇 아줄레주 ⑪
국립 박물관

산타 아폴로니아 역 🚆

상 조르즈 성 ①

④ 코펜하겐 커피 랩

🚇 Cç. S. Vicente

Santa Apolónia 🚇

🚇 Lg. Portas Sol

② 샤피토 아 메사
토란자 ②

🚶 포르타스 두 솔 전망대
🚶 산타 루치아 전망대
③ 리스보아 투 에 우

⑧ 파두 박물관

산투 안토니우 성당 ④
🚇 Sé
⑤ 리스본 대성당

⑨ 카사 도스 비쿠스

테주강

• 코메르시우 광장

🚇 Terreiro do Paço

0   100m

247

상 조르즈 성 Castelo de São Jorge

언덕 위에서 리스본을 굽어보는 풍경이 압권이다. 성벽을 따라 한 바퀴 돌면 구불구불한 알파마의 골목길과 코메르시우 광장은 물론 네모반듯한 아우구스타 거리와 광장들, 그라사 전망대, 강 건너 알마다까지 모두 시야에 들어온다. 해 질 녘 상 조르즈 성에 있으면 리스본의 광장 너머로 테주강을 물들이는 근사한 노을을 맞이할 수 있다. 성벽에 빌트인 가구처럼 의자가 장착되어 있으니 그 자리에 앉아 전망을 감상해보자. 성 안에 커피와 맥주를 파는 푸드트럭도 있고, 느긋하게 돌아다니는 공작새 또한 볼거리다. 상 조르즈 성은 원래 11세기 무어인이 요새로 지은 성이었는데, 1137년 아폰수 1세가 무어인에게서 포르투갈을 탈환한 이후 포르투갈 왕궁으로 사용했다. 왕궁은 1755년 대지진으로 무너져 지금의 성벽만 남았다. 1371년 포르투갈의 캐서린 공주와 영국의 찰스 2세의 결혼으로 양국이 우호 협정을 맺을 때, 포르투갈이 영국의 수호성인 세인트 조지에게 성을 헌정하며 그의 이름을 따 상 조르즈 성이라 부르게 됐다. 상 조르즈는 세인트 조지의 포르투갈식 발음이다.

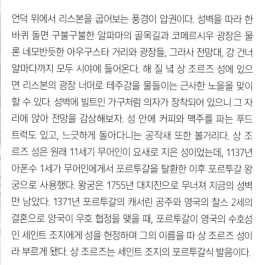

🚶 ① 버스 737번 Castelo 정류장에서 도보 3분
② 트램 12·28번 Lg. Portas Sol 정류장에서 도보 8분
📍 Rua de Santa Cruz do Castelo, 1100-129
🕐 3~10월 09:00~21:00, 11~2월 09:00~18:00, 12/31 09:00~13:00
❌ 1/1, 5/1, 12/24·25　💶 일반 €15, 13~25세·65세 이상 €12.5
📞 +351-218-800-620　🏠 www.castelodesaojorge.pt

●

28번 트램 앉아서 타는 법

빛바랜 건물 사이를 닿을락 말락 아슬아슬하게 지나가는 28번 노란 트램을 타지 않고는
알파마를 즐겼다고 말할 수 없다. 리스본의 마스코트 28번 트램은 마르팅 모니즈Martim Moniz에서
프라제레스Prazeres까지 총 35개의 정류장을 오간다.
문제는 리스본 대성당 앞에서 28번을 트램을 타려면 이미 만석이기 일쑤라는 점이다.
자리에 앉으려면 28번 트램의 시발점, 마르팅 모니즈 정류장에서 기다리자.
기다릴 때는 줄을 설 수도 있지만 트램은 앉아서 탈 수 있다. 마르팅 모니즈 광장 앞으로 28번 트램 정류장이 보인다.

주요 하차 정류장

28번 트램은 리스본 대성당, 상
조르즈 성, 포르타스 두 솔 전망
대, 그라사 전망대 등 알파마 명
소들을 지날 때 특히 붐비는데,
이 구간은 12번 트램과 노선이
같다. 알파마에서 28번 트램을
타기 어려울 때는 12번 트램을
타고 돌아보는 것도 괜찮은 대
안이다.

┌ 그라사 Graça 그라사 전망대, 세뇨라 두 몬트 전망대에 가려면 여기서 내리자.

├ 칼사다 상 비센트 Cç. S. Vicente 상 비센트 드 포라 수도원이나 도둑시장으로의 접
│ 근성이 좋다.

├ 라르고 포르타스 솔 Lg. Portas Sol 리스본에서 멋진 전망 1, 2위를 다투는 포르타
│ 스 두 솔 전망대와 상 조르즈 성으로 연결된다.

├ 쎄 Sé 리스본의 아이콘 리스본 대성당이 있는 곳. 파두가 흐르는 알파마 골목 탐
│ 험도 여기서부터 시작한다.

└ 프라카 루이스 카몽이스 Pç. Luis Camões 리스본의 대표 카페, 아 브라질레이라
  가 있는 쇼핑의 거리다.

28번 트램의 출발점 ······ ②
마르팅 모니즈 광장 Praça Martim Moniz

포르투갈의 독립운동 지도자이자 시인 마르팅 모니즈의
이름을 딴 광장이다. 마르팅 모니즈 광장은 지하철, 트램,
버스가 출발하는 곳으로 리스본 교통의 허브 역할을 하
는데, 리스본의 명물 28번 트램도 여기서 출발한다. 한국
인 여행자에게는 라면과 김치 등을 살 수
있는 오리엔탈 마켓이 있어 더욱 반가운
광장이다.

🏃 지하철 Vd선 마르팅 모니즈Martim
Moniz 역에서 도보 1분
📍 Praça Martim Moniz, 1100-341

성당 안 아줄레주가 아름다운 ······ ③
그라사 대성당 Igreja Paroquial da Graça

그라사 전망대를 지키고 있는 성당이다. 겉은 무척 소박
해도 안으로 들어서면 아름다운 아줄레주 벽화가 가득하
다. 1271년에 건립했으나 대지진으로 파손되었고, 18세
기에 이르러 바로크 양식으로 개축했다. 입장료에는 성당
내부 및 테라스에서의 전망 관람과 음료 1잔이 포함된다.

🏃 트램 12·28번 Graça 정류장에서 도보 1분
📍 Largo da Graça 94, 1170-165
🕐 4~10월 09:00~19:00, 11~3월 09:30~18:30
💶 €5(음료 1잔 포함) 📞 +351-218-873-943
🏠 www.monumentos.pt

작지만 의미 있는 ······ ④
산투 안토니우 성당
Igreja de Santo António de Lisboa

수호성인 안토니우가 태어난 곳에 세워진 작고 아담한 성
당으로, 지하에 그의 성소가 마련되어 있다. 산투 안토니
우는 잃어버린 물건이나 짝을 찾아주는 성인으로도 유명
하다. 1982년에는 교황 요한 바오로 2세도 다녀갔는데,
그 모습이 성당 안에 아줄레주로 아로새겨졌다. 리스본 대
성당으로 올라가는 언덕길에 있어 함께 둘러보기 좋다.

🏃 트램 12·28번 Sé 정류장에서 도보 2분
📍 Largo de Santo António da Sé, 1100-401
🕐 10:00~19:00 💶 성당 무료, 성소 €2
📞 +351-218-869-145 🏠 www.stoantoniolisboa.com

리스본의 아이콘 ······ ⑤

리스본 대성당 Sé de Lisboa

Lisboa Card
20% 할인

요새처럼 견고한 리스본 대성당 앞을 노란색 트램이 지나는 풍경은 한 장의 그림엽서 같다. 하지만 성당 앞에 늘 툭툭이 서 있어서 대성당과 트램 사진만 찍기가 쉽지는 않다. 리스본 대성당은 원래 무어인이 모스크로 지었는데, 포르투갈을 건국한 아폰수 1세가 1147년 로마네스크 양식의 가톨릭 성당으로 재건했다. 내부에는 수호성인 안토니우의 탄생화, 성모 마리아의 어머니 성녀 아나의 성소 등이 있다. 고딕 회랑과 보물 전시관도 볼거리다. 현지인들이 결혼식을 하고 싶어 하는 장소 1위로 꼽히는데, 과거에는 왕족 전용이었지만 지금은 누구나 이곳에서 웨딩마치를 울릴 수 있다.

🚶 트램 12·28번 Sé 정류장에서 도보 1분
📍 Largo da Sé, 1, 1100-585
🕐 11~5월 10:00~18:00, 6~10월 09:30~19:00
✖ 일요일, 공휴일 💶 일반 €5, 7~12세 €3, 6세 이하 무료
📞 +351-218-866-752 🏠 www.sedelisboa.pt

포르투갈의 흥망성쇠를 함께해온 ⑥
상 비센트 드 포라 수도원
Mosteiro de São Vicente de Fora

1147년 아폰수 1세가 짓고 1755년 대지진으로 파손되었다가
18세기에 지금의 모습이 됐다. 정면은 16세기 이탈리아 건축가
펠리포 테르치의 작품이고, 내부를 장식한 바로크 양식 제단은
18세기 포르투갈 조각가 조아킹 마샤두 드 카스트루의 작품이
다. 아줄레주로 리스본 역사를 그린 회랑도 볼거리다. 화요일과
토요일마다 열리는 도둑시장과도 가까우니 가는 길에 들러보자.

🚶 트램 28번 Cç. S. Vicente 정류장에서 도보 1분 📍 Largo de São
Vicente, 1100-572 🕐 09:00~18:00 📞 +351-218-824-400
🏠 mosteirodesaovicentedefora.com

포르투갈을 빛낸 위인들이 묻힌 ⑦ ｜ Lisboa Card 무료입장
국립 판테온 Panteão Nacional

오렌지색 지붕으로 뒤덮인 언덕 위로 고개를 내민 백색 바로크
양식 돔이 눈에 띈다. 가까이서 보면 대리석 건물의 화려함에 눈
이 부시다. 본래 산타 엥그리시아 성당이었는데, 시간이 흘러 위
인들의 묘를 안치하는 판테온이 됐다. 국민 파두 가수 아말리아
호드리게스, 항해왕 엔히크 왕자, 바스쿠 다 가마도 이곳에 잠
들었다. 4층에는 알파마의 전망이 펼쳐지는 테라스도 있다.

🚶 트램 28번 Cç. S. Vicente 정류장에서 도보 6분 📍 Campo de
Santa Clara, 1100-471 🕐 10~3월 10:00~17:00, 4~9월 10:00~
18:00 ❌ 월요일, 1/1, 부활절, 5/1, 6/13, 12/25 💶 일반 €8, 65세
이상 €4 📞 +351-218-854-820 🏠 www.panteaonacional.gov.pt

파두의 모든 것 ⑧ ｜ Lisboa Card 무료입장
파두 박물관 Museu do Fado

1998년 문을 열었으며 200여 년의 파두 역사와 대표 가수에
대해 살펴볼 수 있다. 영화 속 파두, 검열을 당했던 20세기 파두
의 암흑기, 파두 창법과 기술, 포르투갈 기타의 발전사 등 알수
록 흥미진진하다. 파두 기타 만들기, 파두 부르기(€17) 등 다양
한 주제의 체험과 파두 공연도 열린다. 파두 박물관에 가기 전에
홈페이지에서 이벤트를 확인하고 일정을 잡아보자.

🚶 지하철 Az선 산타 아폴로니아Santa Apolónia 역에서 도보 7분
📍 Largo do Chafariz de Dentro 1, 1100-139 🕐 10:00~18:00
❌ 월요일, 1/1, 5/1, 12/25 💶 일반 €5, 13~25세 €2.5
📞 +351-218-823-470 🏠 www.museudofado.pt

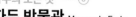

발품 팔아 꼼꼼 비교!
알파마·그라사 전망대

언덕이 많은 알파마와 그라사에는 근사한 전망대가 곳곳에 자리 잡고 있다.
포르타스 두 솔 전망대에 서면 아이맥스 영화를 보듯 화려한 전망이 펼쳐지고,
그라사 전망대에 가면 소나무 그늘 아래 테이블이 쉬어 가라고 유혹한다.
어딜 가나 전망대는 무료다.

	산타 루치아	포르타스 두 솔	그라사	세뇨라 두 몬트
전망	★★★★☆ 포르타스 두 솔과 비슷하지만 약간 가려짐	★★★★★ 가장 탁 트인 전망	★★★☆☆ 아센소르 공사로 전망이 약간 가려짐	★★★★★ 다양한 각도로 리스본을 내려다볼 수 있음
접근성	좋음	좋음	보통	약간 불편함
편의 시설	노천카페, 공공 화장실(유료)		노천카페	없음

아줄레주가 아름다운
산타 루치아 전망대 Miradouro de Santa Luzia

리스본 대성당에서 알파마의 언덕을 오르다 가장 먼저 만나게 되는 전망대다.
아줄레주로 장식한 전망대 너머로 테주강이 넘실대는 풍경이 펼쳐진다. 버스킹
공연도 자주 열리고, 전망대 옆에 노천카페도 있다. 전망대 뒤편의 1147년 리스
본 탈환 작전이 담긴 아줄레주 벽화와 기하학적인 무늬의 아줄레주로 꾸민 작은
분수도 매력적이다.

🚶 트램 28번 Miradouro Sta. Luzia 정류장에서 도보 1분
📍 Largo Santa Luzia 4, 1100-387

산타 루치아 전망대와 포르타스 두 솔
전망대는 트램으로 한 정거장 차이다.
산타 루치아 전망대 구경 후 포르타스
두 솔 전망대에 가려면 오르막을 1분
만 올라가면 된다.

알파마와 그라사를 품 안에
포르타스 두 솔 전망대
Miradouro das Portas do Sol

이곳에 서면 파란 하늘, 크루즈가 떠 있는 테주강, 오렌지색 지붕으로 뒤덮인 언덕 위로 우아한 자태를 뽐내는 상 비센트 드 포라 수도원과 국립 판테온의 백색 돔이 황금 비율로 어우러진다. 황홀한 풍경에 저절로 카메라 셔터를 누르게 된다. 상 조르즈 성을 오가기 전 쉬어 가는 코스로 잡으면 딱 좋다. 전망대를 둘러싼 노천카페에 앉아 여유를 즐기기에도 더할 나위 없다.

🚶 트램 12·28번 Lg. Portas Sol 정류장에서 도보 1분
📍 Largo Portas do Sol, 1100-411

소나무 그늘 아래 낭만
그라사 전망대 Miradouro da Graça

소나무 그늘 아래 노천카페에서 맥주나 커피를 홀짝이며 상 조르즈 성과 테주강 전망을 감상하기 좋다. 정식 명칭은 '소피아 드 멜로 브레이네르 안드레센 전망대Miradouro Sophia de Mello Breyner Andresen'지만, 그라사 성당 앞에 있어 '그라사 전망대'로 통한다. 그렇다면 소피아 드 멜로 브레이네르 안드레센은 누구일까? 리스본 대표 시인 중 한 명으로, 그녀의 흉상이 이곳에 있다.

🚶 트램 12·28번 Graça 정류장에서 도보 3분
📍 Largo da Graça, 1100-001

고도로 상위 1%
세뇨라 두 몬트 전망대
Miradouro da Senhora do Monte

성모의 언덕 위에 자리한 이곳은 '고도'로는 리스본 상위 1%인 전망대다. 오르는 길은 가팔라도 전망대 끝 발코니에 서면 그 정도 수고는 용서가 된다. 4월 25일 다리가 놓인 테주강부터 그라사 전망대까지 리스본 언덕들이 빚어내는 풍광에 가슴이 웅장해진다. 그라사 전망대 같은 노천카페는 없지만, 소나무 그늘 아래 벤치에서 쉬어 갈 수 있다.

🚶 트램 12·28번 Graça 정류장에서 도보 6분
📍 Rua da Senhora do Monte 50, 1170-112

주제 사라마구 기념관 ⑨
카사 도스 비쿠스
Casa dos Bicos

Lisboa Card
무료입장

포르투갈 최초로 노벨 문학상을 수상한 주제 사라마구José Saramago의 기념관. 《눈먼 자들의 도시》, 《수도원의 비망록》 등 수많은 명작을 남긴 작가의 생을 연대기별로 전시해놓았다. 2010년 87세의 나이로 스페인령 섬에서 생을 마감한 그는 2011년 한 줌의 재가 되어 기념관 앞 올리브 나무에 묻혔다. 올리브 나무 옆 묘비에는 이런 글귀가 쓰여 있다. "지구에 속해 있으면 별로 가지 못한다MAS NÃO SUBIU PARA AS ESTRELAS, SE À TERRA PERTENCIA."

🚶 지하철 Az선 테레이루 두 파수Terreiro do Paço 역에서 도보 1분
📍 Rua dos Bacalhoeiros 10, 1100-135 🕐 10:00~18:00 ❌ 일요일
💶 일반 €3, 학생 €2 📞 +351-218-802-040 🏠 www.josesaramago.org

리스본을 사랑한 대부호의 예술품 컬렉션 ⑩
굴벤키안 미술관
Museu Calouste Gulbenkian

Lisboa Card
20% 할인

아르메니아 출신 사업가 칼루스테 사르키스 굴벤키안 Calouste Sarkis Gulbenkian의 소장품을 바탕으로 한 미술관이다. 석유 사업으로 대부호가 된 그는 예술 소장품을 대중과 공유하기 위해 1969년 이곳을 설립했다. 모던한 건물 안에 이집트, 그리스, 로마, 이슬람, 아시아를 아우르는 전시가 펼쳐진다. 렘브란트, 루벤스, 모네 등 거장의 회화는 물론 도자기, 가구 등 소장품 종류도 다양하다. 정원이 아름다우니 느긋하게 산책을 즐겨보자. 정원을 향해 난 미술관 카페도 현지인들에게 인기다. 미술관 관람을 하지 않아도 정원과 카페는 들어갈 수 있다.

🚶 지하철 Az·Vm선 상 세바스티앙São Sebastião 역에서 도보 3분 📍 Avenida Berna 45A, 1067-001
🕐 10:00~18:00 ❌ 화요일, 1/1, 부활절, 5/1, 12/24~25
💶 일반 €14, 65세 이상 €12.6, 30세 이하 €10.5, 12세 이하 무료, 일요일 오후 2시 이후 무료 📞 +351-217-823-000
🏠 gulbenkian.pt

아줄레주 국립 박물관

Museu Nacional do Azulejo

포르투갈 고유의 아줄레주를 알리기 위해 1958년 개관해 1980년 국립 박물관이 되었다. 건물은 D. 레오노르 여왕이 1509년에 세운 성모 수도원으로 클라식한 멋이 배어난다. 그 덕에 1층 회랑에서 2층까지 겹겹의 방을 넘나들며 아줄레주의 변천사를 둘러볼 수 있다. 각지에서 벽째 옮겨 온 아줄레주뿐 아니라 회화 작품과 도자기까지 볼거리가 끝도 없이 이어진다. 옛 성가대 건물과 예배당도 전시의 일부다. 특히 예배당은 번쩍이는 금박으로 치장한 상부와 푸른 아줄레주로 꾸민 하부가 묘한 조화를 이룬다.

🚶 지하철 Az선 산타 아폴로니아Santa Apolónia 역에서 도보 15분
📍 Rua da Madre de Deus 4, 1900-312 🕐 10:00~13:00, 14:00~18:00 ❌ 월요일, 1/1, 부활절, 5/1, 6/13, 12/25 💶 일반 €10, 학생·65세 이상 €4 📞 +351-218-100-340 🏠 www.museudoazulejo.pt

> 아름다운 아줄레주 벽화로 둘러싸인 박물관 안 카페에서 커피 한잔의 여유를 누려보자. 달콤한 디저트 메뉴도 다양하다. 카페는 박물관 입장료를 내지 않아도 들어갈 수 있다.

그라사 전망대 뷰 맛집 ⋯⋯ ①

카페 다 가라젱 Café da Garagem

전망이 아름답기로 소문난 카페로, 통유리 너머로 그라사 전망대가 한눈에 담긴다. 놀랍게도 연극을 하는 극장 지하에 자리한 카페인데, 워낙 높은 곳에 있다 보니 지하 카페의 경치가 알파마의 전망대급이다. 실내 창가 자리는 나란히 앉아 창밖 풍경을 감상할 수 있어 인기고, 야외 테라스는 바람을 맞으며 전망을 즐길 수 있어 인기다. 메뉴는 아메리카노(€1.5~)부터 와인(1잔 €4~)까지 다양하며 가벼운 먹거리도 준비되어 있다. 만석일 때는 1층 극장 로비에서 대기했다가 입장해야 한다.

🚶 트램 12·28번 Lg. Portas Sol 정류장에서 도보 5분
📍 Costa do Castelo 75, 1100-178
🕐 14:00~22:00 ❌ 월·화요일
📞 +351-218-854-190

전망과 맛을 겸비한 ⋯⋯ ②

샤피토 아 메사 Chapitô à Mesa

서커스 학교에서 운영하는 레스토랑답게 남다른 구석이 많다. 금방이라도 서커스 공연이 시작될 것 같은 입구, 서커스 홀 같은 천장이 시선을 붙든다. 다음으로는 창가 자리 전망이 압권이다. 강 위에 놓인 4월 25일 다리가 손에 잡힐 듯 가까이 보인다. 편안히 앉아 황혼부터 밤까지 도시의 야경을 코스 요리처럼 음미할 수 있다. 전망이 우월한 식당은 맛에 소홀해지기 쉬운데, 이곳은 맛까지 흠잡을 데 없다. 바칼라우(€24)나 문어 요리까지 뭘 주문해도 맛있다. 와인 리스트도 다양하다.

🚶 트램 12·28번 Sé 정류장에서 도보 7분
📍 Costa do Castelo 7, 1149-079
🕐 12:00~16:00, 19:00~01:00
📞 +351-218-875-077
🏠 www.chapitoamesa.com

낭만 골목식당 ③
리스보아 투 에 우 Lisboa Tu e Eu

아늑한 야외 공간에서 전통 포르투갈 요리를 저렴한 가격에 즐길 수 있어 가성비부터 알파마 골목의 아늑한 분위기까지 두 마리 토끼를 모두 잡을 수 있는 식당이다. 메뉴는 바칼라우 아 브라스(€14), 정어리구이 사르디냐(€11.5) 등 소박한 포르투갈 전통 요리 중심이다. 점심에는 광합성하기 좋고 저녁에는 바람 쐬기 좋은 야외 테이블이 인기다. 실내는 예약을 받지만 야외 공간은 선착순이다.

🏃 트램 12·28번 Miradouro Sta. Luzia 정류장에서 도보 4분
📍 Rua da Adiça 58, 1100-007 🕐 12:30~16:00, 19:00~22:00
📞 +351-939-927-339 📷 lisboatueeualfama

덴마크의 커피 문화가 깃든 ④
코펜하겐 커피 랩 Copenhagen Coffee Lab

'커피는 단지 커피가 아니다'를 모토로 덴마크 커피 문화를 알린 카페다. 최상의 커피 맛을 선사하기 위해 직접 로스팅한 원두와 다양한 기구로 세심하게 커피를 추출한다. 플랫 화이트(€4.5) 같은 커피 메뉴뿐만 아니라 빵 종류도 다양하며 요거트, 달걀 요리, 샌드위치(€4.5~) 등 가벼운 아침 메뉴도 있다. 리스본에만 지점이 8개 있는데, 알파마 지점이 가장 분위기가 좋다.

알파마 🏃 트램 12·28번 Cç. S. Vicente 정류장에서 도보 6분
📍 Escolas Gerais 34, 1100-213 🕐 08:00~18:00
📞 +351-215-830-578 🏠 copenhagencoffeelab.com

©Copenhagen Coffee Lab

골목 안 타파스바 ⑤
오리베스 페티스케이라 Ourives Petisqueira

오래된 주얼리 공방을 리모델링해 은밀한 분위기를 내뿜는 타파스 바다. 소스까지 싹싹 먹게 되는 갈릭 프론(€14), 두툼한 문어를 '겉바속촉'으로 튀긴 옥토퍼스 필레 위드 빈 라이스(€18) 등 다양한 메뉴를 즐기기 좋다. 맥주와 와인은 물론 칵테일까지 주문할 수 있다. 실내가 좁은 편이라 예약은 필수다.

🏃 지하철 Vd선 호시우Rossio 역에서 도보 7분 📍 Calçada de Santo André 11, 1100-495 🕐 13:00~15:30, 18:30~23:00 ✖ 일요일
📞 +351-913-415-745 📷 ourivespetisqueira

빈티지 마니아를 위한 벼룩시장 ······ ①
도둑시장 Feira da Ladra

매주 화요일과 토요일이면 상 비센트 드 포라 수도원 뒤 공터에 벼룩시장이 열린다. 도둑이 훔친 장물을 팔던 시장에서 유래해 도둑시장이라는 이름이 되었다. 포르투갈어로 페이라Feira는 시장, 라드라Ladra는 도둑이라는 뜻이다. 고풍스러운 골동품, 추억의 레코드판, 모서리가 접힌 헌책, 핸드메이드 액세서리, 감성적인 사진, 옛날 동전까지 온갖 아이템을 총망라한다. 옷도 빈티지 가구도 유럽 어느 도시의 벼룩시장보다 저렴한 편이다. 마음에 드는 물건이 나타나면 일단 흥정부터 하고 보자. 득템을 위해 현금도 꼭 챙겨 가자.

🚶 트램 28번 Cç. S. Vicente 정류장에서 도보 3분
📍 Campo de Santa Clara, 1100-472 🕐 화·토요일 06:00~17:00

알파마의 숨은 보물 창고 ······ ②
토란자 Toranja

포르타스 두 솔 전망대 맞은편에 숨어 있는 예쁜 가게로, 알파마에 오면 꼭 가게 되는 곳이다. 포르투갈 디자이너들이 디자인한 티셔츠, 에코백, 휴대전화 케이스 등 쨍한 컬러의 아이템을 소개한다. 페르난두 페소아나 노란 트램이 그려진 굿즈가 특히 인기다. 가격은 거리의 기념품점에 비해 높은 편이지만 그만큼 퀄리티가 좋아서 나를 위한 선물을 사거나 친구를 위한 선물을 장만하기도 좋다. 아우구스타 거리와 벨렝에도 지점이 있다.

포르타스 두 솔
🚶 트램 12·28번 Lg. Portas Sol
정류장에서 도보 1분
📍 Largo Portas do Sol 4, 1100-411
🕐 10:00~22:00 🏠 www.toranja.com

대항해 시대의 숨결과 나타

벨렝 Belém

#리스본의 서쪽 끝 #대항해 시대
#마누엘 양식의 결정판 #원조 에그타르트의 맛

리스본의 남서쪽, 벨렝에는 대항해 시대의 숨결이 깃들어 있다.
바다를 향한 거대한 꿈이 물결치던 강 위로는 요트와
유람선이 떠다니고, 제로니무스 수도원과 벨렝탑은 마누엘 양식의
백미를 보여준다. 바스쿠 다 가마가 아프리카 항해를 떠난
자리에는 발견 기념비가 우뚝 서 있다. 강가를 따라 늘어선
베라르두 컬렉션 미술관과 현대미술관인 마트 & 센트럴 테주도
뜻밖의 볼거리다. 에그타르트의 원조 파스테이스 드 벨렝에서
맛보는 나타는 빼놓을 수 없는 즐거움이다.

① LX 팩토리
펠트 ‖
레드 드바가르 ◎
베나르도 1925 ◎

4월 25일 다리 ●

200m
0

태주강

⑤ 마트 & 센트럴 테주

Ⓢ 벨렝 역

① 파스테이스 드 벨렝

⑦ 아주다 국립 궁전

제로니무스 수도원

해군 박물관 ④ ②

벨라르두 컬렉션 미술관 ⑥

⑧ 바람의 장미 ●

① 발견 기념비

③ 벨렝탑

발견 기념비

Padrão dos Descobrimentos

1940년 바스쿠 다 가마가 아프리카 항해를 떠난 자리에 만들었다가 1960년 엔히크 왕자의 사후 500주년을 기념해 재건했다. 탐험대가 탄 카라벨선을 본뜬 모양으로 뱃머리에는 항해왕 엔히크 왕자가 서 있고, 그 뒤를 바스쿠 다 가마(인도 항로 개척), 페드루 알바레스 카브랄(브라질 발견), 페르디난드 마젤란(마젤란 해협 발견), 바르톨로메우 디아스(희망봉 발견) 등 탐험가와 시인 루이스 드 카몽이스, 지도 제작자 페드루 누네스 등이 따르는 모양새다. 그중에는 유일한 여성 승선원이었던 필리파 렝커스트 여왕도 있다. 53m 높이의 발견 기념비 정상에는 전망대도 있다. 전망대 폭은 좁지만 테주강을 굽어보는 풍광은 아득하고 끝이 없다. 제로니무스 수도원을 내려다보는 전망도 짜릿하다.

★ 2025년 2월 현재 보수 공사 중, 2024년 12월부터 약 3개월간 공사 예정

🚶 트램 15번 Mosteiro Jerónimos 정류장에서 도보 8분
📍 Avenida Brasília, 1400-038 🕐 3~9월 10:00~19:00,
10~2월 10:00~18:00 💶 전망대+전시실 일반 €10, 65세 이상 €8.5, 13~18세 €5, 전시실 일반 €5, 65세 이상 €4.3, 13~18세 €2.55 ❌ 월요일, 1/1, 부활절, 5/1, 12/24·25·31 📞 +351-213-031-950 🏠 www.padraodosdescobrimentos.pt

바람의 장미 Rosa dos Ventos

발견 기념비 앞 바닥에 타일로 그려진 작품이다. 직경 50m의 나침반 모양으로 한가운데 세계 지도가 그려져 있고, 지도에는 포르투갈 탐험가들이 언제 어떤 항로와 항구를 발견했는지 쓰여 있다.

마누엘 양식의 결정판 ⋯⋯ ②

Lisboa Card
무료입장

제로니무스 수도원 Mosteiro dos Jerónimos

'대항해 시대를 향한 러브레터'라는 찬란한 수식어만큼 웅장하고 환하게 빛나는 벨렝의 대표 볼거리다. 1496년 마누엘 1세가 탐험가 바스쿠 다 가마의 성공적인 인도 항해를 기원하는 수도원을 지으라고 명하여, 1501년부터 100년에 걸쳐 후기 고딕 양식에 마누엘 양식을 가미한 석회석 건물을 완성했다. 마누엘 1세의 이름을 딴 마누엘 양식이란 대항해 시대를 상징하는 바다 관련 장식이 가미된 포르투갈 고유의 장식주의 건축 양식을 말한다. 밧줄, 닻, 범선, 산호 등 대항해 시대의 상징물을 모티브로 해 장식이 무척 화려하다. 이토록 아름다운 수도원이 1755년 리스본 대지진에 무너지지 않고 고스란히 남아 있는 것은 강변에 위치한 덕이다. 수도원은 1983년 유네스코 세계문화유산으로 등재됐다.

🏃 트램 15번 Mosteiro Jerónimos
정류장에서 도보 1분
📍 Praça do Império, 1400-206
🕐 09:30~18:00 ✕ 월요일, 1/1, 부활절,
5/1, 12/25 💰 일반 €18, 학생·65세 이상 €9,
12세 이하 무료 📞 +351-213-620-034
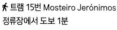
🏠 www.patrimoniocultural.gov.pt

●

제로니무스 수도원
관람 포인트

제로니무스 수도원은 어느 각도에서 봐도 마누엘 양식의
정석을 보여준다. 안뜰의 회랑을 둘러본 후
산타 마리아 성당으로 들어가 내부를 둘러보게 되는데,
어디에 무엇이 있는지 알고 보면 더욱 흥미롭다.

① 조각으로 화려하게 꾸민 입구

거대한 수도원에 도착하면 입구가 어디인지 두리번거리게
된다. 건물을 정면에서 바라볼 때 가장 오른쪽이 조각 디테
일이 예술인 산타 마리아 성당 입구다. 그 왼쪽으로 수도원
입구, 출구, 가장 왼쪽 끝에 해군 박물관 출입구가 있다.

② 제로니무스 수도원의 백미, 회랑

안뜰을 둘러싼 55m의 사각형 회랑에 들어서면 눈을 돌릴
때마다 산호, 밧줄, 천구의 등 대항해 시대 상징물로 장식한
아치와 기둥의 정교함에 감탄을 연발하게 된다. 1층 회랑을
둘러본 후 2층 회랑으로 올라가보자. 각 층은 다른 건축가가
설계했다. 회랑 중앙에는 분수가 있고, 긴 회랑의 끝에는 수
도사들이 고해성사를 하던 고해의 방도 있다.

③ 산타 마리아 성당

수도원 오른쪽 산타 마리아 성당은 바스쿠 다 가마가 항해를
떠나기 전 기도를 올렸던 곳으로, 지금도 신도들이 미사를 올
린다. 내부에 성인 제로니무스의 일생을 그린 유화가 걸려 있
다. 참고로 미사 시간에는 입장이 불가하다.

🕐 **미사 시간** 09:30(일요일 09:00), 10:30, 12:00

④ 산타 마리아 성당 안 석관

산타 마리아 성당 안에 들어서면 왼편에는 탐험가 바스쿠
다 가마, 오른편에는 시인 루이스 드 카몽이스의 석관이 있
어 시선이 간다. 손에 밧줄을 쥐고 있는 바스쿠 다 가마의 관
에는 배, 혼천의, 십자가가 조각되어 있고, 루이스 드 카몽이
스의 관에는 월계관, 펜, 악기가 조각되어 있다.

테주강과 바다가 만나는 자리 ⋯⋯ ③
벨렝탑 Torre de Belém

드레스를 입고 강가에 서 있는 여인처럼 보인다고 해서 '테주강의 귀부인'이라고 불린다. 고상한 별명과 달리 벨렝탑의 주요 역할은 요새였다. 밀물과 썰물의 차로 종종 물에 잠기던 1층은 감옥, 2층은 포대, 3층은 왕의 거실 겸 망루로 쓰였다. 건축적으로는 마누엘 양식의 미학을 잘 보여준다. 특히 고깔을 닮은 장식, 동글동글한 포탑, 섬세한 성모 마리아상이 관람 포인트다. 19세기 이후 점점 요새로서의 역할이 퇴색되며 세관, 우체국, 등대로 이미지 변신을 꾀하기도 했지만 오래가지 못했다. 1983년 유네스코 세계문화유산으로 지정되며 제로니무스 수도원 다음가는 벨렝의 대표 명소로 등극했다. 벨렝탑 꼭대기에 올라 바라보는 탁 트인 전망 또한 눈부시다. 서쪽에 위치한 만큼 벨렝탑에서 맞이하는 노을도 환상적이다.

🚶 트램 15번 Centro Cultural Belém 정류장에서 도보 6분 📍 Avenida Brasília, 1400-038 🕐 09:30~18:00 ❌ 월요일, 1/1, 부활절, 5/1, 6/13, 12/25 💶 일반 €15, 학생·65세 이상 €7.5, 12세 이하 무료, 통합권(벨렝탑+제로니무스 수도원+국립 고고학 박물관) €12 📞 +351-213-620-034 🏠 www.torrebelem.pt

벨렝탑을 오를 때는 램프를 보자!
꼭대기로 오르는 계단이 좁아 신호를 받고 이동해야 한다. 입구 화살표 램프가 초록색이면 올라가고 빨간색이면 대기하자.

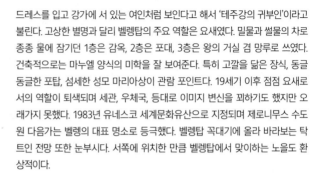

대항해 시대 '항해'의 모든 것 ⋯⋯ ④
해군 박물관 Museu de Marinha

선박을 좋아하는 사람들을 위한 박물관이다. 전시장 입구에는 항해왕 엔히크 왕자의 동상과 세계 지도가 펼쳐지고, 안에는 아프리카 탐험을 떠났던 카라벨선 등 수많은 배 모형이 꼬리에 꼬리를 물고 나타난다. 마리아 1세를 위해 만든 아멜리아호는 아예 왕과 왕비의 호사로운 선실까지 재현해놓았다.

🚶 트램 15번 Centro Cultural Belém 정류장에서 도보 2분 📍 Praça do Império, 1400-206 🕐 10:00~17:00 ❌ 1/1, 부활절, 5/1, 12/25 💶 일반 €7, 학생 €5.25 📞 +351-210-977-388

마트 & 센트럴 테주

MAAT & Central Tejo

| Lisboa Card |
| 15% 할인 |

스페인 빌바오에 구겐하임이 있다면 리스본에는 마트가 있다. 2017년 10월 문을 연 현대미술관으로, 거대한 우주선 같은 유선형 건물이 시선을 사로잡는다. 영국 건축사무소 AL_A 대표 아만다 레베트의 독창적인 디자인이다. MAAT는 'Museum of Art, Architecture and Technology'의 줄임말로 예술, 건축, 기술을 아우르는 기획전을 선보인다. 완만한 산책로를 따라 미술관 지붕에 올라 바라보는 풍경도 근사하다.

마트 옆 장대한 붉은 벽돌 건물 센트럴 테주는 옛 화력 발전소를 전기 박물관으로 만들어 포르투갈 전기와 전력 산업의 역사를 한눈에 보여준다. 석탄에서 석유까지 연료를 교체하며 60년 이상 리스본에 전기를 공급했던 기계와 인터랙티브한 예술 작품을 함께 전시해 관람하는 재미가 남다르다.

🚶 트램 15번 Altinho(MAAT) 정류장에서 도보 1분
📍 Avenida Brasília, 1300-598 🕙 10:00~19:00
❌ 화요일, 1/1, 5/1, 12/24·25·31
€ 마트+센트럴 테주 일반 €11, 학생·65세 이상 €8
📞 +351-210-028-130 🏠 www.maat.pt

제로니무스 수도원과
발견 기념비 사이 ····· ⑥

베라르두 컬렉션 미술관

Museu Coleção Berardo

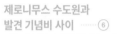

Lisboa Card
30% 할인

거부 주제 베라르두José Berardo가 모은 4만 점의 컬렉션을 전시한 미술관이다. 피카소, 앤디 워홀, 몬드리안 등 거장의 작품을 만날 수 있다. 주변 문화유산과 어울리도록 흰색 석조로 지은 웅장한 건물도 매력적인데, 이탈리아 건축가 비토리오 그레고티와 포르투갈 건축가 마누엘 살가두의 합작이다. 전시 관람 후 조각 작품으로 꾸민 옥상정원에서 시간을 보내자.

🚶 트램 15번 Centro Cultural Belém 정류장에서 도보 1분 📍 Praça do Império, 1449-003 🕙 10:00~19:00 ❌ 월요일 💶 일반 €5, 학생·65세 이상 €2.5, 첫째 주 일요일 무료 📞 +351-213-612-878 🏠 www.museuberardo.pt

리스본의 베르사유 궁전 ····· ⑦

아주다 국립 궁전

Palácio Nacional da Ajuda

Lisboa Card
무료입장

원래는 주앙 5세의 여름 별궁이었는데, 1755년 대지진으로 지금의 코메르시우 광장 자리에 있던 왕궁이 무너지자 주제 1세가 이곳으로 거처를 옮겼다. 아주다 국립 궁전의 볼거리는 화려한 내부다. 알현실의 눈부시게 빛나는 샹들리에와 붉은 왕좌가 강렬하다. 은은한 진줏빛 연회장과 벽지부터 장식까지 온통 푸른 방, 포슬린으로 가득 채운 장미의 방도 볼거리다.

🚶 버스 760번 Lg. Ajuda(Palácio) 정류장에서 도보 2분 📍 Largo da Ajuda, 1349-021 🕙 10:00~18:00 ❌ 수요일, 1/1, 부활절, 5/1, 6/13, 12/24·25 💶 €15 📞 +351-213-637-095 🏠 www.patrimoniocultural.gov.pt

파스테이스 드 벨렝 Pastéis de Belém

벨렝에서 제로니무스 수도원 다음으로 줄이 긴 곳이다. 포르투갈어로는 파스텔 드 나타(€1.4), 영어로는 에그타르트 전문점이다. 그것도 제로니무스 수도원 수녀들의 비밀 레시피를 전수받아 더욱 특별하다. 바삭한 페이스트리 안에 달걀노른자로 만든 커스터드 크림을 꽉 채워 부드럽고 달콤한 맛이 타의 추종을 불허한다. 포장 줄과 매장으로 들어가는 줄이 따로 있으니 물어보고 줄을 서자. 매장으로 들어가는 줄이 길어 보여도 내부가 워낙 넓어 대기 시간이 길지는 않다. 내부에는 노천카페 느낌이 나는 중정도 있다. 어느 자리에 앉든 갓 구운 나타에 커피 한잔은 여행의 달콤한 쉼표가 되어준다. 리스본 스타일로 맛보려면 시나몬 가루를 솔솔 뿌려 먹으면 된다.

🚶 트램 15번 Mosteiro Jerónimos 정류장에서 도보 1분 📍 Rua de Belém 84-92, 1300-085 🕐 08:00~20:00(6/1~10/15 ~22:00, 12/24·25·31 ~19:00)
📞 +351-213-637-423 🏠 www.pasteisdebelem.pt

LX 팩토리 LX FACTORY

1846년 알칸타라 지구에 방치되어
있던 거대한 공장 단지를 리뉴얼한
복합문화공간이다. 방직공장과 식품
가공 회사 그리고 인쇄소가 차례로
자리를 잡았던 오래된 건물이 지금
은 예술적 감성이 녹아든 쇼룸, 갤러
리, 카페, 레스토랑이 오밀조밀 모여
들어 생기 넘치는 공간으로 거듭났
다. LX 팩토리에서는 개성 넘치는 벽
화를 배경으로 사진을 찍기도 좋고,
노천카페에서 브런치나 커피를 즐기
거나 소소하게 쇼핑하기도 좋다. 2년
에 한 번 '오픈 데이Open day'라는 이
름으로 아티스트들의 전시와 공연
을 펼치는 문화 예술 축제 이벤트도
열린다.

🚶 트램 15번 Calvário 정류장에서
도보 3분 📍 Rua Rodrigues de Faria
103, 1300-501 🕐 매장마다 다름
📞 +351-213-143-399
🏠 www.lxfactory.com

초콜릿처럼 달콤한 휴식
랑도 Landeau

LX 팩토리를 구경하다 당 충전이 필요해지면 초콜릿 전문점 랑도로 직진하자. 아늑한 실내 공간이나 테라스에서 달콤한 디저트 타임을 보낼 수 있다. 우유에 타주는 핫초콜릿(€3.3)과 달콤 쌉싸름한 맛이 입안에 부드럽게 번지는 초콜릿 케이크(€4.9)가 시그니처 메뉴다. 초콜릿 케이크에 잘 어울리는 커피 메뉴도 아메리카노부터 프렌치프레스 커피까지 다양한 편이다. 디카페인 커피와 아이스커피도 있다.

🕐 평일 11:00~19:00, 주말 11:00~20:00
📞 +351-917-278-939　🏠 www.landeau.pt

책과 LP와 커피가 있는 아날로그 공간
레르 드바가르 Ler Devagar

'느리게 읽기'라는 뜻을 가진 서점으로 옛 인쇄소를 리모델링했다. 2층 천장까지 빼곡히 채운 책, 서가 사이에 놓인 테이블, 출출한 배를 채워줄 식사 메뉴까지 느리게 읽기 위한 조건을 완벽하게 갖췄다. 서가에는 새 책과 헌책이 공존하고, 서점과 카페, LP숍이 뒤섞여 있다. 천장에 매달린 자전거를 타는 사람 조형물도 시선을 끈다. 아날로그 공간 속에 파묻혀 읽고, 마시고, 이야기하다 보면 마음속 깊은 곳에서부터 여유가 차오른다.

🕐 10:00~21:00(목~토요일 ~22:00)　📞 +351-213-259-992
🏠 www.lerdevagar.com

나타 향 핸드크림이 궁금하다면
베나모르 1925 Benamôr 1925

내추럴 뷰티 레시피를 모토로 1925년부터 과학자로 구성된 연구팀이 만들어온 메이드 인 포르투갈 뷰티 브랜드다. 보습크림, 비누, 토너, 마스크 등 페이셜 트리트먼트 제품을 장미, 로즈메리, 오렌지 등 재료라인별로 선보인다. 파스텔 드 나타, 즉 에그타르트에서 영감을 받아 달걀 추출물이 함유된 나타 라인도 있다.

🕐 10:00~20:00　📞 +351-211-516-087
🏠 benamor1925.com

리스본 근교
Lisboa Suburbs

독일에 노이슈반슈타인성이 있다면, 포르투갈에
는 페나성이 있다. 페나성이 자리한 신트라는 자연
과 중세 건축이 어우러진 풍광이 아름답기로 유명
하다. 영국 낭만파 시인 바이런은 신트라를 '위대한
에덴'이라 예찬하기도 했다. 신트라에서 조금만 가
면 유럽의 최서단 카보 다 호카에 닿는다. 포르투갈
의 대항해 시대를 이끌었던 시인 루이스 드 카몽이
스가 "여기 땅이 끝나고 바다가 시작된다"라고 노
래한 바로 그곳이다. 카보 다 호카에서 리스본으로
돌아오는 길에 들르기 좋은 카스카이스는 호젓한
해변과 어촌의 분위기가 공존하는 휴양지다.

AREA ① 신트라
AREA ② 카스카이스·카보 다 호카

아제냐스 두 마르
Azenhas do Mar

버스 1시간

버스 40분

신트라
Sintra

카보 다 호카
Cabo da Roca

버스 40분

카스카이스
Cascais

리스본 근교
한눈에 보기

신트라와 카스카이스는 리스본에서 기차를 타고 훌쩍 다녀오기 좋은 여행지다. 특히 한국인 여행자들이 꼭 방문하는 유럽 대륙의 최서단 카보 다 호카로 가려면 카스카이스나 신트라에서 버스로 갈아타야 해서 함께 묶어서 여행하기 좋다. 아침 일찍부터 부지런히 움직인다면 신트라, 카보 다 호카, 카스카이스를 하루 만에 둘러볼 수도 있다.

AREA ······ ①
신트라

놀이동산보다 화려한 궁전이 가득한 신트라는 리스본에서 기차로 45분이 걸린다. 도시 전체가 세계문화유산인 만큼 볼거리가 많은 편이니 시간 여유가 있다면 이곳에 머무르며 아제냐스 두 마르와 카보 다 호카를 여행해도 좋다. 아제냐스 두 마르 해변에서는 카보 다 호카와는 또 다른 대서양의 절경을 즐길 수 있다.

AREA ······ ②
카스카이스·카보 다 호카

줄무늬 등대와 푸른 해변이 있는 휴양지 카스카이스는 리스본에서 기차로 40분 거리다. 카스카이스에서 유럽의 서쪽 끝인 카보 다 호카까지 가려면 버스로 40분 정도 더 가야 한다. 바닷가에서 여유를 즐기다 대서양 너머로 지는 노을을 보며 하루를 보내기 좋다.

기차 40분

리스본
Lisboa

기차 40분

AREA ·····①

초록 낙원에서 만난 동화 속 궁전

신트라 Sintra

#유네스코 세계문화유산 #화려한 여름 별궁
#오색찬란한 페나성 #투박한 멋의 무어성

구불구불한 언덕을 따라 아름다운 궁전과 저택이 모습을
드러내는 신트라는 초록의 기운이 가득한 도시다.
신트라에는 3,000여 종이 넘는 나무가 살아 숨 쉬어 한여름에도
리스본보다 기온이 3~4℃ 정도 낮다. 왕족과 귀족들이
앞다투어 신트라에 여름 별장을 지은 이유도 그 때문이다.
유서 깊은 건축물과 자연 경관이 조화를 이룬 덕에
1995년 도시 전체가 유네스코 세계문화유산으로 지정됐다.

신트라
여행의 시작

신트라는 리스본에서 기차를 타고 당일치기로 훌쩍 다녀오기 좋은 근교 여행지다. 신트라 역에 도착하면 순환 버스를 타고 페나성, 무어성, 헤갈레이라 별장 등의 명소로 이동할 수 있다.

리스본

호시우 역 ·············· 기차 40분~, €2.45 ·············· **신트라 역**

신트라

어떻게 갈까?

리스본 ▶ 신트라 | 기차 CP

리스본 호시우 역에서 신트라Sintra 역까지는 기차로 40~49분이 걸린다. 기차는 발매기에서 승차권을 구입하거나 교통카드를 이용해 탈 수 있다. 리스보아 카드나 신트라 버스 24시간권을 샀다면 신트라까지 가는 승차권이 포함되어 있다. 시간표는 홈페이지에서 확인 가능하다.

🕐 06:01~24:01, 30분 간격 운행 💲 €2.45 🏠 www.cp.pt

> ### 신트라에서 카보 다 호카로 가는 법
>
> 1253번 버스를 타면 신트라 역에서 카보 다 호카까지 40분이 걸리며, 요금은 €2.6이다. 이전에는 신트라 순환 버스에 카보 다 호카로 가는 노선이 있어 버스 24시간권으로 이용할 수 있었으나 지금은 사라졌다. 택시를 이용하는 경우에는 30분쯤 걸리며 요금은 모바일 앱 기준 €11~ 정도가 나온다.

어떻게 다닐까?

신트라 여행의 하이라이트인 페나성은 산꼭대기에 있다. 신트라 역에 내려 버스를 타고 페나성으로 이동한 후 내려오면서 무어성, 헤갈레이라 별장, 신트라 왕궁 순으로 관람하면 동선이 효율적이다. 버스 배차 간격이 길어서 타지 못하더라도 페나성에서 무어성까지는 거리가 가깝고 내리막길이라 걷기도 수월하다. 편안한 운동화를 신고 구석구석 누벼보자. 택시를 이용하는 경우 신트라 역에서 페나성까지는 4분쯤 소요되며, 요금은 모바일 앱 기준으로 €6 정도다. 페나성과 무어성 정도만 볼 계획이라면 택시가 오히려 효율적이다.

버스 Bus

페나성이나 무어성에 갈 계획이라면 신트라 역에서 주요 관광지를 순환하는 버스를 타는 것이 가장 저렴하고 빠르다. 신트라 역에서 페나성까지 걸어갈 경우 최소 40분이 걸리며 경사가 매우 가파르다. 신트라 버스는 434와 435번 두 가지로 434번은 무어성과 페나성 순환 노선이고, 435번은 헤갈레이라 별장을 지나 몬세라트까지 왕복 운행한다. 두 노선 모두 신트라 왕궁을 지난다. 승차권은 버스에서 구입 가능하다.

ⓔ **434번** 편도 €4.1, 왕복 €7.6, **435번** 편도 €4.1, 왕복 €5.5, **24시간권** €13.5 🏠 www.scotturb.pt

툭툭 Tuktuk

신트라에도 툭툭이 많다. 특히 페나성 앞에는 손님을 기다리는 툭툭이 줄지어 서 있다. 2인 기준 투어 요금은 €30이지만, 흥정을 잘 하면 페나성까지만 툭툭을 타고 이동할 수도 있다. 2인 가격은 흥정하기 나름이나 택시 이동보다는 비싸다.

ⓔ 2인 투어 €30~

아제냐스 두 마르

신트라
상세 지도

메타모포시스 ③
Sintra Estação(1253번) 🚌

🚆 신트라 역
🚌 Sintra Estação(434·435번)

⑤ 신트라 왕궁

① 피리퀴타 I

로마리아 드 바코 ②

헤갈레이라 별장 ④ 🚌 Quinta da Regaleira(435번)

피리퀴타 II 🚌 Sintra Vila(434·435번)

③ 몬세라트
🚶 카보 다 호카

② 무어성

Castelo dos Mouros(434번) 🚌

Palácio da Pena(434번) 🚌

① 페나성 & 정원

0   100m

신트라
추천 코스

리스본에서 아침 일찍 출발해 페나성과 무어성을 둘러본 후 신트라 왕궁 주변에서 점심 식사를 하면 좋다. 신트라 왕궁 주변에는 점심을 머을 만한 식당이 많고, 골목골목에서 기념품 쇼핑을 하기에도 좋다. 오후에 헤갈레이라 별장을 둘러보고 신트라 역에서 리스본행 기차를 타면 저녁에는 호시우 역에 도착할 수 있다.

🕐 **소요 시간** 8시간~

€ **예상 경비** 교통비 €12.5~ + 입장료 €47 + 식비 €25~ = 총 €84.5~

✅ **참고 사항** 신트라를 여행할 때 리스보아 카드를 이용하면 기차 왕복 요금(€4.9)을 절약하고, 페나성 & 정원(€20)과 헤갈레이라 별장(€15) 입장권 할인을 받을 수 있다. 게다가 리스본 여행의 하이라이트인 벨렝탑(€15), 제로니무스 수도원(€18) 입장권도 포함된다. 리스보아 카드 48시간권(€44)를 사서 신트라와 벨렝 지역을 연달아 둘러보면 경제적이다.

[리스본] **호시우 역**

기차 40분

신트라 역

버스 434번 5분

페나성 & 정원 P.284

도보 10분

무어성 P.287

버스 434번 5분

Sintra Vila 정류장

도보 3분

[점심 식사]
로마리아 드 바코 P.290

도보 15분

헤갈레이라 별장 P.288

도보 18분

신트라 역

기차 40분

[리스본] **호시우 역**

리스보아 카드 이용 시 신트라 명소 입장권 가격 비교

	페나성 & 정원	무어성	신트라 왕궁	헤갈레이라 별장	몬세라트
입장권	€20	€12	€13	€15	€12
리스보아 카드	€18(10% 할인)	X	€11(10% 할인)	€12(20% 할인)	X

리스본 근교를
하루에 다
둘러보는 루트

시간이 없는 여행자를 위해 신트라와 카보 다 호카,
카스카이스까지 리스본 근교를 하루 동안
모두 돌아볼 수 있는 루트를 소개한다. 이동 시간을
고려해 오전 동안 신트라를 둘러봐야 하므로
리스본에서 일찍 출발하는 것이 좋다.

- **소요 시간** 10시간~

- **예상 경비** 교통비 €17.7 + 입장료 €18 + 식비 €20~
  = 총 €55.7~

- **참고 사항** 신트라부터 카보 다 호카와 카스카이스까지 하루 동
  안 모두 둘러보려면 기차와 버스로 이동하는 구간이 많다. 기차
  왕복 €4.9, 페나성을 오가는 434번 버스 왕복 €7.6, 신트라에서
  카보 다 호카를 가는 1253번 버스 €2.6, 카보 다 호카에서 카스
  카이스까지 가는 1624번 버스 €2.6, 총 €17.7이 든다. 이전에는
  가격 메리트가 큰 패스가 많았으나 최근에는 혜택이 많이 줄어
  굳이 패스를 이용할 필요가 없다. 전날 또는 다음 날 벨렝 지역과
  묶어서 리스보아 카드 48시간권을 활용하는 것이 패스를 이용
  한 가장 효율적인 방법이다.

유용한 패스

	리스보아 카드(48시간권)
요금	€44
혜택	기차 무료, 페나성 & 정원 10% 할인
추가 비용	페나성 할인가 €18, 434번 버스 왕복 이용 €7.6, 1253번 버스 1회 이용 €2.6, 1624번 버스 1회 €2.6
총 금액	€74.8

리스본 호시우 역

기차 40분

신트라 역

버스 434번 5분

페나성 & 정원 P.284

버스 434번 5분

신트라 역

도보 2분

점심 식사 메타모포시스 P.290

도보 2분

신트라 역

버스 1253번 40분

카보 다 호카 P.302

버스 1624번 40분

카스카이스 역

도보 3분

하이냐 해변 P.298

도보 3분

카스카이스 역

기차 40분

리스본 카이스 두 소드레 역

페나성 & 정원

Parque e Palácio Nacional da Pena

동화에서 툭 튀어나온 듯한 페나성은 독일 출신 페르난두 2세가 아내 마리아 2세를 위해 지은 여름 궁전이다. 노이슈반슈타인성을 만든 루트비히 2세의 사촌이었던 그는 노이슈반슈타인성을 지은 건축가 루트비히 폰 에슈테게를 초빙해 노이슈반슈타인보다 더 멋진 성을 지어달라고 했다. 그 결과 마누엘 양식, 기하학적인 아랍풍 타일, 독일식 둥근 첨탑, 벽돌을 쌓아 문양을 만드는 롬바르디아 밴드 양식이 절묘한 조화를 이룬 19세기 낭만주의 건축의 결정판이 탄생했다. 왕과 왕비의 방, 왕의 아틀리에, 80명이 일하던 주방 등 성 내부도 볼거리가 가득하다. 통합권을 사야 성과 정원을 모두 둘러볼 수 있으며, 정해진 시간에 맞춰서 페나성에 입장 가능하며, 입장까지 30분 정도 소요될 수 있다. 3일 전까지 예약하고 방문하면 입장료 15% 할인 혜택이 있다.

🚶 버스 434번 Palácio da Pena 정류장에서 도보 1분
📍 Estrada da Pena, 2710-609 🕐 성 09:30~18:30, 정원 09:00~19:00 ❌ 1/1, 부활절, 5/1, 12/25
💶 통합권(성+정원) 일반 €20, 6~17세·65세 이상 €18, 가족(성인 2인+어린이 2인) €65 📞 +351-219-237-300
🏠 www.parquesdesintra.pt

페나성과 정원 구석구석 즐기기

각종 건축 양식이 공존하는 페나성은 그레이트 홀, 다이닝 룸 등 화려한 내부도 볼거리다.
내부를 둘러본 후 크루즈 알타에 오르거나 호숫가를 거닐며 정원 산책을 즐겨보자.

① 마누엘린 회랑

페나성 안으로 들어갈 때 마주하는 회랑의 둥근 아치와 기하학적인 아줄레주의 조화를 감상해보자.

② 그레이트 홀

성에서 가장 큰 여가 및 사교 공간으로 과거에는 당구대도 있었다. 지금은 소파와 거울, 테이블, 화려한 샹들리에와 램프가 클래식한 멋을 뿜어낸다.

③ 다이닝 룸

수녀원 식당을 마누엘 양식의 아치형 천장이 있는 왕실 식당으로 개조했다. 24인용 테이블 위에는 왕실에서 쓰던 대로 꽃과 과일과 그릇을 배치했다.

④ 여왕의 테라스

페나성 내부 관람을 마치고 나가는 길에 여왕의 테라스에 들르면 멀리 바다와 리스본까지 이어지는 광대한 전망이 펼쳐진다. 이곳에서 페나성을 배경으로 인생 사진을 찍어보자.

⑤ 크루즈 알타

여유가 된다면 해발 528m의 크루즈 알타에 올라가보자. 신트라에서 가장 높은 곳에서 페나성을 조망할 수 있다. 아주 짧은 등산을 하는 것과 비슷해 편안한 신발은 필수다.

⑥ 호수

왕의 사냥터였던 정원 끝자락에 완만한 계곡을 따라 호수가 조성되어 있다. 호수 가운데 자리한 물새들의 쉼터마저 아름답다. 호숫가를 따라 거닐어보자.

성과 정원을 둘러볼 때 체력을 아끼려면 초록색 미니 버스 피카데리오Picaderio를 타면 된다. 페나성 입구-호수 계곡-크루즈 알타-온실-마구간-샬레 순으로 순환 운행한다. 버스 승차권은 탑승 시 기사에게 구입할 수 있고 요금은 €3(온라인 예매 시 €2.85)다.

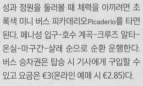

무어성 Castelo dos Mouros

Lisboa Card
15% 할인

베이징에 만리장성이 있다면 신트라에는 무어성이 있다. 규모는 달라도 산등성이를 따라 구불구불하게 누운 모양이 닮았다. 8~9세기경 무어인이 리스본 외곽을 지키는 사령탑으로 지었다. 봉화대에 불을 피우면 카스카이스에서도 보인다고 한다. 성벽을 따라 걸으면 아래로는 신트라 왕궁이, 위로는 페나성이 한눈에 들어온다. 아슬아슬한 성곽은 경사가 가파른 코스가 많아 가벼운 등산을 하는 만큼의 체력이 필요하다. 편한 신발과 물을 꼭 챙겨 가자. 성안에는 무어인의 옛 집터와 교회, 묘지 그리고 화강암 아래 구멍을 파서 음식을 저장했던 사일로Silo도 고스란히 남아 있다. 3일 전까지 예약하고 방문하면 입장료 15% 할인 혜택이 있다.

🚶 버스 434번 Castelo dos Mouros 정류장에서 도보 1분
📍 Castelo dos Mouros, 2710-405 🕐 09:30~18:00
❌ 1/1, 부활절, 5/1, 12/25 💶 일반 €12, 6~17세·65세 이상 €10, 가족(성인 2인+어린이 2인) €33
📞 +351-219-237-300 🏠 www.parquesdesintra.pt

몬세라트 Parque e Palácio de Monserrate

자연미가 돋보이는 정원과 아름다운 궁전이 있는 신트라의 명소다. 33헥타르의 대지를 호주, 뉴질랜드, 남태평양, 중국, 일본, 멕시코 등 전 세계에서 공수해 온 3,000여 가지의 식물로 가득 채웠다. 초록 언덕 위에서 정원을 굽어보는 궁전은 주인이 여러 번 바뀌었다. 1790년 영국인 상인 제러드 드 비스메Gerard de Visme가 네오고딕 양식으로 지었으며, 미술 평론가인 윌리엄 벡퍼드William Beckford가 여름 별장으로 삼았다. 나아가 1856년 영국의 대상인 프란시스 쿡Francis Cook이 몬세라트를 사들이며 네오고딕에 무데하르 양식을 더한 건물로 거듭났다.

🚶 버스 435번 Palácio de Monserrate 정류장에서 도보 1분
📍 Monserrate, 2710-405 🕐 왕궁 09:30~18:00, 정원 09:30~19:00 ❌ 월요일, 1/1, 부활절, 5/1, 12/25 💶 일반 €12, 6~17세·65세 이상 €10, 가족(성인 2인+어린이 2인) €33
📞 +351-219-237-300 🏠 www.parquesdesintra.pt

카르발류 가문의 신비로운 여름 별장 ······ ④

헤갈레이라 별장

Quinta da Regaleira

19세기의 뇌섹남, 카르발류 몬테이루Carvalho Monteiro의 영혼이 담긴 별장이다. 브라질에서 태어나 코임브라 대학교 법대를 졸업하고 무역으로 큰돈을 번 그는 과학, 문화, 예술에 조예가 깊은 백만장자였다. 별장 설계에 포르투갈 건축가와 조각가 6명을 섭외하고, 정원은 이탈리아 무대 디자이너이자 화가 겸 건축가인 루이지 마니니Luigi Manini에게 맡겼다. 그 결과 기묘한 장식이 절묘하게 어우러지는 네오마누엘 양식의 별장과 정원이 완성됐다. 벽인 척하는 돌문을 밀면 다른 공간으로 연결되거나 정원 곳곳의 동굴이 성당, 폭포 호수, 탑과 통하는 등 알면 알수록 빠져드는 마성의 블랙홀 같은 별장이다. 3층 테라스에서 내려다보는 정원 풍경도 근사하다.

🚶 버스 1253번 Quinta da Regaleira 정류장에서 도보 1분
📍 Quinta da Regaleira, 9, 2710-567
🕐 4~9월 10:00~19:30, 10~3월 10:00~18:30,
마지막 입장 17:30 ❌ 1/1, 12/24·25·31
💶 일반 €15, 6~17·65~79세 €10, 오디오 가이드 €5
📞 +351-219-106-650 🏠 www.regaleira.pt

신트라 왕궁 Palácio Nacional de Sintra

Lisboa Card 10% 할인 포르투갈 유일의 중세 왕궁이다. 무어인이 지은 성을 포르투갈 왕가에서 12세기부터 궁전으로 삼았고, 중세에는 여름 별장으로 썼다. 멀리서 봐도 2개의 눈처럼 새하얗고 거대한 원뿔형 굴뚝이 시선을 사로잡는데, 무어인 특유의 건축 양식으로 어마어마한 크기만큼 강력한 흡입력으로 음식 냄새를 한 방에 날려줬다고 한다. 아랍풍과 마누엘 양식이 절묘하게 조화를 이루는 내부 인테리어도 감탄을 자아낸다. 왕실 무도회를 열던 백조의 방부터 176마리 까치를 그려 넣은 까치의 방, 부엌, 74개의 귀족 문장이 새겨진 돔과 아줄레주 벽화가 아름다운 문장의 방까지 찬찬히 둘러보자.

🚶 ① 버스 434·435번 Sintra Vila 정류장에서 도보 6분
② 신트라Sintra 역에서 도보 10분
📍 Largo Rainha Dona Amélia, 2710-616 🕐 09:00~18:00
❌ 월요일, 1/1, 부활절, 5/1, 12/25 💰 일반 €13, 6~17세·65세 이상 €10, 가족(성인 2인+어린이 2인) €35
📞 +351-219-237-300 🏠 www.parquesdesintra.pt

피리퀴타 I Piriquita I

6대에 걸쳐 신트라의 명물 디저트 퀘이자다Queijada와 트라베세이루(€1.9)를 만들어온 베이커리의 본점이다. 퀘이자다는 고소한 치즈 맛이 느껴지면서 달콤하고, 트라베세이루는 베개처럼 길쭉한 모양의 바삭한 페이스트리로 달걀 크림이 잔뜩 들어 있어 당분 충전용 디저트로 손색이 없다. 피리퀴타라는 가게 이름은 여름 동안 페나성에 머물며 퀘이자다를 즐겼던 카를루스 1세가 붙여주었다고 한다. 1분 거리에 2호점도 있다.

1호점 🚶 신트라 왕궁에서 도보 2분 📍 Rua Padarias 1, 2710-603 🕐 08:30~19:00(주말 ~19:30)
📞 +351-219-230-626 🏠 www.piriquita.pt

로마리아 드 바코 Romaria de Baco

와인에 곁들이기 좋은 타파스 메뉴가 다양하다. 둘이라면 타파스(€5.9~) 둘에 요리 하나를 주문하면 딱 알맞다. 추천 메뉴는 바칼랴우 아 브라스(€14.5). 잘게 다진 바칼랴우 살과 달걀, 익힌 감자를 섞어 볶은 요리다. 오믈렛처럼 부드럽고 간간하면서도 감칠맛이 있다.

🚶 신트라 왕궁에서 도보 3분 📍 Rua Gil Vicente 2, 2710-568
🕐 12:00~16:00, 18:00~23:00 ❌ 겨울에는 일정 기간 임시 휴업이니 사전 확인 필요 📞 +351-219-243-985
🏠 www.romariadebaco.pt

메타모포시스 Metamorphosis

신트라 역 근처 현지인들도 찾는 정통 포르투갈 레스토랑이다. 야들야들한 문어 요리(€18)와 흑돼지 요리(€13.5)가 인기다. 2인 이상이라면 카타플라나를 주문해서 나눠 먹는 것도 좋다. 그 밖에 채식 메뉴도 있고 와인 리스트도 다양한 편이다.

🚶 신트라Sintra 역에서 도보 2분 📍 Rua João de Deus 43, 2710-580 🕐 12:00~22:30 ❌ 수요일 📞 +351-219-244-573

색다른 대서양을 경험하다!
아제냐스 두 마르 Azenhas do Mar

신트라에서 버스를 타고 훌쩍 다녀오기 좋은 색다른 여행지를 물색 중이라면 물 색도 아름다운
아제냐스 두 마르로 가보자. 카보 다 호카나 카스카이스에 비해 덜 알려졌지만, 산토리니 부럽지 않은 풍광을
보여준다. 짙은 바다를 바라보며 경험하는 맛있는 식사는 여행의 완벽한 마무리가 된다.
신트라 역에서 한 정거장 떨어진 포르텔라 드 신트라Portela de Sintra 역에서 버스를 타면 편하다.

절벽과 어우러진 대서양의 진면목
아제냐스 두 마르 전망대 Miradouro das Azenhas do Mar

깎아지른 절벽 위에는 오렌지색 지붕을 모자처럼 쓴 새하얀 집들이, 절
벽 아래로는 대서양 바다가 드라마틱하게 펼쳐진다. 그리스 산토리니
가 부럽지 않은 풍광이다. 맞춤형 배경음악처럼 파도가 철썩인다. 소리
도 크기도 거대한 파도는 세상의 모든 걱정을 말끔히 씻어내리려는 듯 해
변을 훑고 지나간다. 해안 절벽을 따라 근사한 해산물 레스토랑이 모여
있다. 여름에는 수영을 즐기는 휴양지로도 인기다. 사진으로 보기에는
마냥 아름다워도 막상 가보면 바람이 세차게 부니 겉옷 하나쯤은 준비
해 가자.

🚶 버스 1247·1248·1254번 Av Luís Aug Colares 108 정류장에서 도보 2분
📍 Escadinhas J. Ramos Baeta 14, 2705-101

바다 옆 수영장이 있는 레스토랑
아제냐스 두 마르 레스토랑 Azenhas do Mar Restaurante

대서양의 절경을 바라보며 맛보는 신선한 해산물 요리는 감동스러울
만큼 멋지다. 바다가 쏟아질 듯 탁 트인 통유리 창가 자리는 늘 인기다.
싱싱한 생선을 직접 골라 구이로 먹거나 해산물을 가득 넣고 매콤하게
끓여내는 카타플라나(2인용 €55)도 맛있다. 탱글탱글한 새우와 문어,
걸쭉한 국물을 한 숟가락에 떠먹는 맛이 감탄을 부른다. 5월에서 9월
사이에는 수영장을 운영해 수영과 식사를 함께 즐기는 일거양득형 레
스토랑으로 변신한다.

🚶 버스 1247·1254번 R Dr Ant Brandão Vasc 정류장에서 도보 5분
📍 Lugar das Azenhas do Mar, 2705-098 🕐 12:30~22:30
📞 +351-219-280-739 🏠 www.azenhasdomar.com

휴양지부터 유럽 최서단까지

카스카이스 Cascais
카보 다 호카 Cabo da Roca

#여름 휴양지 #여왕의 해변 #등대 박물관 #세상의 끝

모던한 리조트와 중세의 골목이 공존하는 카스카이스는
여름이면 유럽 각지에서 여행자들이 바캉스를 즐기려고 모여드는
해변 도시다. 포르투갈 왕실은 1870년부터 카스카이스에서
여름휴가를 보냈고, 1889년 리스본과 철도가 연결되며
유럽인들의 휴양지로 거듭났다. 기암절벽이 많은 해안 사이로
아름다운 백사장과 요트가 즐비한 마리나를 품고 있는 데다
1년 중 260일이 맑은 덕에 사계절 내내 인기 있는 여행지다.

카스카이스·카보 다 호카
여행의 시작

카스카이스·카보 다 호카 여행은 리스본의 카이스 두 소드레 역에서 기차를 타고 시작하면 된다. 카스카이스를 둘러본 후에는 버스를 타고 카보 다 호카로 이동하고, 카보 다 호카에서 리스본으로 돌아올 때는 다시 카스카이스까지 버스로 이동한 후 기차를 타고 카이스 두 소드레 역으로 돌아오면 된다.

리스본

카스카이스

카보 다 호카

카이스 두 소드레 역 ······· 기차 40분~, €2.4 ······· **카스카이스 역**

카스카이스 버스 터미널 ······· 버스 40분~, €2.6 ······· **카보 다 호카 정류장**

어떻게 갈까?

리스본 ➤ 카스카이스 | 기차 CP

리스본의 카이스 두 소드레 역 또는 산토스Santos 역에서 기차를 타면 약 40분 만에 카스카이스Cascais 역에 도착한다. 기차 출발 시간을 홈페이지에서 미리 확인하고 타면 대기 시간을 절약할 수 있다. 승차권은 4존에 해당하는 것으로 구매한다. 리스보아 카드 소지 시에는 카스카이스 역까지 별도 요금을 낼 필요가 없다. 리스본으로 돌아올 때는 카스카이스 역에서 카이스 두 소드레행(산토스 역 경유) 기차를 타면 된다.

🕐 05:30~22:30, 30분 간격 운행 🇪 €2.4 🏠 www.cp.pt

카스카이스 ➤ 카보 다 호카 | 버스 Bus

카스카이스에서 카보 다 호카로 갈 때는 카스카이스 역 앞의 카스카이스 버스 터미널 Terminal Rodoviário de Cascais에서 1624번 버스를 타고 카보 다 호카Cabo da Roca 정류장에 내리면 된다. 약 40분(32개 정거장)이면 도착한다. 카보 다 호카에서 카스카이스로 돌아올 때는 같은 버스라도 종점이 카스카이스가 맞는지 꼭 확인하자. 카스카이스행이 아니면, 신트라에 들렀다가 카스카이스로 오는 경우도 있다.

🕐 09:40~19:40, 매시 10·40분 출발 🇪 €2.6(현금 결제)

카스카이스 ➤ 카보 다 호카 | 택시 Taxi

카스카이스에서 카보 다 호카까지는 약 16km로 택시를 이용할 경우 25분 정도가 걸린다. 요금도 €14 정도로 저렴한 편이니 시간을 아끼고 싶을 때는 택시도 고려하자.

어떻게 다닐까?

지옥의 입을 제외한 카스카이스의 명소들은 카스카이스 역에서 걸어서 가기 좋은 위치에 있다. 지옥의 입은 도보로 20분 거리이긴 하나, 한여름 햇살 아래에서 20분을 걷다가는 지옥의 입에 도착하기 전에 지옥을 경험할지 모르니 버스나 택시를 타고 이동하자.

카스카이스 상세 지도

150m

다 시 아

⚓ 온션 액티비티

⚓ 콘세이상 해변 & 두케사 해변

🚌 카스카이스 버스 터미널

🚶 기네이스 해변

S 카스카이스 역

② 오 페스카도르

① 하이펀

하베이라 해변

🚉 카스카이스 마리나

② 노사 세뇨라 다 루즈 요새

⑤ 카스트로 기마랑이스 백작 박물관

① 카스카이스 마리나

④ 산타 마르타 등대 박물관

③ 마제갈 카르모나 공원

🚶 카보 다 호카

⑥ 지옥의 입

294

카스카이스·카보 다 호카
추천 코스

카스카이스의 볼거리는 아름다운 해변을 따라 늘어서 있다. 아침 일찍 리스본에서 출발해 카스카이스를 둘러보고 점심 식사를 한 후 카보 다 호카로 이동하자. 세상의 끝을 만나고 리스본으로 돌아와 카이스 두 소드레 역 바로 앞 타임아웃에서 저녁 식사를 하면 알찬 일정이 된다.

🕐 소요 시간 8시간~

€ 예상 경비 교통비 €10~ + 입장료 €5 + 식비 €20~ = 총 €35~

✔ 참고 사항 여름이라면 카스카이스에 2~3일 정도 숙소를 잡고 해변에서 일광욕과 수영을 즐기며 머무는 것도 추천한다. 카스카이스를 베이스캠프로 삼아 카보 다 호카는 물론 신트라까지 다녀올 수도 있다.

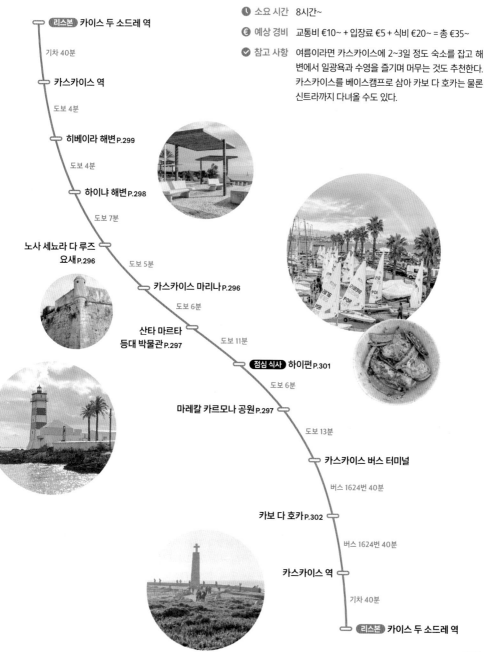

리스본 카이스 두 소드레 역

기차 40분

카스카이스 역

도보 4분

히베이라 해변 P.299

도보 4분

하이냐 해변 P.298

도보 7분

노사 세뇨라 다 루즈 요새 P.296

도보 5분

카스카이스 마리나 P.296

도보 6분

산타 마르타 등대 박물관 P.297

도보 11분

점심 식사 하이펀 P.301

도보 6분

마레칼 카르모나 공원 P.297

도보 13분

카스카이스 버스 터미널

버스 1624번 40분

카보 다 호카 P.302

버스 1624번 40분

카스카이스 역

기차 40분

리스본 카이스 두 소드레 역

요트가 즐비한 ⋯⋯ ①

카스카이스 마리나
Marina de Cascais

요트 650척을 수용할 수 있는 세련된 요트 정박지로, 마리나 옆으로 노천 레스토랑과 카페가 즐비하다. 1889년에 즉위한 포르투갈 국왕 카를루스 1세Dom Carlos I가 카스카이스를 해양 스포츠의 중심지로 삼고자 조성했다. 마리나 주변에는 어부들의 배가 정박해 있어 고급 마리나와 어촌의 분위기가 공존한다.

🚶 카스카이스Cascais 역에서 도보 15분 📍 Casa de São Bernardo, 2750-800
🕗 08:30~19:00 📞 +351-214-824-800 🏠 marinacascais.com

수도 방어의 흔적이 깃든 ⋯⋯ ②

노사 세뇨라 다 루즈 요새 Fortaleza de Nossa Senhora da Luz

15~17세기에 리스본 방어 강화를 위해 세운 요새였으나 1775년 대지진으로 일부가 무너져 주요 벽만 남았다. 1871년부터는 일부가 왕실 별장으로 쓰이기도 했다. 1878년 9월 28일, 카를루스 1세의 생일을 기념해 포르투갈 최초로 전기 조명을 사용한 곳으로도 유명하다. 대중에 개방된 것은 2011년부터인데, 내부에는 호텔, 갤러리, 레스토랑, 서점Livraria Déjà Lu 등이 있어 둘러보기 좋다.

🚶 카스카이스Cascais 역에서 도보 11분 📍 Avenida Dom Carlos I 246, 2750-642
🕙 10:00~17:00 ❌ 월요일 📞 +351-214-815-361 🏠 bairrodosmuseus.cascais.pt

마레칼 카르모나 공원

Parque Marechal Carmona

우거진 나무 사이 연못에는 오리와 거북이가 살고, 넓은 잔디밭 옆 로맨틱한 산책로에는 화려한 공작이 있다. 공원 안에 어린이 도서관, 놀이터, 카페도 마련되어 있다. 특히 아이들을 위해 다양한 나이대에 맞춰 조성한 3개의 작은 놀이터도 있다. 마레칼 카르모나 공원은 간다리냐 공원Parque Gandarinha으로도 불린다.

🏃 카스카이스Cascais 역에서 도보 10분 📍 Praceta Domingos D'Avilez Avenida da República, 2750-642 🕐 11~3월 08:30~18:00, 4~10월 08:30~20:00 🏠 ambiente.cascais.pt/pt/espacos/parques-jardins/parque-marechal-carmona-0

산타 마르타 등대 박물관 Farol Museu de Santa Marta

카스카이스 해안선 끝에 자리한 등대 박물관이다. 1868년에 세운 유서 깊은 등대를 개조해 만들었는데, 박물관의 하이라이트 중 하나는 8m 높이의 파란 줄무늬 등대에 오르는 것이다. 나선형 계단을 따라 정상에 오르면 그림 같은 카스카이스 해안선과 광활한 대서양이 빚어내는 절경을 감상할 수 있다. 1981년까지 등대지기가 직접 불을 밝혔지만, 현재는 자동화 시스템으로 바뀌었다. 등대 옆 건물에서는 등대지기가 직접 불을 밝히던 과거로 시간 여행을 떠날 수 있다. 과거에 사용했던 등대의 부품, 프레넬 렌즈로 만든 등대 조명은 물론 등대지기의 일기까지 전시해놓았다. 등대의 역사와 원리를 이해하기 쉽도록 멀티미디어를 활용한 설명도 흥미롭다. 박물관 마당의 카페도 커피 한잔 마시며 쉬어 가기 좋다.

🏃 카스카이스Cascais 역에서 도보 20분
📍 Avenida Rei Humberto II de Itália, 2750-800 🕐 10:00~13:00, 14:00~18:00
✖ 월요일 💶 €5 📞 +351-214-815-328

카스카이스 해변 즐기기

스페인에 '코스타 델 솔'이 있다면 포르투갈에는 '코스타 두 솔Costa do Sol'이 있다.
둘 다 태양의 해변이라는 뜻인데, 카스카이스가 바로 포르투갈의
태양의 해변 중심이다. 카스카이스 해변은 파도가 거칠어 서퍼에게
인기 있는 북서쪽과 카스카이스 시내에서 걸어서 가기 좋은
남동쪽 해변으로 나뉜다. 남동쪽 해안가의 3대 해변을 소개한다.

하이냐 해변 Praia da Rainha

카스카이스 시내에서 가장 가까운 해변이다. 19세기 아멜리아Amelia 여왕의
전용 해변으로 쓰여 '여왕'이라는 이름으로 불린다. 계단만 내려가면 큰 암석
에 둘러싸인 그림 같은 해변이 펼쳐진다. 작지만 아늑한 분위기가 느껴진다.
여름에는 바닷가에서 해수욕을 즐기기 좋고, 다른 계절에는 바닷가가 내려다
보이는 벤치나 노천카페에 앉아 쉬어 가기 좋다.

🚶 카스카이스Cascais 역에서 도보 5분

히베이라 해변 Praia da Ribeira

카스카이스 정중앙에 위치한 해변이다. '어부들의 해변'이라는 페스카도레스 해변Praia dos Pescadores이라 부르기도 한다. 수심이 낮아 가벼운 해수욕을 즐기거나 바닷가에서 선탠을 즐기고 싶은 사람들에게 적합하다. 바다를 바라보고 누워 있다가 고개만 뒤로 돌리면 카스카이스 시가지의 멋진 전경이 눈에 들어온다.

🚶 카스카이스Cascais 역에서 도보 7분

콘세이상 해변 & 두케사 해변
Praia da Conceição & Praia da Duquesa

콘세이상 해변과 두케사 해변은 나란히 위치하여 구분 짓기도 쉽지가 않다. 두 해변은 썰물일 때 보이는 작은 해로로 연결되어 있다. 근처에 상업 시설이 많고, 알바트로스 호텔Albatroz Hotel이 앞에 있어 투숙객이 많이 찾는다. 해양 스포츠를 즐기기 좋은

해변으로 패들보드나 카약을 빌려서 타거나 서핑 수업을 받을 수도 있다.

🚶 카스카이스Cascais 역에서 도보 3분

두케사 해변 옆 서핑 스쿨

오션 액티비티 Ocean Activities

초보자나 상급자를 위한 서핑 수업을 받을 수 있다. 그룹 수업(5~10명)은 물론 개인 수업도 가능하다. 스탠드업 패들보드, 카약, 워터 보트 등을 대여해주며, 패들보드 위에서 요가를 하는 스페셜 클래스도 있다.

🚶 두케사 해변에서 도보 3분
📍 Piscina Alberto Romano, 2750-335
🕐 09:00~19:00 💶 패들보드 또는 카약 대여 1시간 €20, 서핑 그룹 수업 2시간 €30
📞 +351-968-275-756
🏠 ocean-activities.com

카스트로 기마랑이스 백작 박물관 Museu Condes de Castro Guimarães

마레칼 카르모나 공원 안에 자리한 박물관으로 화려한 건물 자체가 볼거리다. 마누엘 드 카스트로 기마랑이스 백작의 여름 별장이었는데, 그의 뜻에 따라 1931년 박물관으로 다시 문을 열었다. 전시는 16~19세기 포르투갈 장식 예술에 중점을 두어 아줄레주와 가구, 도자기, 보석 등을 관람할 수 있다. 페르난두 페소아가 관장직을 신청했으나 자격 미달로 반려됐다는 비하인드 스토리도 있다.

🚶 카스카이스Cascais 역에서 도보 16분
📍 Avenida Rei Umberto II de Itália, 2750-319
🕐 10:00~13:00, 14:00~18:00
❌ 월요일 💶 €5 📞 +351-214-815-303

지옥의 입 Boca do Inferno

수백 년 세월 동안 파도와 바람이 석회암 절벽을 깎아내 만들어진 폭 20m, 깊이 30m의 동굴 협곡이다. 푸른 파도가 거친 석회암 절벽에 부딪치며 물보라가 높이 치솟는 광경을 보기 위해 수많은 관광객이 지옥의 입을 찾아온다. 파도가 거센 성수기는 겨울이고, 여름은 파도 비수기여서 물보라를 보지 못할 수도 있다. '지옥의 입'이라는 무서운 이름은 동굴 틈새에서 나오는 거친 물보라와 소리에 놀란 어부들이 지었다고 전해진다. 지옥의 입 주변에는 카페와 기념품점이 있고, 옆으로는 절벽을 따라 구불구불 이어지는 바닷가 산책로가 있어 경치를 즐기며 걷기 좋다.

🚶 버스 M27번 Boca do Inferno 정류장에서 도보 1분
📍 Avenida Rei Humberto Ii de Itália 642, 2750-642

하이펀 Hifen

히베이라 해변에서 노사 세뇨라 다 루즈 요새로 가는 해안 도로에 자리한 모던한 레스토랑이다. 라가레이루 스타일 문어 요리(€16.1)에 아보카도와 완두콩을 더하는 등 전통적인 레시피에 하이펀만의 아이디어를 가미한 독창적인 메뉴를 선보인다. 이왕이면 갑오징어, 새우, 문어 등 신선한 재료를 사용한 해산물 요리를 즐겨보자. 맥주(사그레스 €2.6~)와 칵테일 메뉴도 다양하다. 양이 많은 편은 아니어서 2명이 메뉴 3개 정도를 주문하면 적당하다. 창문 너머로 어선이 떠 있는 카스카이스의 바다가 보이는 것도 하이펀의 매력 포인트다.

🚶 카스카이스Cascais 역에서 도보 8분
📍 Avenida Dom Carlos I 48, 2750-310
🕐 월~수요일 12:30~15:00, 19:00~23:00,
목~일요일 12:30~17:00, 19:00~23:00
📞 +351-915-546-537
🏠 hifenrestaurant.squarespace.com

오 페스카도르 O Pescador

해안가와 구시가 수산 시장 중간에 자리한 해산물 레스토랑이다. 포르투갈 남부 알가르브 해안에서 직접 보내온 굴과 참치 카르파초, 문어 스테이크(€16.5), 문어 요리 등 대서양에서 갓 잡은 신선한 해산물에 셰프의 손길을 더한 메뉴가 인기다. 주인장의 유별난 와인 사랑 덕에 와인 리스트도 다채롭다. 본인이 마실 와인을 수집하다가 아예 와인 바 겸 레스토랑을 열었다고 한다. 그 덕에 손님들은 해산물과 와인의 조화를 제대로 즐길 수 있다.

🚶 카스카이스Cascais 역에서 도보 3분 📍 Rua das Flores 10-B, 2750-348
🕐 12:00~23:00 ❌ 수요일 📞 +351-214-832-054
🏠 www.restauranteopescador.com

유럽의 최서단
카보 다 호카 Cabo da Roca

북위 38도 47분, 동경 9도 30분에 있는 유럽 대륙의 최서단이다. '호카에 있는 곳'이라는 이름의 뜻처럼
대서양으로 돌출된 곳으로, 14세기 말까지 '세상의 끝'이라 여겨졌다. 완만한 언덕 뒤로 짙푸른 대서양이 일렁이는
카보 다 호카에서 자연 풍광만큼 시선을 끄는 것은 십자가가 달린 커다란 기념비다. 이곳에 다녀갔다는
인증 사진을 찍기 위한 포토존으로 인기다. 언덕 위에는 주황색 지붕을 얹은 등대가 그림처럼 서 있다. 1772년 세워진
포르투갈 최초의 등대로 여전히 주변을 지나는 배를 인도한다. 지금 있는 등대는 1842년에 재건된 건물이다.
해안을 따라 난 산책로에서 고개를 숙이면 깎아지른 화강암 절벽 아래로 파도가 쉴 새 없이 몰아치며 포말을 만든다.

🏃 버스 1253·1624번 Cabo da Roca 정류장에서 도보 2분 📍 Estrada do Cabo da Roca s/n, 2705-001
📞 +351-219-280-081 🏠 www.cm-sintra.pt

세상의 끝에서 추억 만들기

① 기념비 글 읽기

"여기 땅이 끝나고 바다가 시작된다." 기념비에는 포르투갈의 국민 시인 루이스 드 카몽이스의 시구가 새겨져 있다. 바다 너머 미지의 세계를 향해 떠난 포르투갈 탐험가들의 가슴에 용기를 불어넣은 시다. 서쪽의 대서양을 제외하고 국토가 스페인에 둘러싸여 살아온 포르투갈 사람들은 늘 서유럽의 변방에서 스페인의 공격에 시달려왔다. 그래서 육지 대신 대서양으로 나갔다. 포르투갈은 망망대해를 건너 서쪽으로 전진해 인도, 마카오, 브라질을 발견하며 대항해 시대를 열었다.

② 유라시아 최서단 증명서 발급받기

카보 다 호카 관광안내소에서는 유라시아 최서단 증명서를 발급해준다. 이름과 발행 번호가 적힌 증명서의 가격은 €11다. 비싼 감은 있지만 세상에서 오직 이곳에서만 발급받을 수 있는 증명서.

카보 다 호카 관광안내소 Posto de Turismo do Cabo da Roca
🕐 10~4월 09:00~18:30, 5~9월 09:00~19:30
❌ 1/1, 12/25　📞 +351-219-238-543
🏠 visitsintra.travel/en/plus-info/tourism-offices

③ 세상의 끝에도 카페는 있다

카보 다 호카에도 카페와 기념품점이 있다. 따뜻한 날에는 맥주 한잔하기 좋고, 바람이 찬 날에는 커피 한잔하기 좋은 장소이니 기억해두자. 나타도 판매한다. 카페 안에 화장실도 있는데, 카페 이용객이 아닐 경우에는 화장실 이용료(€0.8)를 받는다.

레스토란테 바 아르테사나투 Restaurante Bar Artesanato
🕐 09:30~19:00　❌ 월요일　📞 +351-219-280-094

④ 세상의 끝, 선셋 타임

유럽의 최서단인 만큼 노을이 환상적이라는 소문이 자자하다. 겨울에는 오후 5시 30분경 해가 저무니 시간을 잘 맞춰 석양을 맞이해보자. 여름에는 더 늦은 8시 30분경에 해가 진다. 단, 카스카이스로 돌아가는 1624번 버스의 막차 시간이 오후 7시 40분이니 일몰을 본 후에는 택시로 이동해야 한다.

문화유산의 보고

포르투갈 중부
Centro

포르투갈 중부에는 저마다 다른 빛깔의 매력을 뿜어내는 소도시들이 점점이 이어진다. 주요 도시로는 전통 체리주 진지냐로 유명한 오비두스, 괴물 파도가 찾아오는 푸근한 어촌 마을 나자레, 수도원의 도시 알코바사와 바탈랴, 마누엘 양식의 정수를 보여주는 크리스투 수도원이 있는 토마르, 포르투갈 최고의 성지 파티마, 유럽에서 가장 역사 깊은 대학과 파두가 있는 코임브라가 있다.

AREA ① 오비두스
AREA ② 나자레
AREA ③ 알코바사·바탈랴
AREA ④ 토마르·파티마
AREA ⑤ 코임브라

포르투갈 중부
한눈에 보기

포르투갈 중부 소도시는 대부분 포르투보다 리스본에서 가까워 당일치기 여행으로
다녀오려면 리스본에서 출발하는 편이 효율적이다. 오비두스, 나자레를 거쳐
코임브라, 아베이루, 포르투 순으로 이동하는 동선이 좋다. 내륙에는 유네스코 세계문화유산으로
등재된 수도원과 성소가 있는 알코바사, 바탈랴, 파티마, 토마르가 꼭짓점을 이룬다.

포르투까지
기차 1시간 20분

코임브라
Coimbra

버스 1시간 30분

바탈랴
Batalha

버스 40분

토마르
Tomar

나자레
Nazaré

버스
20분

버스 30분

파티마
Fátima

알코바사
Alcobaça

버스 1시간 10분

리스본까지
기차 2시간

오비두스
Óbidos

리스본까지
버스 1시간

리스본까지
버스 1시간 35분

AREA ······ ① 오비두스

리스본과 나자레 사이에 있는 중세 성곽 마을로 규모가 작아 당일치기 여행지로 손색없다. 오비두스는 성벽에 둘러싸인 포근하고 아름다운 마을 분위기를 즐길 수 있는 곳이다. 구석구석 산책하며 오비두스의 특산품인 체리주 진지냐도 맛보자.

AREA ······ ② 나자레

알코바사 서쪽 해안가에 위치한 어촌 마을이다. 겨울에는 서핑 대회가 열리는 서퍼의 성지로 대서양의 거대한 파도가 몰아쳐 보기만 해도 시원하다. 기독교 성지로도 유명해 자연과 문화유산을 함께 감상할 수 있다.

AREA ······ ③ 알코바사·바탈랴

두 지역 모두 유네스코 세계문화유산으로 등재된 수도원이 소도시의 중심을 이룬다. 오로지 수도원만을 목적으로 방문하는 여행자가 많아 수도원에만 관광객이 몰린다. 그 외의 볼거리는 거의 없는 편이라 조용하고 한가로운 분위기를 느낄 수 있다.

AREA ······ ④ 토마르·파티마

중세의 모습을 간직한 소도시로 이곳 또한 유네스코 세계문화유산에 등재된 수도원을 보기 위해 여행자들이 찾는다. 템플 기사단이 자리 잡은 크리스투 수도원과 토마르 성채 등 역사 속의 장소를 거닐며 과거를 상상하기 좋다. 또한 성지 파티마까지 버스로 이동할 수 있어 묶어서 여행하기 좋다.

AREA ······ ⑤ 코임브라

포르투갈 중부의 중심은 감미로운 파두와 아름다운 대학교로 유명한 도시 코임브라다. 포르투와 나자레 사이에 위치하며 포르투에서 기차로 1시간 20분 거리여서 당일치기 여행지로 좋다. 포르투갈 최초의 대학교가 있는 역사와 문화의 도시이고, 학생들이 활발하게 생활하는 지역이라 볼거리, 즐길 거리 또한 다양하다.

진지냐처럼 달콤한 중세 성곽 도시

오비두스 Óbidos

#중세 성곽 마을 #여왕의 도시 #중세 축제
#동 디니스 왕과 산타 이사벨 #체리주 진지냐

라틴어 'Oppidum'에서 유래한 오비두스는 요새라는 뜻이다.
이름에서 짐작할 수 있듯 무어인이 만든 성곽 마을로 지금도 중세의
아름다움을 간직하고 있다. 음유 시인이었던 동 디니스 왕은
산타 이사벨을 아내로 맞는 날 오비두스를 그녀에게 선물했다.
그 후로 오비두스는 '여왕의 도시'라 불린다. 여왕의 도시에 가면
달아서 반질반질해진 돌길 옆으로 벽 가장자리를 노란색과
파란색으로 두른 집들이 활짝 핀 꽃처럼 여행자들을 맞이하고,
체리주 진지냐가 달콤함을 더한다.

오비두스
여행의 시작

리스본에서 버스로 1시간 거리에 있는 오비두스는 당일치기 여행으로 다녀오기 좋은 여행지다. 리스본에서 오비두스로 가는 가장 빠르고 편리한 교통수단은 버스다. 기차로 가면 버스보다 2배나 오래 걸리는 데다 기차역과 마을이 멀어 불편하니 버스로 이동하자.

리스본
캄푸 그란드 버스 터미널 ·········· 버스 1시간~, €9.05 ·········· **오비두스**
오비두스 버스 정류장

어떻게 갈까?

리스본 ▶ 오비두스 | 버스 Bus

리스본의 지하철 캄푸 그란드Campo Grande 역과 연결된 캄푸 그란드 버스 터미널 Terminal Rodoviário de Campo Grande에서 버스를 탄다. 터미널은 두 곳으로 나뉘는데 오비두스로 가는 버스는 제2 터미널에서 출발한다. 테주Tejo 버스의 칼다스 다 하이냐Caldas da Rainha행을 타면 된다. 오비두스가 종점이 아니며, 리스본을 출발한 버스는 봄바할 Bombarral을 거쳐 오비두스에 정차하니 이때 오비두스 버스 정류장(구글맵 Óbidos Bus Station 검색)에서 내리면 된다. 리스본으로 돌아올 때는 맞은편 정류장에서 탄다.

🕐 07:00~24:30, 30분~1시간 간격 운행 € 편도 €9.05, 왕복 €18

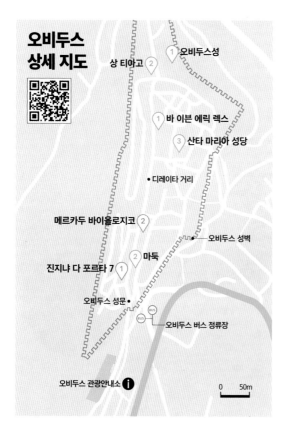

오비두스
상세 지도

- ① 오비두스성
- ② 상 티아고
- ① 바 이븐 에릭 렉스
- ③ 산타 마리아 성당
- • 디레이타 거리
- ② 메르카두 바이올로지코
- ── 오비두스 성벽
- ② 마둑
- ① 진지냐 다 포르타 7
- • 오비두스 성문
- BUS 오비두스 버스 정류장
- ⓘ 오비두스 관광안내소

0 ── 50m

어떻게 다닐까?

오비두스 성곽 마을은 어디든 걸어서 돌아볼 수 있다. 느릿느릿 산책하듯 둘러봐도 1~2시간이면 충분하다. 편안한 신발은 필수다. 특히 좁은 성곽 위를 걸을 때는 별도의 안전장치가 없으니 천천히 조심조심 걷자.

오비두스
추천 코스

1148년 포르투갈이 탈환하기 전까지 무어인의 거주지였던 오비두스는 아기자기한 성곽 마을 자체가 볼거리다. 원색으로 가장자리를 칠한 하얀 집들에 눈앞이 화사해진다. 성벽을 따라 걷다가 느긋이 점심을 먹고 바에서 오비두스의 명물 진지냐 시음과 쇼핑을 즐겨보자.

🕐 소요 시간 5시간~

€ 예상 경비 교통비 €18 + 식비 €25~ + 쇼핑 비용 = 총 €43~

✅ 참고 사항 진지냐는 가격은 저렴하지만 술이기 때문에 한국으로 많이 가지고 올 경우 1인당 주류 반입 기준(2병, 1L 이하)을 초과하면 세관에 걸릴 수 있다. 구입할 때 몇 병인지 감안해서 사도록 하자.

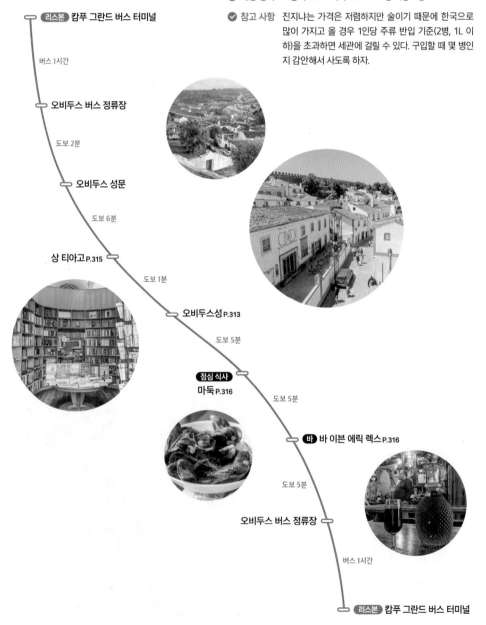

[리스본] 캄푸 그란드 버스 터미널

버스 1시간

오비두스 버스 정류장

도보 2분

오비두스 성문

도보 6분

상 티아고 P.315

도보 1분

오비두스성 P.313

도보 5분

[점심 식사]
마둑 P.316

도보 5분

[바] 바 이븐 에릭 렉스 P.316

도보 5분

오비두스 버스 정류장

버스 1시간

[리스본] 캄푸 그란드 버스 터미널

중세의 아름다움을 고스란히 간직한 ······ ①

오비두스성 Castelo de Óbidos

위엄이 넘치는 오비두스성은 13세기에 동 디니스 왕이 남긴
유적이다. 적의 동정을 살피기 위해 만든 망루가 성벽 군데
군데에 있어 한때 요새였음을 증명하지만, 성은 이미 럭셔리
호텔 포우자다로 둔갑한 지 오래다. 오비두스성과 친해지는
방법은 2가지다. 성벽을 따라 한 바퀴 빙 돌거나, 성벽 안 구
석구석을 둘러보는 것이다. 두 사람이 서면 꽉 찰 정도로 폭
이 좁은 성벽 위를 걸으면 생각보다 스릴이 넘친다. 발을 잘
못 디디면 떨어질까 아슬아슬하다. 하지만 성벽 위에서 마을
을 내려다보면 알록달록한 장난감 집을 촘촘히 심어놓은 듯
사랑스러운 전망에 마음이 사르르 녹는다. 오비두스의 집에
는 이슬람교를 믿는 무어인의 흔적이 고스란히 남아 있다. 문
과 집 가장자리를 노란색, 파란색으로 칠해놓았는데, 집 안
에 다른 신이 들어오는 것을 막기 위함이다. 성벽을 한 바퀴
돌며 두루두루 살펴보았다면, 다음은 운치 있게 빛바랜 골목
탐험에 나설 차례다. 마을 중심을 가로지는 디레이타 거리
Rua Direita를 따라 아기자기한 골목이 미로처럼 이어진다.

🚶 오비두스 버스 정류장에서 도보 3분
📍 Rua Josefa de Óbidos, 2510-001
📞 +351-960-009-055 🏠 castelo-obidos.pt

성곽 안의 길은 전부 반질반
질 윤이 나는 돌길이다. 그
만큼 미끄러우니 그림 같은
마을에서 꽈당 넘어지는 비
운의 주인공이 되고 싶지 않
다면 운동화는 필수다.

오비두스의 이색 축제

중세 풍경이 오롯이 남아 있는 성곽 마을 오비두스에서는 봄이면
초콜릿 축제, 여름이면 중세 시장을 테마로 한 축제를 연다.
일정이 맞는다면 축제 시즌을 맞은 오비두스에서 특별한 추억을 만들어보자.

봄날의 달콤한 페스티벌
초콜릿 축제 Festival Chocolate

오비두스에서는 봄이면 초콜릿 잔에 체리주 진지냐를
따라 마시고 안주로 초콜릿을 실컷 먹는 초콜릿 축제
가 열린다. 초콜릿 축제 입장권을 사면 셰프가 무대 위
에서 초콜릿 디저트를 만들거나, 초콜릿으로 조각 작
품을 만드는 등 다양한 이벤트도 즐길 수 있다. 최고의
초콜릿 칵테일, 최고의 수제 초콜릿 케이크 등 각종 경
연 대회도 열린다. 매년 개최 시기와 프로그램은 홈페
이지에서 확인 가능하다.

€ €10 ♠ festivalchocolate.cm-obidos.pt

중세 시장 테마 축제
메르카두 메디발 Mercado Medival

중세 시장 테마의 축제로 여름마다 열린다. 축제 동안 중세의
음유 시인, 상인, 귀족, 거지 등으로 분장한 배우들의 공연이
펼쳐지고 중세 시대 의상을 입은 여행자가 자연스레 어우러
져 한바탕 '중세 놀이'를 벌인다. 술과 포르투갈 전국 각지의
요리를 파는 장터도 열린다. 이때만은 축제 입장권을 구입해
야 오비두스 성곽 안으로 들어갈 수 있다. 매년 개최 시기와
프로그램이 조금씩 달라지니 홈페이지에서 일정을 확인한
후 방문하자.

€ 입장권 €10 ♠ mercadomedievalobidos.pt

도서관이 된 성당 ····· ②

상 티아고 Igreja de São Tiago

오비두스성으로 가는 길에 마주치는 이 건물은 겉모습은 분명 아담한 성당인데, 안으로 들어서면 서가에 책이 아름답게 꽂혀 있다. 원래 1186년에 고딕 양식으로 지어진 교회인데, 1755년 지진으로 무너졌다가 1778년 재건됐다. 한때 산티아고 순례자를 위한 쉼터로 쓰이기도 하다가 도서관 겸 서점으로 새롭게 태어났다. 책과 성당 건물이 조화롭게 어우러진다. 비 오는 날 오비두스를 여행한다면 더욱 오래 머물고 싶어지는 공간이다.

🚶 오비두스 성문Porta da Vila에서 도보 6분 📍 Largo de São Tiago do Castelo, 2510-006 🕐 10:00~19:00(금·토요일 ~21:00) 📞 +351-262-103-180

아폰수 5세가 결혼식을 올린 ····· ③

산타 마리아 성당 Igreja de Santa Maria

마을 중심에 우뚝 선 하얀 성당. 아폰수 5세와 코임브라 공주인 이사벨의 결혼식을 위해 지었다. 내부의 아줄레주 장식과 나무 천장, 성모 마리아와 성녀 카타리나의 순교를 그린 제단화가 은은한 조화를 이룬다. 결혼식 당시 아폰수 5세와 이사벨의 나이는 고작 10살과 9살이었다. 아폰수 5세는 어려서 즉위해 숙부 페드루의 섭정하에 무예에 능한 왕으로 성장했다. 이후 십자군의 콘스탄티노플 함락 때 북아프리카 세우타에 해군을 파병해 아프리카 왕이라는 별명을 얻었다.

🚶 오비두스 성문Porta da Vila에서 도보 5분 📍 Praça de Santa Maria, 2510-001 🕐 09:00~19:00 ❌ 월요일 📞 +351-262-959-633

진짜 진지냐의 맛 ······ ①
바 이븐 에릭 렉스 Bar Ibn Errik Rex

오비두스에서 제일 맛있는 진지냐를 맛보고 싶다면 이곳으로 가야 한다. 중세로 시간 여행한 듯한 분위기가 물씬 나는 오래된 바다. 현지인도 엄지를 척 치켜세우는 맛을 낸다. 카디마 타바르스Cadima Tavares의 그림으로 장식한 벽과 작은 병을 주렁주렁 달아놓은 인테리어도 술맛을 돋운다. 진지냐는 잔(€3)으로 주문해서 마실 수 있지만, 병 (€11)으로도 구입할 수 있어서 선물용으로도 좋다.

🚶 산타 마리아 성당에서 도보 1분
📍 Rua Direita 100, 2510-106
🕐 11:00~24:00(일요일 13:00~)
❌ 화요일 📞 +351-262-959-193

육해공을 아우르는 메뉴 ······ ②
마둑 Madok

오비두스 성문 바로 앞에 자리한 마둑은 맑은 날에는 테라스에서, 비 오는 날에는 아늑한 실내에서 식사하기 좋은 아담한 레스토랑이다. 메뉴는 신선한 해산물 요리부터 생선구이, 상큼한 오렌지 소스를 뿌린 치킨 인 오렌지(€15.5) 등 육해공을 아우르는데, 채식주의자를 위한 두부 요리와 파스타 메뉴도 있다. 애피타이저 중에서는 홍합 요리인 하우스 머슬스House mussels(€10)가 인기다. 요리에 어울리는 와인과 맥주도 판매한다.

🚶 오비두스 성문Porta da Vila에서 도보 1분 📍 Rua Josefa de Óbidos 11, 2510-077
🕐 12:00~22:00 ❌ 수·목요일 📞 +351-961-059-782

진지냐 다 포르타 7 Ginjinha da Porta 7

'사랑을 담아 만든 진지냐'를 모토로 시망 가족이 운영하는 사랑스런 진지냐 상점이다. 체리로 만든 진지냐뿐 아니라 초콜릿으로 만든 진지냐, 파스텔 드 나타 맛 리큐어도 선보인다. 작은 병부터 큰 병까지 크기가 다양해 선물용으로 구입하기 좋다. 모든 술은 초콜릿 잔 또는 일반 잔에 따라주는 잔술로 즐길 수 있다. 진지냐에 곁들여 먹기 좋은 수제 초콜릿도 판매한다.

🚶 오비두스 성문Porta da Vila에서 도보 1분 📍 Rua Direita 7, 2510-102
🕐 10:00~19:00 📞 +351-969-020-932 🏠 ginjinhadaporta7.com

메르카두 바이올로지코 Mercado Biológico

책과 현지 유기농 농산물로 가득한 이 공간은 원래 소방서였다. 리스본 LX 팩토리의 인기 서점, 레르 드바가르의 창립자가 오비두스를 문학 마을로 바꾸기 위한 프로젝트를 진행하며 이색 서점으로 변신했다. 그 덕에 이곳에서는 책을 둘러보다 유기농 와인, 꿀, 올리브 오일, 수제 비누 등을 쇼핑하는 재미를 누릴 수 있다. 종종 과일별로 해피아워 이벤트가 열리는데, 이때 50% 할인된 가격으로 신선한 오렌지를 구매해보자.

🚶 오비두스 성문Porta da Vila에서 도보 1분
📍 Rua Direita 28, 2510-102
🕐 09:00~22:00
📞 +351-919-338-186
🏠 www.mercadobiologicodeobidos.com

서핑과 기독교 순례의 성지

나자레 Nazaré

**#서핑의 성지 #광대한 대서양 #거대한 파도
#나자렛 성모 마리아상 #기독교 성지 순례**

리스본에서 북쪽으로 125km 떨어진 나자레는 겨울 서핑 대회가
열리는 소도시다. 7겹의 전통 치마를 입은 할머니들이 노점에서
장사를 하고 골목 안에서는 생선 굽는 냄새가 진동하는
작은 어촌이지만, 세계 각국의 서퍼들이 큰 파도를 타러 몰려들어
서핑의 성지라 불린다. 기독교의 성지로도 유명한데,
4세기 이스라엘 나자렛 출신 성직자가 들여온 성모 마리아상과
성모 발현지에 세운 메모리아 소성당이 있기 때문이다.
나자레라는 이름도 이스라엘 나자렛에서 유래했다.

나자레
여행의 시작

리스본에는 나자레로 가는 직행 기차가 없어 버스로 이동하는 편이 빠르다. 기차를 타면 버스보다 시간이 2배는 걸린다. 나자레 버스 터미널에 도착해 몇 블록만 걸어가면 나자레의 해변이 짠 하고 나타난다.

리스본		나자레
세트 히우스 버스 터미널	버스 1시간 45분~, €8~	나자레 버스 터미널
오리엔트 버스 터미널	버스 1시간 30분~, €6~	나자레 버스 터미널

어떻게 갈까?

리스본 ▶ 나자레 | 버스 Bus

세트 히우스 버스 터미널이나 오리엔트 버스 터미널에서 버스를 타고 이동할 수 있다. 세트 히우스에서 출발하는 헤데 익스프레수스보다 오리엔트에서 출발하는 플릭스버스가 더 저렴하고 빠르다. 나자레 버스 터미널Terminal Rodoviário da Nazaré(구글맵 Nazaré Bus Station 검색)은 일반적인 버스 터미널에 비해 규모가 훨씬 작은 소규모 터미널로 버스 정류장이라고 봐도 무방하다.

- **헤데 익스프레수스**Rede Expressos 리스본 세트 히우스 버스 터미널에서 나자레 버스 터미널까지 하루 평균 12회 버스를 운행한다. 이동하는 데 1시간 45분에서 2시간 10분 정도가 걸린다. 승차권을 살 때 출발과 도착 시간을 함께 확인하자. 헤데 익스프레수스의 공식 홈페이지나 앱보다는 예약 전문 사이트인 오미오 홈페이지나 앱에서 예약하는 편이 편리하다.

  🕐 07:45~19:00 💶 €8~

- **플릭스버스**Flixbus 리스본 오리엔트 버스 터미널에서 나자레까지 하루 평균 5회 버스가 오간다. 평균 소요 시간은 1시간 30분이지만, 중간 경유지가 많은 차를 타면 2시간 10분까지 걸리니 홈페이지에서 소요 시간을 확인한 후 승차권을 구입하자.

  🕐 08:00~18:15 💶 €6~

어떻게 다닐까?

나자레는 크게 나자레 해변이 있는 아랫마을과 절벽 위의 윗마을 시티우Sitio로 나뉜다. 나자레 버스 터미널에서 해변까지는 걸어서 이동할 만하고, 나자레 해변에서 시티우까지는 절벽을 오르는 언덕길이니 아센소르 다 나자레 탑승을 추천한다. 시티우의 볼거리는 아센소르에서 내린 뒤 걸어서 충분히 돌아볼 수 있다. 나자레 등대를 오르내릴 때 툭툭을 타는 것도 괜찮은 방법이다. 나자레 해변과 시티우를 둘러보는 데는 3시간 정도면 충분하지만, 해변에서 해수욕이나 서핑을 즐길 예정이라면 나자레에 숙소를 잡고 여유롭게 여행하길 추천한다.

- **툭툭**Tuktuk 언덕이 많은 나자레에도 툭툭이 있다. 나자레 등대를 오가는 길이 가팔라서 파노라마 전망대에서 툭툭(€3)을 이용해 이동하는 사람이 꽤 많다.

⑩ 나자레 북쪽 해변

① 카사 피레스 아 사르디냐

성모 마리아 성당 ⑥

아센소르 다 나자레(하행)

온다스 뷰포인트

⑧

수베르쿠 전망대 ④

② 타베르나 아피시온

⑨ ⑦

나자레 등대 파노라마
전망대

메모리아 소성당 ⑤

③ 아센소르 다 나자레(상행)

③ 토스카 가스트로바

나자레 해변 ①

나자레 버스 터미널 BUS

페데르네이라 전망대 ②

④ 타베르나 두 8 오 80

대서양

⑤ 야키 델 마르

0   250m

나자레
추천 코스

나자레 해변에서 시작해 아센소르 다 나자레를 타고 윗마을 시티우로 올라가 바다의 전망을 즐겨보자. 수베르쿠 전망대에서 바라보는 해변의 풍경에 가슴이 탁 트인다. 메모리아 소성당과 성모 마리아 성당도 볼거리다. 성당 옆 카사 피레스 아 사르디냐에서 점심 식사를 한 후 전망대를 지나 나자레 등대까지 가보자.

🕐 소요 시간 10시간~

€ 예상 경비 교통비 €20~ + 식비 €30~ + 쇼핑 비용 = 총 €50~

✔ 참고 사항 나자레 파도에도 제철이 있다. 파도는 10~5월 사이 나자레 북쪽 해변에서 볼 수 있는데, 겨울이 피크다. 겨울에도 나자레의 기온은 10℃ 안팎으로 따뜻해 거대한 파도와 파도를 타는 서퍼를 만날 수 있다.

리스본 세트 히우스 버스 터미널

버스 1시간 45분

나자레 버스 터미널

도보 2분

나자레 해변 P.322

도보 5분

아센소르 다 나자레 P.323

탑승

수베르쿠 전망대 P.323

도보 1분

메모리아 소성당 P.324

도보 4분

점심 식사
카사 피레스 아
사르디냐 P.326

도보 5분

성모 마리아 성당 P.324

도보 9분

파노라마 전망대 P.324

도보 2분

나자레 등대 P.325

도보 12분

아센소르 다 나자레 P.323

탑승+도보 13분

나자레 버스 터미널

버스 1시간 45분

리스본 세트 히우스 버스 터미널

나자레 해변 Praia da Nazaré

🚶 나자레 버스 터미널Terminal Rodoviário
da Nazaré에서 도보 2분
📍 Avenida Manuel Remígio 87, 2450-106

먼 옛날 나자레 절벽 아래는 모래사장 없이 깊은 바다로만 이루어져 있었다. 바람에 절벽이 깎이고, 파도에 실려 온 모래가 쌓여 지금의 긴 초승달 모양 해변이 만들어졌다. 해변의 끝, 펼치다 만 병풍 같은 기암절벽이 그 증거다. 110m 절벽 위의 수베르쿠 전망대에서 보면 초승달 모양 해변의 진면모를 볼 수 있다. 여름에는 수영하는 사람, 서핑하는 사람, 모래 위에서 축구를 즐기는 소년들이 한데 어우러진다. 긴 해변을 따라 걷다 보면 항구 중간쯤에 전통 그물 낚시를 했던 마지막 고깃배가 전시되어 있다. 그 옆으로 페네이루Peneiro라는 전통 그물을 바지랑대로 받치고 전갱이, 고등어 등 각종 생선을 말리는 풍경은 한국의 어촌을 닮았다.

페데르네이라 전망대

Miradouro da Pederneira

나자레는 나자레 해변이 있는 아랫마을과 절벽 위 윗마을 시티우로 나뉘는데, 아랫마을과 윗마을을 한눈에 담을 수 있는 곳이 바로 페데르네이라 전망대다. 해변에서 걸어 올라가려면 땀이 송골송골 맺힐 만큼 높은 언덕길을 올라야 한다. 바로 앞에 페데르네이라 성당이 있어서 페데르네이라 전망대라 불리며, 동네 주민들이 즐겨 찾는 작은 공원 같은 분위기다. 하지만 이곳에서 만날 수 있는 전망은 환상 그 자체! 전망대 의자에 앉아 멋진 사진을 한 장씩 남겨보자.

🚶 나자레 버스 터미널Terminal Rodoviário da Nazaré에서
도보 20분 📍 Rua do Mirante 5, 2450-060

아센소르 다 나자레 Ascensor da Nazaré

나자레 해변과 110m 높이 절벽 위의 시티우를 잇는 아
센소르 다 나자레는 놀이기구 저리 가라 할 만큼 짜릿한 교통수단이다. 나자레
해변에서 윗마을 시티우로 갈 때 아센소르를 이용하지 않으면 15~20분쯤 언덕
을 걸어 올라야 한다. 1889년 귀스타브 에펠의 제자이자 리스본의 산타 주스타
엘리베이터를 만든 라울 메스니에르 드 퐁사르가 만들었다. 처음에는 증기 리프
트였는데, 1968년 전기 리프트로 진화했다. 42도의 오르막 각도는 볼수록 절묘
하고, 스르륵 절벽을 오르내리는 승차감은 타도 타도 아찔하다.

🚶 나자레 해변에서 도보 5분 📍 상행 Rua do Elevador 9, 2450-200,
하행 Rua do Horizonte 20, 2450-065 🕐 07:15~24:00, 15분 간격 운행
💶 편도 €2.5, 왕복 €4 📞 +351-262-550-010

아센소르 다 나자레 옆길로 새면 트레킹

오르막길은 아센소르 다 나자레를 타
고, 내리막길은 산책을 즐겨보자. 초록
언덕 위의 산책로를 걸어 내려오며 바
라보는 마을과 해변 풍경이 평화롭기
그지없다. 등산 마니아라면 오르막길
도 아센소르 다 나자레를 타는 대신 트
레킹을 즐겨보자.

수베르쿠 전망대 Miradouro do Suberco

메모리아 소성당 옆 수베르쿠 전망대에 서면 초승달
모양의 나자레 해변이 시원스럽게 펼쳐진다. 마치 하늘
을 나는 갈매기의 눈으로 해변을 내려다보는 느낌이라
고 할까. 포르투갈의 해안선 중에서도 아름답기로 손
꼽힐 만하다. 전망대 담장에 빌트인 가구처럼 달린 벤
치에 걸터앉아 바람과 햇살을 온몸으로 즐기는 것도
이 전망대의 묘미다. 거대한 파도가 하얀 물거품을 일
으키며 해변을 쓰다듬는 청량한 풍경은 종일 바라봐
도 지루하지 않다. 단, 서핑 대회 기간이나 주말에는 인
파로 붐빈다. 전망대에는 음료를 파는 키오스크와 7겹
치마를 입고 견과류를 파는 노점상 할머니가 공존한
다. 전망대 주위로 기념품점이 많아 구경하는 재미도
쏠쏠하다.

🚶 아센소르 다 나자레 하행 정류장에서 도보 3분
📍 Sitio do Promontorio, Largo do Elevador, 2450-065

12세기 성모 마리아 발현지 ····· ⑤
메모리아 소성당 Ermida da Memoria

1182년 11월 14일, 안개 낀 아침 사슴을 쫓던 귀족 푸아스 로피뇨Fuas Roupinho는 절벽에서 떨어질 위기에 처했고, 그 순간 성모 마리아가 나타나 말을 세웠다고 한다. 가까스로 살아남은 그는 성모 마리아를 기리며 그 자리에 '기억의 사원'이라는 뜻의 메모리아 소성당을 짓고 그 이야기를 아줄레주로 남겼다. 탐험가 바스쿠 다 가마도 인도 항해 전 성모 마리아의 기운을 얻기 위해 다녀갔다고 한다.

🚶 아센소르 다 나자레 하행 정류장에서 도보 2분
📍 Rua 25 de Abril 17, 2450-065 🕐 09:00~18:00
📞 +351-262-550-100

이스라엘에서 온 성모 마리아 ····· ⑥
성모 마리아 성당 Santuário de Nossa Senhora

4세기경 이스라엘 나자렛에서 모셔 온 성모상을 8세기경 발견해 그 자리에 성당을 세웠다. 성모 마리아상 덕에 메모리아 소성당에 버금가는 순례 성지로 꼽힌다. 예배당 안으로 들어가 제단 오른쪽 아줄레주 터널을 지나면 이스라엘 나자렛에서 온 성모상을 볼 수 있다. 성모 마리아상을 직접 보고 만지며 소원을 빌면 그 소원이 이루어진다고 한다.

🚶 아센소르 다 나자레 하행 정류장에서 도보 3분
📍 Largo Nossa Senhora, 2450-065 🕐 10~3월 09:00~18:00, 4~9월 09:00~19:00 💶 성당 무료, 성모상 관람 €2

인생 사진 명소 ····· ⑦
파노라마 전망대
Miradouro Panoramico

이름처럼 나자레 등대로 가는 길 절벽 위에 멈춰 서서 파노라마 전망을 즐길 수 있는 곳이다. 연인들이 로맨틱한 전망을 바라보며 사랑을 속삭인다.

🚶 아센소르 다 나자레 하행 정류장에서 도보 9분

거대한 파도를 감상할 수 있는 명당 ····· ⑧
온다스 뷰포인트
Ondas da Nazaré Viewpoint

입장료를 내고 나자레 등대에 들어가지 않는다면 온다스 뷰포인트에 자리를 잡고 나자레 북쪽 해변의 풍경을 음미해보자. 시원스럽게 몰아치는 파도가 눈앞에 펼쳐진다.

🚶 아센소르 다 나자레 하행 정류장에서 도보 11분

나자레 등대 Farol da Nazaré

수베르쿠 전망대 절벽을 따라 10분쯤 내려가면 빨간 등대가 나타난다. 등대를 이고 있는 건물은 상 미겔 요새였는데, 지금은 전시관으로 변모했다. 전시관에는 나자레 서핑의 역사를 보여주는 사진과 나자레의 파도를 탄 서퍼들의 서프보드가 전시되어 있다. 사진 속에는 나자레를 '서핑의 성지'로 만든 거대한 파도가 있는데, 2011년 하와이안 서퍼 개릿 맥나마라가 약 30m 높이의 파도를 타 기네스북에 오르면서 더욱 유명해졌다. 등대 위에 올라 탁 트인 전망도 즐겨보자. 운이 좋으면 나자레 등대를 삼킬 만큼 큰 파도를 볼 수 있다.

🚶 아센소르 다 나자레 하행 정류장에서 도보 12분 　📍 Estrada do Farol, 2450
🕐 10:00~20:00 　💶 €3 　📞 +351-938-013-587

나자레 북쪽 해변 Praia do Norte

거대한 파도가 몰아치는 나자레 북쪽 해변에서는 서핑 대회 '투도르 나자레 토우 서핑 챌린지Tudor Nazaré Tow Surfing Challenge'가 열린다. 다른 해변과 달리 높은 파도가 형성되는 이유는 지형 때문이다. 북쪽 해변 앞바다에는 유럽에서 가장 큰 5,000m 깊이의 바다 협곡이 있는데, 이 바다 협곡이 파도를 증폭시켜 엄청난 높이의 파도를 만들어낸다. 세계 각국에서 온 서퍼들은 위험을 무릅쓰고 나자레의 높은 파도에 도전한다. 파도를 타는 서퍼 주변에는 제트스키가 대기하고 있는데, 서퍼가 위험에 처하면 즉시 구조하기 위함이다.

🚶 나자레 등대에서 도보 5분

소문난 정어리구이 맛 좀 볼까 ···· ①

카사 피레스 아 사르디냐

Casa Pires a Sardinha

문밖까지 솔솔 풍기는 냄새에 자석처럼 끌려 들어가게 되는 정어리구이 전문점으로 야외에서 쉴 새 없이 석쇠에 생선을 구워 나른다. 사르디냐 아사다Sardinha Assada(€18)를 시키면 정어리구이 5마리에 흰쌀밥, 구운 감자, 샐러드를 입이 떡 벌어지게 차려준다. 기름지고 고소한 맛이 전어와 비슷해 한국인 입맛에도 딱 맞는다. 여기에 국물이 자작한 해물밥까지 곁들이면 금상첨화다. 해물밥 중에서도 큼직한 아귀와 새우를 듬뿍 넣은 아로즈 탐보릴(€20)을 추천한다. 아구찜을 좋아하는 사람이라면 금방 반할 맛이다. 성모 마리아 성당 바로 옆이라 찾기도 쉽다.

🚶 아센소르 다 나자레 하행 정류장에서 도보 3분 📍 Largo de Nossa Sra. da Nazaré 44, 2450-065 🕐 12:00~15:00, 19:15~22:00 ❌ 월·일요일 📞 +351-262-553-391

절벽 위의 여유 한잔 ···· ②

타베르나 아피시온 Taberna Affcion

전망이 멋진 노천카페다. 야외 테이블에 앉으면 눈앞에 온통 푸른 바다가 펼쳐진다. 배경이 좋으니 맥주, 커피(€1.5~), 뭘 마셔도 꿀맛이다.

🚶 나자레 버스 터미널Terminal Rodoviário da Nazaré에서 도보 10분 📍 Rua do Horizonte 17, 2450-065 🕐 10:00~22:00 ❌ 월·수요일 📞 +351-913-968-247

안 가면 후회하는 모던 키친 ···· ③

토스카 가스트로바 Tosca Gastrobar

싱싱한 재료와 셰프의 창의력으로 승부하는 레스토랑. 꼭 맛봐야 할 폴보 그렐랴두(€21)는 문어 살이 얼마나 보들보들한지 입에서 살살 녹는다. 향긋한 와인 한잔 곁들이면 화룡점정!

🚶 나자레 버스 터미널Terminal Rodoviário da Nazaré에서 도보 10분 📍 Rua Mouzinho de Albuquerque 4, 2450-255 🕐 12:00~15:00, 19:00~22:00 ❌ 일요일 📞 +351-262-562-261

나자레 최고의
와인 & 타파스 바 ····· ④

타베르나 두 8 오 80

Taverna do 8 ó 80

약 450여 종의 포르투갈 와인과 그에 어울리는 타파스(€8.95~16.95), 메인 요리를 선보인다. 셰프 추천 메뉴는 바칼라우 아 카사(€23)다. 크렘 브륄레, 티라미수 등이 담긴 트레이에서 쏙쏙 골라 먹는 디저트도 빼먹으면 아쉽다. 해 질 무렵 야외 테이블에 앉으면 노을에 취하고 와인에 반해 분위기가 무르익는다. 중심가에서 떨어져 있지만, 해변을 따라 걸어갈 가치가 있다. 큰 파도를 타며 나자레를 널리 알린 서퍼 개릿 맥나마라가 이곳에서 결혼식 피로연을 열었다고 한다.

🚶 나자레 버스 터미널Terminal Rodoviário da Nazaré에서 도보 11분
📍 Avenida Manuel Remígio 8, 2450-106 🕐 12:00~15:30, 19:00~22:30
❌ 화요일 📞 +351-262-560-490

로컬들이 즐겨 찾는
해산물 천국 ····· ⑤

아키 델 마르 Aki-d'el-Mar

대항해 시대 국민 시인 루이스 드 카몽이스의 시구를 패러디한 이름에서 자부심이 느껴진다. 맛조개(€16), 새우, 거북손, 게(€28), 랍스터 등 싱싱한 해산물을 직접 보고 골라 먹을 수 있다. 가성비가 좋은 메뉴는 게 요리 사파테이라 헤셰아다인데, 한국과 달리 차갑게 먹는 포르투갈 스타일이어서 호불호가 갈릴 수 있다. 게 안을 가득 채운 페이스트에 빵을 찍어 먹는 맛이 일품이다. 요리의 가격은 해산물 무게에 따라 달라진다.

🚶 나자레 버스 터미널Terminal Rodoviário da Nazaré에서 도보 10분
📍 Avenida Manuel Remígio 129, 2450-172 🕐 12:00~24:00
❌ 화요일 📞 +351-262-551-028
🏠 www.akidelmar.com

AREA ···· ③

수도원에 의한, 수도원을 위한 도시

알코바사 Alcobaça
바탈랴 Batalha

#중세 수도원 건축 투어 #유네스코 세계문화유산
#수도원에 깃든 이야기

두 도시는 고색창연한 중세 수도원을 볼 수 있는 여행지다.
알코바사에는 포르투갈의 로미오와 줄리엣이라 불리는
동 페드루 1세와 도나 이네스 왕비가 묻힌 알코바사 수도원이,
'전투'라는 이름의 도시 바탈랴에는 '승리의 성모 마리아
수도원'이라는 뜻을 품은 바탈랴 수도원이 있다.
두 곳 모두 유네스코 세계문화유산으로 등재됐다.

알코바사·바탈랴
여행의 시작

리스본에는 알코바사와 바탈랴로 가는 직행 기차가 없어서 버스로 이동하는 것이 편하다. 알코바사와 바탈랴는 버스로 30분 거리라 묶어서 여행하기 좋다. 리스본-알코바사-바탈랴-리스본 순으로 둘러보기를 추천한다.

리스본
세트 히우스
버스 터미널
·········· 버스 1시간 35분~, €8~ ··········
알코바사
알코바사
버스 터미널
·········· 버스 30분~, €5 ··········
바탈랴
루아 두 모이뉴
다 빌라 정류장

어떻게 갈까?

리스본 ▶ 알코바사 | 버스 Bus

리스본 세트 히우스 버스 터미널과 알코바사 버스 터미널Terminal Rodoviário de Alcobaça (구글맵 Alcobaca Bus Station 검색)을 헤데 익스프레수스 직행 버스가 오간다. 리스본에서 알코바사로 가는 편은 하루 5회, 리스본으로 돌아오는 편은 하루 7회 운행하며, 편도 1시간 35분에서 2시간 정도가 소요된다. 버스 승차권은 오미오 홈페이지나 앱에서 예매하는 것이 편하다.

🕐 알코바사행 11:00, 12:00, 15:00, 16:30, 19:30, 리스본행 06:30, 08:30, 14:00, 15:00, 17:00, 17:45, 20:30 € 편도 €8~, 왕복 €15~

알코바사 ▶ 바탈랴 | 버스 Bus

알코바사에서 바탈랴의 루아 두 모이뉴 다 빌라Rua do Moinho da Vila 정류장까지는 테주 버스가 하루 8회 운행하며, 약 30분이 소요된다.

🕐 07:20, 10:34, 11:09, 11:10, 12:45, 13:50, 17:40, 19:10 € €5

알코바사 ▶ 바탈랴 | 택시 Taxi

알코바사 수도원에서 택시를 타고 바탈랴 수도원까지 이동하는 경우 25분이면 도착한다. 요금은 €26 정도가 나온다.

리스본 ▶ 바탈랴 | 버스 Bus

리스본 세트 히우스 버스 터미널에서 바탈랴의 루아 두 모이뉴 다 빌라 정류장까지는 헤데 익스프레수스를 하루 3번 운행하며, 2시간이 소요된다. 바탈랴에서 리스본으로 가는 직행 버스도 하루 3회 운행한다.

🕐 바탈랴행 12:00, 14:30, 17:30, 리스본행 08:15, 11:15, 18:15 💶 €8~

어떻게 다닐까?

알코바사, 바탈랴 모두 도보로 여행하기 좋은 소도시다. 알코바사 버스 터미널에서 알코바사 수도원은 도보 8분 거리, 루아 두 모이뉴 다 빌라 정류장에서 바탈랴 수도원은 도보 5분 거리다. 두 수도원 모두 규모가 크고 볼거리가 많아 1시간 이상 시간을 잡고 돌아보는 것을 추천한다.

알코바사
상세 지도

바탈랴 수도원

알코바사 버스 터미널 BUS

1 안토니우 파데이루   2 트린다드

• 식당

• 침묵의 회랑   1 알코바사 수도원

• 왕의 홀

• 동 페드루 1세와 도나 이네스의 석관

0   50m

알코바사·바탈랴
추천 코스

수도원도 식후경. 알코바사로 출발해 수도원 옆 안토니우 파데이루에서 전통 요리 프랑구 나 푸카라를 먹고 알코바사 수도원을 둘러보자. 항아리에 수탉, 토마토, 감자, 당근, 마늘, 겨자, 월계수, 브랜디 등을 넣고 뭉근히 끓이는 요리로 한국인 입맛에도 잘 맞는다. 알코바사 수도원을 둘러본 후 바탈랴로 이동해 바탈랴 수도원을 둘러보면 당일치기 유네스코 세계문화유산 순례 코스가 완성된다.

🕐 **소요 시간** 10시간~

💶 **예상 경비** 교통비 €21 + 입장료 €30 + 식비 €20~ + 쇼핑 비용 = 총 €71~

✅ **참고 사항** 리스보아 카드 소지 시 알코바사와 바탈랴 수도원 입장이 무료이니 리스보아 카드를 구입해 리스본에서 당일치기로 다녀오는 일정으로 경비를 절약해보자.

리스본 세트 히우스 버스 터미널

버스 1시간 35분

알코바사 버스 터미널

도보 4분

점심 식사 안토니우 파데이루 P.335

도보 4분

알코바사 수도원 P.333

도보 8분

알코바사 버스 터미널

버스 30분

루아 두 모이뇨 다 빌라 정류장

도보 5분

바탈랴 수도원 P.336

도보 5분

루아 두 모이뇨 다 빌라 정류장

버스 2시간

리스본 세트 히우스 버스 터미널

알코바사 수도원

Mosteiro de Alcobaça

정식 명칭은 산타 마리아 드 알코바사 수도원Mosteiro de Santa Maria de Alcobaça이다. 포르투갈 건국과 함께 세워진 수도원으로 아폰수 1세가 포르투갈에서 무어인을 쫓아내는 데 협력한 시토회Cistercian에 감사하는 뜻으로 건립했다. 포르투갈의 로미오와 줄리엣, 동 페드루 1세와 도나 이네스 왕비가 묻힌 곳으로 유명하다. 당시 수도원에서는 999명의 수도사가 교대로 기도를 해 24시간 내내 미사가 끊이지 않았다고 한다. 폭이 좁은 고딕 양식 성당, 군더더기 없는 기숙사, 잘 정돈된 정원 등을 보면 얼마나 규율이 엄격했을지 짐작이 간다. 1989년 유네스코 세계문화유산으로 등재된 후 수도원을 찾는 관광객이 끊이지 않는다.

🚶 알코바사 버스 터미널Terminal Rodoviário de Alcobaça에서 도보 8분 📍 Praça 25 de Abril, 2460-018 🕐 4~9월 09:00~19:00, 10~3월 09:00~18:00 ❌ 1/1, 부활절, 5/1, 12/25 💶 일반 €15, 학생·65세 이상 €7.5, 12세 이하 무료 📞 +351-262-505-120 🏠 www.mosteiroalcobaca.pt

---

유네스코 세계문화유산 통합권

알코바사 수도원, 바탈랴 수도원, 토마르의 크리스투 수도원을 포함하는 통합권을 €25에 판매한다. 하루 동안 세 곳을 모두 돌아보는 경우 유용한데, 도시 간 이동 시간을 생각한다면 대중교통 이용자는 사용할 수 없다고 봐야 한다. 렌터카나 투어 이용자는 고려해볼 만하다.

●

알코바사 수도원
관람 포인트

이곳 수도원에는 동 페드루 1세와 도나 이네스의
슬픈 사랑 이야기가 깃들어 있다.
동 페드루 1세는 스페인의 콘스탄자 공주와
정략결혼을 했지만, 시녀 이네스와 사랑에 빠졌다.
그는 콘스탄자 공주가 죽은 뒤 이네스를 왕비로
맞으려 했지만, 이네스가 살해당해 평생 그녀를
그리워하다가 죽어서야 이 수도원에 나란히 묻혔다.

Point ① 동 페드루 1세와 도나 이네스의 석관
Túmulo de D. Pedro & D. Inês

많은 이들이 이곳을 찾는 이유다. 성당의 양쪽 익랑에 천사들에
게 둘러싸인 왕과 왕비의 조각을 새긴 석관이 마주 보고 놓여 있
다. 왕의 관 옆면에는 연인의 비극적인 사랑 이야기를, 왕비의 관
옆면에는 예수의 생애를 정교하게 조각해놓았다.

Point ② 왕의 홀 Sala dos Reis

역대 포르투갈 왕의 입상이 전시된 홀이다. 푸른 아줄레주 장식
과 왕들의 조각상이 볼거리다.

Point ③ 식당 Cozinha

수도사 999명의 삼시 세끼를 책임지던 주방이다. 20m가 넘는 거
대한 굴뚝과 조리대, 수로가 얼마나 많은 양의 음식을 만들었을지
짐작케 한다. 강에서 난 물고기와 수도사들이 경작한 농산물이
많아 수도원의 식탁은 언제나 풍족했다고 한다. 식당 옆에는 몹시
좁은 문이 하나 있는데, 이 문을 통과하지 못한 수도사는 문을 통
과할 수 있는 몸이 될 때까지 굶어야 했다고 전해진다.

Point ④ 침묵의 회랑 Claustro do Silêncio

수도원 정중앙에 위치한 회랑으로 수도사들이 예배당, 식당, 기
숙사 등으로 이동할 때 거쳐 가던 곳이다. 이곳을 지날 때는 반드
시 묵언수행을 하듯 침묵해야 했기에 침묵의 회랑이라고 불린다.

안토니우 파데이루 António Padeiro

1938년 오픈 이래 알코바사의 대표 맛집 자리를 지켜
왔다. 자리에 앉자마자 각종 쿠베르트를 보여주며 고
르게 한 후 주문을 받는데, 흑돼지, 닭고기, 소고기 등
육류가 주 종목이다. 꼭 맛보아야 할 메뉴는 프랑구 나
푸카라(€15.5)다. 달콤한 포트와인 소스에 조린 사과
를 베이컨으로 돌돌 말아 흑돼지 안심에 올린 롬비뉴
스 드 포르쿠 프렛Lombinhos de Porco Pret(€17)도 인기
메뉴다. 달콤 상큼한 사과, 짭짤한 베이컨, 담백한 흑
돼지 안심의 조화가 일품이다. 빈티지하면서도 아늑한
인테리어도 음식의 맛을 더욱 높여준다.

🚶 알코바사 수도원에서 도보 4분
📍 Rua Dom Maur Cocheril 27, 2460-032
🕐 12:00~15:00, 19:00~22:00
❌ 화·수요일 📞 +351-262-582-295
🏠 antoniopadeiro.pt

트린다드 Trindade

알코바사 수도원 주변 레스토랑 중 가장 식사다운 식사를 할 수 있는 곳이다. 프
랑구 나 푸카라 같은 지역 전통 요리는 물론 알렌테주 지방 요리까지 선보인다.
점심에는 수프와 메인 요리에 와인 한 잔이 포함된 오늘의 메뉴(€15.5)를 주문
해보자. 수도원 바로 옆이라 찾아가기 쉽고 편안한 분위기가 장점이다. 카페 겸
레스토랑이어서 커피 한잔하기도 좋다. 현지인들도 퇴근길 맥주 한잔을 위해 즐
겨 찾는다.

🚶 알코바사 수도원에서 도보 2분 📍 Praça Dom Afonso Henriques 22, 2460-030
🕐 12:00~15:00, 19:00~22:00 📞 +351-917-746-466
🏠 caferestaurantetrindade.wordpress.com

●

포르투갈 고딕 양식의 걸작
바탈랴 수도원 Mosteiro da Batalha

Lisboa Card
무료입장

정식 명칭은 산타 마리아 다 비토리아 수도원Mosteiro de Santa Maria da Vitoria으로 '승리의 성모 마리아 수도원'이라는 뜻이다.
1385년 8월 14일 카스티야(스페인)와의 알주바로타Aljubarrota 전쟁에서 대승을 거둔 주앙 1세가 그의 간절한
기도를 들어준 성모 마리아에게 영광을 돌리기 위해 1386년 건설을 시작했다. 전쟁을 승리로 이끈 주앙 1세가 왕위에
오르며 아비스Aviz 왕조가 시작됐고 주앙 1세의 첫째 아들 두아르트 1세가 대를 이어 수도원을 건설했지만,
완성하지 못한 채 세상을 떠나며 '미완의 예배당'이 남게 됐다. 200년에 걸쳐 지은 덕에 고딕, 르네상스, 마누엘 양식이
켜켜이 더해져 이베리아반도에서 가장 매혹적인 고딕 양식 수도원으로 손꼽힌다.

🚶 루아 두 모이뉴 다 빌라Rua do Moinho da Vila 정류장에서 도보 5분
📍 Largo Infante Dom Henrique, 2440-109 🕐 4~9월 09:00~18:30, 10~3월 09:00~18:00
✖ 1/1, 부활절, 5/1, 12/25 💶 일반 €15, 학생·65세 이상 €7.5, 12세 이하 무료
📞 +351-244-765-497 🏠 www.mosteirobatalha.pt

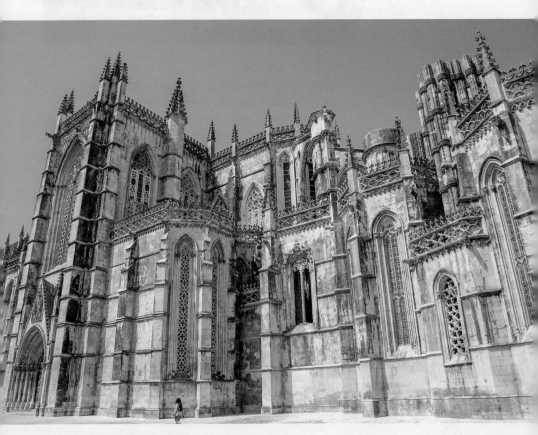

최적의 관람 순서로 보는
수도원 투어

천사, 성인, 예언자들을 정교하게 조각한 정문으로 들어서면 주앙 1세의 예배당과 회랑, 무명용사의 방, 알폰소의 회랑이 꼬리에 꼬리를 물고 연결된다. 차례로 둘러본 후 밖으로 나가 수도원의 하이라이트인 미완성 예배당을 관람하면 된다.

① 주앙 1세의 예배당 Capel de João I

수도원 입구와 바로 연결되는 예배당이다. 스테인드글라스에 오후 햇발이 스며들면 오색영롱한 빛과 그림자가 햇살의 리듬에 맞춰 춤을 춘다.

② 주앙 1세의 회랑 Claustro de João I

마누엘 양식의 미학을 보여주는 회랑이다. 회랑 끝자락에 있는 분수는 수도사들이 식사 전 몸과 마음을 경건하게 하는 의식으로 손을 씻던 곳이다.

③ 무명용사의 방 Sala do Capítulo

프랑스와 아프리카 모잠비크에서 전사한 용사들이 잠들어 있는 방. 멋진 근위병들이 미동도 않고 마네킹처럼 서서 지키고 있다. 근위병 교대식도 볼거리다.

④ 미완성 예배당 Capelas Imperfeitas

16세기 초 마누엘 양식의 화려한 건축 기법이 응축되어 있다. 예배당을 완성하지 못하고 갑자기 세상을 떠난 두아르트 1세와 그의 아내 레오노르 왕비가 잠들어 있는데, 마치 영원한 사랑을 약속하듯 두 손을 꼭 잡고 있는 모습이 인상적이다. 천장은 없지만 내부는 7개의 예배실로 이루어져 있다.

AREA ····④

템플 기사단의 숨결이 깃든

토마르 Tomar
파티마 Fátima

#템플 기사단의 도시 #유네스코 세계문화유산
#성모 마리아의 강림 #성지 순례

중세 모습을 오롯이 간직한 토마르의 백미는 크리스투 수도원이다.
예루살렘을 찾는 가톨릭 순례자를 보호하기 위해 템플 기사단이
결성되었고 그 역할을 크리스투 기사단이 이어받았다.
크리스투 수도원은 이 기사단의 본부였던 곳이다.
투마르 옆에 위치한 파티마는 크리스투 수도원보다
많은 순례자가 방문하는 성지다. 세계 각지에서 온 신자들이
파티마 성소에 있는 성모 마리아 발현 예배당에서 기도를 올린다.

토마르·파티마
여행의 시작

토마르는 포르투보다 리스본에서 이동하기 편하다. 리스본에 토마르로 가는 직행 기차가 있고, 토마르 역은 시내에 있어 여행을 시작하기 편리하다. 리스본에서 토마르까지 가는 직행 버스도 있지만, 하루에 4편뿐이다. 포르투에는 토마르까지 가는 직행 기차도 버스도 없다. 토마르에서 파티마까지는 버스로 40분이 걸리는데, 버스가 하루에 1대만 있어 대중교통으로 당일에 두 곳 모두 돌아보기는 어렵다.

리스본		토마르		파티마
산타 아폴로니아 역 ········· 기차 2시간~, €8~ ·········		토마르 역		
		토마르 버스 터미널 ········· 버스 40분~, €8 ·········		파티마 버스 터미널

어떻게 갈까?

리스본 ▶ 토마르 | 기차 CP

리스본 산타 아폴로니아 역에서 토마르Tomar 역까지는 직행 열차로 약 2시간이 걸린다. 토마르행 열차를 하루 10대 정도 운행한다.

🕐 06:45~22:45 💶 €18~

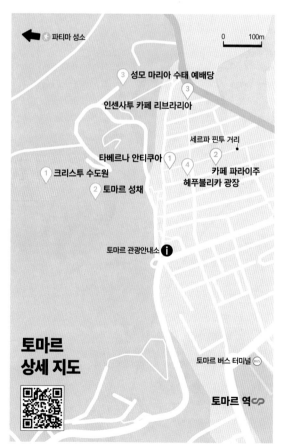

← 🚶 파티마 성소

0   100m

③ 성모 마리아 수태 예배당

인센사투 카페 리브라리아

세르파 핀투 거리

타베르나 안티쿠아 ① ②
① 크리스투 수도원 ④   카페 파라이주
② 토마르 성채   헤푸블리카 광장

토마르 관광안내소 ℹ️

토마르 상세 지도

토마르 버스 터미널 🚌

토마르 역 CP

토마르 ▶ 파티마 | 버스 Bus

토마르 버스 터미널Terminal Rodoviário de Tomar에서 파티마 버스 터미널Terminal Rodoviário de Fátima까지는 헤데 익스프레수스 버스로 40분 거리다. 단, 버스가 하루에 한 대뿐이니 토마르에서 머물고 다음 날 아침 일찍 이동해야 한다.

🕐 파티마행 07:00 💶 €8

리스본 ▶ 파티마 | 버스 Bus

리스본 세트 히우스와 오리엔트 버스 터미널에서 파티마 버스 터미널까지는 헤데 익스프레수스와 알사, 플릭스버스로 1시간 30분 거리다.

🕐 06:30~22:30, 약 30분 간격 운행 💶 €8~

어떻게 다닐까?

토마르의 명소는 도보로 돌아볼 수 있을 만큼 가깝다. 토마르 역에서 헤푸블리카 광장까지는 도보 9분 거리이고, 헤푸블리카 광장에서 크리스투 수도원까지는 도보 10분 거리다. 단, 크리스투 수도원에 가려면 오르막을 올라야 하니 편한 신발을 신는 것이 좋다. 파티마는 성지 순례를 위해 파티마 성소를 보러 가는 여행자가 대부분이며 충분히 도보로 돌아다닐 수 있다.

토마르·파티마
추천 코스

토마르 역에 도착하면 중세를 재현한 레스토랑 타베르나 안티쿠아에서 점심부터 먹고 크리스투 수도원에 올라보자. 오르는 길에 성모 마리아 수태 예배당 앞에서 토마르 시내를 배경으로 인생 사진을 한 장 남기고 나서 크리스투 수도원을 관람하면 감동이 배가 된다. 토마르 성채를 둘러본 후에는 토마르의 중심 헤푸블리카 광장 주변에서 기념품 쇼핑도 하고 토마르의 사랑방 같은 카페 파라이주에서 커피나 맥주를 한잔하며 중세로의 여행을 마무리해보자.

🕐 **소요 시간** 8시간~

€ **예상 경비** 교통비 €16~ + 입장료 €15 + 식비 €20~ + 쇼핑 비용 = 총 €51~

✓ **참고 사항** 파티마는 대중교통 이용 시 토마르와 함께 당일 여행이 불가능하다. 파티마로 가는 버스가 이른 아침에 출발하는 1대뿐이라 토마르에서 하룻밤 묵고 다음 날 파티마로 이동해야 한다. 토마르에서 하루 머물 예정이라면 숙소는 호텔 두스 템플라리우스Hotel dos Templários를 추천한다. 전망 좋은 스위트룸도 저렴한 편이고, 실내 및 야외 수영장, 테니스 코트까지 갖추고 있다. 파티마를 둘러본 후에는 버스를 타고 리스본으로 이동하는 동선이 효율적이다.

리스본 산타 아폴로니아 역

기차 2시간

토마르 역

도보 9분

점심 식사 타베르나 안티쿠아 P.343

도보 9분

성모 마리아 수태 예배당 P.342

도보 4분

크리스투 수도원 P.341

도보 1분

토마르 성채 P.342

도보 3분

헤푸블리카 광장 P.342

도보 3분

카페 카페 파라이주 P.343

도보 9분

토마르 역

기차 2시간

리스본 산타 아폴로니아 역

크리스투 수도원
Convento da Ordem de Cristo

12세기 중반, 템플 기사단의 초대 단장인 구알딩 파이스Gualdim Pais의 명으로 토마르의 가장 높은 언덕 위에 건설한 수도원이다. 수도원 내 성당은 독특하게도 16각형 모양이며, 그 안에 8각형의 성가대석을 갖추고 있다. 수도원 안에 있는 여러 개의 회랑은 12~16세기에 걸쳐 다양한 건축 양식으로 세워졌다. 15세기 초 증축한 '깨끗한 물의 회랑'과 '무덤의 회랑'은 우아한 아치가 돋보이는 고딕 양식으로 특히 주목할 만하다. 제로니무스 수도원, 바탈랴 수도원과 더불어 포르투갈 3대 마누엘 양식 수도원으로 꼽히는데, 다른 수도원에 비해 푸른 아줄레주 장식이 많은 편이다. 유럽의 시토회 수도원 중 가장 보존 상태가 뛰어나며, 1983년 유네스코 세계문화유산으로 등재됐다.

🚶 토마르Tomar 역에서 도보 18분 📍 Igreja do Castelo Templário, Estrada do Convento 8, 2300-000 🕐 6~9월 09:00~18:30, 10~5월 09:00~17:30 ❌ 1/1, 부활절, 5/1, 12/25
💶 일반 €15, 학생·65세 이상 €7.5, 12세 이하 무료
📞 +351-249-315-089 🏠 www.conventocristo.pt

토마르 성채 Castelo de Tomar

수도원 바로 옆 토마르 성채는 무어인으로부터 포르투갈을 방어하기 위해 지은
요새였다. 12세기에는 템플 기사단, 14세기에는 크리스투 기사단의 행정 본부
와 주거지로도 쓰였다. 그들이 정복한 지역의 특징을 딴 꽃, 사슴, 산호 등 화려한
마누엘 양식의 장식이 돋보인다. 남아 있는 성벽을 따라 걷거나 정원을 산책하며
찬찬히 둘러보기 좋은 분위기다. 토마르 성채 입구에서는 거리의 음악가들이 중
세풍 의상을 입고 악기를 연주하며 분위기를 돋운다.

🚶 토마르Tomar 역에서 도보 18분
📍 Estrada do Convento 8, 2300
🏠 www.conventocristo.pt

성모 마리아 수태 예배당

Ermida de Nossa Senhora da Conceição

16세기 산 위에 지은 예배당이다. 안에 들어가볼 수는 없
지만, 이 예배당 앞에 서면 토마르 시내를 한눈에 담을 수
있어 인생 사진을 남기기 그만이다. 크리스투 수도원 가
는 길에 들러보자.

🚶 토마르Tomar 역에서 도보 9분
📍 Ermida da Imaculada Conceição,
Convento de Cristo, 2300-322
📞 +351-249-315-089

헤푸블리카 광장 Praça da República

타블레이루 축제Festa dos Tabuleiros, 크리스마스 마켓 등
다양한 행사가 열리는 광장이다. 광장 중앙에는 템플 기
사단 초대 수장 구알딩 파이스의 동상이 서 있다.

🚶 토마르Tomar 역에서 도보 9분
📍 Praça da República 41, 2300-550

중세로 떠나는 시간 여행 ······· ①
타베르나 안티쿠아 Taverna Antiqua

헤푸블리카 광장에 자리한 중세 콘
셉트의 타베르나(선술집)다. 어
둑한 실내 테이블에 앉으면 중
세 복장을 한 직원이 촛대를 가
져와 빛을 밝혀준다. '램 트리밍
(€7)', '중세 바칼랴우(€14)' 등 고풍
스러운 메뉴판부터 중세 분위기가 물씬 풍긴다. 잠시
토마르의 중세 시대로 시간 여행을 온 듯한 풍경 속에
서 식사를 즐기기 그만이다. '마녀 소스 소고기(€12)'와
맥주(€1.5~)는 조합이 좋아 도자기 잔에 담긴 맥주를
꿀꺽꿀꺽 마시게 된다. 채식 메뉴도 준비되어 있다.

🚶 토마르Tomar 역에서 도보 9분
📍 Praça da República 23, 2300-556
🕐 12:00~15:00, 19:00~23:00
❌ 월요일 📞 +351-249-311-236
🏠 tavernaantiqua.com

100년이 넘은 로컬들의 사랑방 ······· ②
카페 파라이주 Café Paraíso

토마르의 번화가 세르파 핀투 거리
Rua Serpa Pinto에 자리한 카페로
1911년 문을 연 이래 대대손손 가
게를 이어오고 있다. 커피 한잔의
여유를 즐기기도, 맥주(€1.5~)나 와
인을 한잔하기에도 좋은 분위기다.

🚶 토마르Tomar 역에서 도보 9분 📍 Rua Serpa Pinto 127,
2300-592 🕐 10:00~02:00(토요일 ~04:00) ❌ 일요일
📞 +351-249-312-997 🏠 cafeparaiso.pt

여유로운 노천 북 카페 ······· ③
인센사투 카페 리브라리아
Insensato Café-Livraria

서가에 책이 빼곡하게 들어찬 북 카
페. 커피는 물론 샌드위치(€8.5)와 샐러
드(€6~) 등 브런치 메뉴까지 구비하고 있다. 맑은 날에는
야외 테라스에서 커피 한잔하며 쉬어 가기 좋다.

🚶 토마르Tomar 역에서 도보 12분 📍 Rua da Silva
Magalhães 25, 2300-593 🕐 수~금요일 12:00~16:00,
토·일요일 10:00~19:00 ❌ 월·화요일
🏠 www.facebook.com/insensatocafelivraria

성모 마리아가
강림한 곳으로!
파티마 성소
Santuário de Fátima

세계 각지에서 매년 400만여 명이 성지 순례를 오는
파티마는 가톨릭교회가 공식적으로 인정한
성모 발현지다. 간절한 바람과 신실한 신앙을 지닌
가톨릭 신자들이 이곳에 기도를 하러 모여든다.
순례자들이 매일 밤낮으로 초를 태우는 모습도,
간절한 바람을 품고 성모 마리아 발현 예배당까지
무릎으로 기어가는 모습도 파티마에서만
볼 수 있는 풍경이다. 관광보다는 성지 순례를
하려는 여행자에게 추천한다.

🏃 파티마 버스 터미널Terminal Rodoviário de Fátima
에서 도보 3분 📍 Rua de Santa Isabel 360, 2495-424
📞 +351-249-539-600 🏠 www.fatima.pt

1

바티칸 성 베드로 광장보다 드넓은 광장을 품은
파티마 대성당
Basílica de Nossa Senhora do Rosário de Fátima

파티마를 찾는 순례자들이 늘어나며 건설된 신고전주의
양식의 대성당이다. 정식 명칭은 '바실리카 드 노사 세뇨라
두 로자리오 드 파티마'로, 성모 마리아(노사 세뇨라Nossa
Senhora)가 목동들에게 묵주(로자리오Rosário)를 들고 기
도하라고 청했다는 이야기에서 유래한 이름이다. 대성당
중앙에 큰 십자가를 올린 65m의 탑이 있고, 내부에는 성
모 발현을 최초로 접하고 파티마 사람들에게 알린 '자신
타'와 '프란시스쿠'의 묘가 있다. 파티마의 기적에 관한 이
야기는 성당 스테인드글라스에도 담겨 있다. 파티마 대성
당은 바티칸에 위치한 성 베드로 광장보다 2배가량 넓은
코바 다 이리아Cova da Iria 광장을 품고 있는데, 이 드넓은
광장이 5월부터 10월까지 매달 13일마다 순례자들로 인
산인해를 이룬다. 특히 성모 발현이 처음 목격된 5월과 마
지막 발현이 있었던 10월에 많은 사람이 몰려든다.

🕐 06:00~20:00

② 순례자들의 기부금으로 지은 또 하나의 성당
삼위일체 성당
Basílica da Santíssima Trindade

2007년 파티마의 기적 90주년을 기념하여 완공한 성당으로 약 8,500명을 수용하는 규모다. 그리스 건축가 알렉산드로스 톰바지스Alexandros Tombazis가 모던한 건축물로 설계했다. 제단 위에 걸려 있는 동으로 만든 십자가는 무교인 아일랜드 예술가 캐서린 그린 Catherine Green의 작품이다. 성당 앞에는 요한 바오로 2세의 동상이 서 있고, 외벽에는 세계 각국의 언어로 성경 구절을 새겨놓았다. 건설에 든 8,000만 유로는 모두 순례자들의 기부금으로 마련했다.

🕐 09:00~19:00

③ 순례자들이 가장 먼저 찾는 곳
성모 마리아 발현 예배당 Capelinha das Aparições

대성당 앞 코바 다 이리아 광장에 최초로 지어진 예배당이다. 1917년 5월부터 매달 13일마다 성모 마리아가 이곳에 있던 3명의 어린 목동 앞에 나타나 기도를 열심히 하면 평화를 주겠노라 약속했다. 매달 아이들을 찾아온 성모 마리아의 이야기가 알려지며 사람들이 모이기 시작했고, 1917년 10월 13일 파티마에 약 6만여 명이 모였을 때 하늘에서 태양이 빙글빙글 돌아 성모 마리아가 파티마에 강림했음을 믿게 되었다고 한다. 1930년 포르투갈 주교들이 파티마의 성모 발현을 공식적으로 인정했고, 그 자리에 성모 마리아 발현 예배당을 지었다.

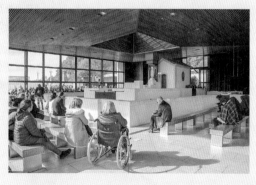

AREA ····⑤

감미로운 파두가 흐르는 대학 도시

코임브라 Coimbra

#포르투갈 최초의 대학 #사랑을 고백하는 파두
#도서관이 아름다운 코임브라 대학교

몬데구강이 흐르는 포르투갈 중부 코임브라는 포르투갈의
학문과 예술을 꽃피운 '대학 도시'다. 언덕 위에는
포르투갈 최초의 대학이자 유네스코 세계문화유산으로 등재된
코임브라 대학교가 있고, 오밀조밀 미로 같은 골목 안에는
학생들의 기숙사, 오래된 성당, 파두 하우스가 숨어 있다.
코임브라 시계탑 종소리에 귀 기울이고, 학생들의 발걸음에 맞춰
도시를 걷다 보면 청춘의 에너지가 마음속까지 스며든다.

코임브라
여행의 시작

리스본과 포르투 사이에 있는 코임브라는 기차나 버스로 갈 수 있다. 포르투에서 이동할 경우 캄파냐 역에서 기차를, 리스본에서 이동할 경우 세트 히우스 버스 터미널에서 버스를 타는 것이 효율적이다.

포르투

캄파냐 역 ········· 기차 1시간 12분+4분~, ········· **코임브라 역**
€6+€1.45~

코임브라

코임브라 버스 터미널 ········· 버스 2시간 15분~, ········· **세트 히우스 버스 터미널**
€11~

리스본

어떻게 갈까?

코임브라에는 코임브라 역과 코임브라B 역이 있다. 코임브라 역은 도심에서 도보 5분 거리이고, 코임브라B 역은 1.5km 이상 떨어져 있다. 보통 장거리로 이동하는 경우 기차는 코임브라B 역에 도착하며, 해당 역에서 기차를 갈아타 코임브라 역까지 이동하면 된다.

포르투 ▶ 코임브라 | 기차 CP

포르투 캄파냐 역에서 코임브라B 역까지는 1시간 12분에서 1시간 20분이면 도착한다. 코임브라B 역에서 기차를 갈아타 코임브라 역으로 갈 때는 4분이 소요된다. 버스보다 기차가 더 빠르고 서렴하다.

🕐 캄파냐-코임브라B 역 05:40~20:40, 코임브라B-코임브라 역 06:27~22:59
€ 캄파냐-코임브라B 역 €6~, 코임브라B-코임브라 역 €1.45~

포르투 ▶ 코임브라 | 버스 Bus

포르투 캄파냐 버스 터미널에서 헤데 익스프레수스와 플릭스버스가 코임브라를 오간다. 헤데 익스프레수스는 코임브라 버스 터미널Terminal Rodoviário de Coimbra까지 1시간 15분에서 1시간 50분 정도가 소요된다. 플릭스버스는 플릭스버스 전용 코임브라 버스 정류장(구글맵 Coimbra(Rua do Padrao) 검색)까지 1시간 20분에서 1시간 35분 정도가 소요된다. 코임브라 버스 터미널보다 북쪽으로 코임브라B 역과 가까운 위치다.

🕐 헤데 익스프레수스 05:45~24:45, 플릭스버스 06:15~01:40
€ 헤데 익스프레수스 €6.85~13.7, 플릭스버스 €5~26

리스본 ▶ 코임브라 | 기차 CP

리스본 산타 아폴로니아 역에서 코임브라B 역까지 IC열차로 2시간 5분, AP열차로 1시간 45분 정도가 소요된다.

🕐 06:30~22:00, 30분 간격 운행 € €9.5~

리스본 ▶ 코임브라 | 버스 Bus

헤데 익스프레수스는 리스본 세트 히우스 버스 터미널에서 코임브라 버스 터미널을 오가며, 2시간 15분에서 2시간 40분 정도가 소요된다. 플릭스버스는 리스본 오리엔트 버스 터미널에서 플릭스버스 전용 코임브라 버스 정류장까지 2시간 20분 안에 내려준다. 플릭스버스는 새벽에 출발하면 €7로 저렴하게 이용할 수도 있다.

🕐 헤데 익스프레수스 08:30~21:00, 플릭스버스 06:20~20:15
€ 헤데 익스프레수스 €11~17, 플릭스버스 €7~

어떻게 다닐까?

코임브라는 몬데구강을 가운데 두고 구도심과 신도심으로 나뉘는데, 코임브라 대학교를 비롯한 주요 명소는 구도심에 집중되어 있다. 구도심은 도보로 둘러볼 수 있지만, 언덕길이 많아서 코임브라 대학교에 갈 때는 오르막을 올라야 한다. 망가 정원 옆 엘리베이터를 타고 이동하면 체력과 시간을 아낄 수 있다. 코임브라 대학교에서 내려오는 길에 케브라 코스타스 거리를 지나면 구대성당이나 파두 아우 센트루를 둘러보기 좋다.

메르카두 엘리베이터 Elevador do Mercado

엘레바도르Elevador는 포르투갈어로 엘리베이터라는 뜻이다. 망가 정원 옆에서 코임브라 대학교 초입 언덕을 오르내린다. 엘리베이터를 탄 뒤 푸니쿨라에도 탑승한다. 오르막길을 걷는 대신 메르카두 엘리베이터를 이용하면 언덕을 쉽게 오를 수 있다.

🕐 07:30~21:00(일요일 10:00~) € €1.7 🏠 www.smtuc.pt/elevador-do-mercado

코임브라B 역
🚌 코임브라 버스 터미널

산타크루즈 수도원 ⑧
산타크루즈 카페 ②

④ 망가 정원   🏛 메르카두 엘레베이터(상행)

⑤ 파두 아우 센트루

🚶 과학 박물관
③ 신대성당

코임브라 역
솔라 두 바칼랴우 ③

페헤이라 보르게스 거리 ⑩

② 마샤두 드 카스트루 국립 미술관
① 로기아

⑦
구대성당

포르타젱 광장
케브라 코스타스 거리 ⑥

① 코임브라 대학교(구대학)
🚶 주앙 5세 도서관
🚶 궁전
🚶 상 미겔 예배당

• 산타클라라 다리

⑨ 신 산타클라라 수도원

몬데구강

코임브라
상세 지도

⑪ 퀸타 다스 라그리마스 정원

0   125m

• 퀸타 다스 라그리마스 호텔

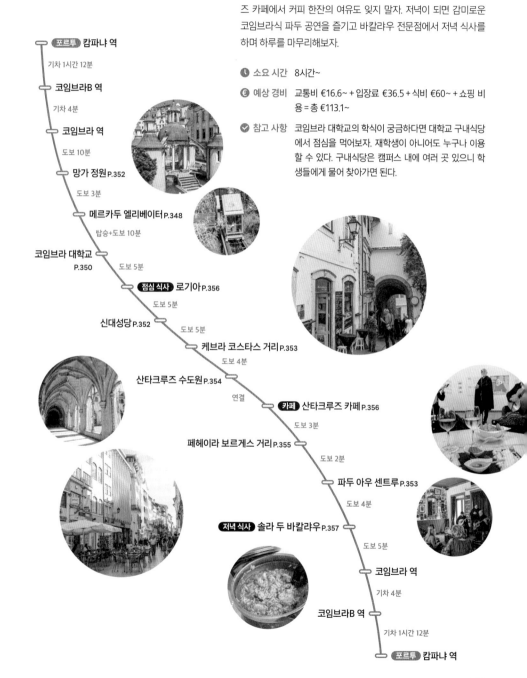

코임브라
추천 코스

코임브라는 하루 동안 여유롭게 돌아보기 좋은 규모의 소도시다. 오전에는 500여 년의 역사를 품은 코임브라 대학교의 캠퍼스와 주앙 5세 도서관을 둘러보자. 전망 좋은 로기아에서 점심을 맛본 후에는 구도심의 볼거리를 찬찬히 둘러보면 좋다. 100년 노포 산타크루즈 카페에서 커피 한잔의 여유도 잊지 말자. 저녁이 되면 감미로운 코임브라식 파두 공연을 즐기고 바칼라우 전문점에서 저녁 식사를 하며 하루를 마무리해보자.

- 🕐 소요 시간   8시간~
- 💶 예상 경비   교통비 €16.6~ + 입장료 €36.5 + 식비 €60~ + 쇼핑 비용 = 총 €113.1~
- ✅ 참고 사항   코임브라 대학교의 학식이 궁금하다면 대학교 구내식당에서 점심을 먹어보자. 재학생이 아니어도 누구나 이용할 수 있다. 구내식당은 캠퍼스 내에 여러 곳 있으니 학생들에게 물어 찾아가면 된다.

포르투 캄파냐 역

기차 1시간 12분

코임브라B 역

기차 4분

코임브라 역

도보 10분

망가 정원 P.352

도보 3분

메르카두 엘리베이터 P.348

탑승+도보 10분

코임브라 대학교 P.350

도보 5분

점심 식사 로기아 P.356

도보 5분

신대성당 P.352

도보 5분

케브라 코스타스 거리 P.353

도보 4분

산타크루즈 수도원 P.354

연결

카페 산타크루즈 카페 P.356

도보 3분

페헤이라 보르게스 거리 P.355

도보 2분

파두 아우 센트루 P.353

도보 4분

저녁 식사 솔라 두 바칼라우 P.357

도보 5분

코임브라 역

기차 4분

코임브라B 역

기차 1시간 12분

포르투 캄파냐 역

아름다운 포르투갈
최초의 대학 ──── ①
코임브라 대학교
Universidade de Coimbra

1537년 포르투갈 15대 국왕 주앙 3세가 코임브라 궁전을 대학교로 개조할 것을 명해 1290년 리스본에 설립된 대학교를 코임브라로 옮겨 왔다. 이후 포르투갈 국민 시인 루이스 드 카몽이스, 1949년 노벨 의학상 수상자인 신경학자 에가스 모니스 등 다양한 문인과 학자를 배출하며 학문을 꽃피웠다. 캠퍼스는 구대학과 신대학으로 나뉘는데, 구대학은 '구대학+도서관 입장권' 구입 후 철의 문Porta Férrea을 통과해야 한다. 이 입장권으로 주앙 5세 도서관, 궁전, 상 미겔 예배당, 과학 박물관, 식물원을 둘러볼 수 있다. 철의 문을 지나면 도서관, 법대, 시계탑 등이 있는 ㄷ 자형 대학교 건물인 파수 다스 에스콜라스Paço das Escolas가 광장을 빙 둘러싸고 있다. 광장 중앙에는 주앙 3세의 동상이 서 있다. 우뚝 선 시계탑은 수업이 끝나는 종소리가 울리면 신입생들이 염소처럼 급히 돌아갔다고 해서 염소Cabra라고 불린다. 구석구석 의미와 이야기가 깃든 이 대학교는 2013년 유네스코 세계문화유산에 등재됐다.

🏃 코임브라Coimbra 역에서 도보 15분 📍 매표소 Rua Inácio Duarte 65, 3000-481
🕐 매표소 09:00~17:00, 구대학 09:00~13:00, 14:00~17:00
✖ 1/1, 졸업식(5/22 홈페이지 확인), 12/25 💶 구대학+도서관 €16.5
📞 +351-239-859-900 🏠 visit.uc.pt/en/program-list

여행자를 위한 구대학의 주요 볼거리

① 주앙 5세 도서관 Biblioteca Joanina

18세기에 지은 주앙 5세 도서관에는 정교한 프레스코 천장
화와 금으로 중국풍 그림을 그려 넣은 흑단 책장 그리고 법학,
철학, 신학 등 라틴어 고서 3만 권이 보관되어 있다. 벽 두께를
2.2m로 지어 최상의 온습도를 유지하고, 책 보호를 위해 사
진 촬영도 금지한다. 밤이면 도서관에 숨어 사는 박쥐들이 나
타나는데, 피해를 줄이려고 책과 테이블을 덮어두고 청소한
다. 지하 1층은 책을 유지 보수하는 곳이고, 지하 2층에는 옛
학생 감옥이 남아 있다.

🕐 09:00~13:00, 14:00~17:00

② 궁전 Palácio Real

10세기 말에 지어진 건물로 현재 코임브라 구대학의 본관으
로 쓰인다. 무기고와 사도의 방, 시험실을 둘러볼 수 있는데,
카펫처럼 보이는 붉은 타일로 장식한 벽에 포르투갈 역대 왕
들의 초상화가 걸려 있는 사도의 방이 궁전 관람의 백미다. 사
도의 방에서는 매년 10월 둘째 주에 학위 수여식이 열린다.

🕐 09:00~13:00, 14:00~17:00

③ 상 미겔 예배당 Capela de São Miguel

12세기에 건립된 예배당으로 미사와 종교 의식을 위한 공간
으로 쓰이며, 때로는 콘서트도 열린다. 예배당 내부는 17~18
세기에 장식한 화려한 타일과 제단 오르간이 조화를 이룬다.
높은 제단 위 천장에는 대천사로 둘러싸인 왕실 문장과 코임
브라 대학교 휘장이 걸려 있다. 예배당의 이름은 포르투갈 초
대 왕의 수호신인 대천사 미겔(미카엘)의 이름에서 유래했다.

🕐 09:00~13:00, 14:00~17:00

④ 과학 박물관 Museu da Ciência

화학 실험실을 개조한 박물관으로 2008년에 과학 분야에서
혁신적인 박물관에 수여하는 미켈레티 상을 받았다. 박물관
내부에서 세계의 미스터리를 수집하고 연구한다는 '호기심
캐비닛'이라는 전시를 볼 수 있다.

🕐 09:00~13:00, 14:00~19:00

코임브라 대학교 학생들의 교복 패션

남학생은 검정색 재킷에 바지, 여학생
은 검정색 재킷에 치마를 교복으로 입
고 망토를 두른다. 교복을 매일 입느냐
마느냐는 학생의 자유다. 망토를 빌려
입고 기념사진을 찍으면 행운이 찾아
온다니 망토 입은 학생을 발견하면 잠
시 빌려달라고 부탁해보자.

마샤두 드 카스트루 국립 미술관 Museu Nacional de Machado de Castro

코임브라 출신 천재 조각가 마샤두 드 카스트루의 이름을 딴 미술관이다. 조각, 회화, 도자기 등을 아우르는 전시도 볼만하지만, 갓 발굴한 고대 유물처럼 한 시대가 퇴적되어 남아 있는 건물 자체가 볼거리다. 11세기 교황이 살던 궁전 건물을 미술관으로 개조했는데, 지하에 고대 로마 건축 양식 크립토포르티코Cryptoportico가 고스란히 남아 있다.

🚶 코임브라 구대학에서 도보 3분 📍 Largo Dr. José Rodrigues, 3000-236 🕐 10:00~18:00 ❌ 월요일, 1/1, 부활절, 5/1, 7/4, 12/25 💶 €10~ ※일요일 무료입장
📞 +351-239-853-070 🏠 www.museumachadocastro.pt

신대성당 Sé Nova

예수회에서 리스본의 상 비센트 드 포라 성당을 본떠 1598년부터 100년에 걸쳐 만든 신新대성당이다. 정면에는 4인의 예수회 성인이 조각되어 있고 내부에는 금세공으로 장식된 화려한 제단이 있다. 황금 제단 옆 신고전주의 양식의 파이프 오르간이 우아함을 더한다. 코임브라 대학교에 가는 길에 둘러보기 좋은 위치다.

🚶 코임브라 구대학에서 도보 5분
📍 Largo Feira dos Estudantes, 3000-213
🕐 09:00~12:00, 14:00~18:00 ❌ 월·일요일, 공휴일 📞 +351-239-823-138

망가 정원 Jardim da Manga

포르투갈 15대 국왕 주앙 3세의 봉긋한 소매를 본떠 만든 작은 정원이다. 망가는 소매라는 뜻이다. 주앙 3세는 마누엘 1세의 아들로 포르투갈의 황금기에 태어나 19세의 나이에 왕위에 올랐다. 재위 중 아시아, 아프리카로 영토를 확장시켰으며 리스본에 있는 대학을 코임브라로 옮겨 오게 했다. 정원에는 레스토랑 겸 카페(08:00~23:00 영업, 토요일 휴무)가 있어 쉬어 가기 좋다.

🚶 ① 산타크루즈 수도원에서 도보 3분 ② 코임브라Coimbra 역에서 도보 10분 📍 Rua Olímpio Nicolau Rui Fernandes, 3000-303 📞 +351-239-829-156

파두 아우 센트루
Fado ao Centro

코임브라의 목소리라 불리는 파두 하우스다. 매일 저녁 6시부터 약 50분간 전통 파두 공연을 선보인다. 코임브라 남자 대학생들 사이에서 전승되어온 파두는 사랑의 세레나데로, 보컬 1명과 기타 2명 총 3인이 한 조가 되어 감미로운 파두를 부른다. 숨소리가 다 들릴 듯 관객석과 무대가 가까워 감동이 배가 된다. 달콤한 포트와인 한잔 손에 그러쥐고 듣는 파두 선율이 얼마나 감미로운지, 초저녁부터 파두에 흠뻑 취하게 된다.

🚶 코임브라Coimbra 역에서 도보 11분　📍 Rua do Quebra Costas 7, 3000-340
🕐 10:00~20:00, 파두 공연 18:00　💶 €16~　📞 +351-239-837-060
🏠 www.fadoaocentro.com

코임브라 파두 공연 에티켓
노래가 마음에 들면 박수 대신 "음, 음." 하고 헛기침을 하는 것이 코임브라 파두 공연의 올바른 에티켓이다.

케브라 코스타스 거리 Rua Quebra Costas

코임브라 대학생들 사이에서 '등 브레이커Back Breaker'로 악명이 높다. 케브라Quebra는 파괴자Breaker, 코스타스Costas는 등Back이라는 뜻인데, 새 학기에 선배들이 주는 술을 마시고 취해 계단을 내려오다 굴러 허리를 다치는 학생이 많다는 데서 유래한 이름이다. 낮의 케브라 코스타스 거리는 알록달록 파스텔빛 건물들이 빼곡한 낭만 골목이다. 코임브라 대학교로 가는 첫 관문 같은 알메디나 문Arco de Almedina을 지나면 구대성당 앞까지 오르막이 이어진다. 골목 안에는 서점, 카페, 기념품점이 둥지를 틀고 있다.

🚶 ① 산타크루즈 수도원에서 도보 3분　② 코임브라Coimbra 역에서 도보 10분　📍 Rua Quebra Costas, 3000-230

로마네스크 양식의 걸작 ······ ⑦

구대성당 Sé Velha

요새처럼 단단한 외벽과 정문의 유려한 곡선이 아름답게 조화를 이루는 구■대성당은 포르투갈 로마네스크 양식 건축의 표본으로 꼽힌다. 원래는 무어인의 요새였으나, 포르투갈을 건국한 아폰수 1세가 12세기에 성당으로 재건했다. 꼭대기에는 몸을 숨긴 채 총을 쏘기 위해 성벽에 구멍을 뚫은 총안이 남아 있는데, 포르투갈이 국토회복운동을 벌이던 헤콩키스타Reconquista 시대에 요새로 사용한 흔적이다. 내부의 반원통형 둥근 천장인 궁륭에도 로마네스크 양식의 장식이 잘 보존되어 있다. 케브라 코스타스 거리 끝자락에 있으니 놓치지 말자.

🚶 ① 산타크루즈 수도원에서 도보 5분
② 코임브라Coimbra 역에서 도보 12분
📍 Largo Sé Velha, 3000-383
🕐 10:00~17:30(토요일 ~18:00) 💶 €2
📞 +351-239-825-273

포르투갈 건국 왕이 묻힌 ······ ⑧

산타크루즈 수도원 Mosteiro de Santa Cruz

로마네스크와 마누엘 양식의 오묘한 조화가 아름다운 이 수도원은 역사도 깊다. 1132년 포르투갈을 건국한 아폰수 1세가 세우고, 16세기 마누엘 1세가 대대적인 증축을 실시했다. 그래서 한 건물에 12세기 유럽을 풍미한 로마네스크 양식과 대항해 시대 이후 마누엘 1세에 의해 완성된 마누엘 양식이 공존한다. 특히 내부의 천장 장식과 푸르고 흰 아줄레주로 치장한 벽은 마누엘 양식의 미학을 보여준다. 그 밖에 침묵의 회랑, 성물실 등을 둘러볼 수 있다. 건국 왕 아폰수 1세도 이곳에 잠들어 있다.

🚶 코임브라Coimbra 역에서 도보 7분
📍 Praça 8 de Maio, 3001-801
🕐 월~토요일 09:30~16:30, 일요일 14:00~
17:00 ❌ 1/1, 부활절, 10/24, 12/25
💶 €4 📞 +351-239-822-941
🏠 igrejascruz.webnode.pt

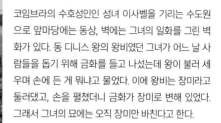

신 산타클라라 수도원

Mosteiro de Santa Clara-a-Nova

코임브라의 수호성인인 성녀 이사벨을 기리는 수도원으로 앞마당에는 동상, 벽에는 그녀의 일화를 그린 벽화가 있다. 동 디니스 왕의 왕비였던 그녀가 어느 날 사람들을 돕기 위해 금화를 들고 나섰는데 왕이 불러 세우며 손에 든 게 뭐냐고 물었다. 이에 왕비는 장미라고 둘러댔고, 손을 펼쳤더니 금화가 장미로 변해 있었다. 그래서 그녀의 묘에는 오직 장미만 바친다고 한다.

🚶 코임브라Coimbra 역에서 도보 18분　📍 Calçada de Santa Isabel, Alto de Santa Clara, 3040-270　🕐 08:30~18:30(일요일 ~18:00)　💲 €4　📞 +351-239-441-674　🏠 rainhasantaisabel.org

페헤이라 보르게스 거리

Rua Ferreira Borges

포르타젬 광장Largo da Portagem부터 산타크루즈 수도원이 있는 5월 8일 광장까지 이어지는 보행자 전용 도로다. 거리 양쪽에 의류 매장, 기념품점, 약국, 카페가 즐비해 코임브라의 중심가라 불린다. 이 거리를 즐기는 가장 좋은 방법은 산책 후 마음에 드는 노천카페에 앉아 진한 커피 한잔을 즐기는 것이다.

🚶 코임브라Coimbra 역에서 도보 5분
📍 Rua Ferreira Borges

퀸타 다스 라그리마스 정원

Jardins da Quinta das Lágrimas

아름드리나무 사이를 산책하기 좋은 정원이다. 정원 안에는 퀸타 다스 라그리마스 호텔이 있어, 산책 후 호텔 카페에서 차를 마시기도 좋다. '눈물의 정원'이라는 뜻의 이름은 알코바사 수도원에 묻힌 이네스 왕비가 이곳에서 죽임을 당했다는 데서 유래했다.

🚶 코임브라Coimbra 역에서 도보 20분　📍 Rua José Vilarinho Raposo 1, 3040-382　🕐 10:00~19:00　❌ 월요일　📞 +351-239-802-380　🏠 www.quintadaslagrimas.pt

코임브라 최고의 전망 ⋯⋯⋯ ①
로기아 Loggia

전망이 좋기로 유명한 레스토랑으로 코임브라 구대학 시계탑에 버금가는 야외 테라스가 명당자리다. 느긋하게 머물 수 있는 분위기라 코임브라의 연인들에게도 인기다. 점심에는 €23에 뷔페를 선보인다. 할머니가 차려주는 식탁이란 콘셉트로 샐러드와 수프, 돼지고기와 바칼라우 요리, 디저트와 커피를 제공한다. 나른한 오후 차가운 화이트 와인 한잔의 여유를 즐기기도 그만이다. 미술관 건물 안에 있지만 전시를 보지 않고 식사만 할 수도 있다. 미술관이 문을 닫는 오후 6시 이후에는 미술관 입구에서 오른쪽으로 돌아 계단으로 들어간다.

🚶 마샤두 드 카스트루 국립 미술관 내, 코임브라 구대학에서 도보 3분
📍 Largo Dr. José Rodrigues, 3000-236 🕐 10:00~18:00
❌ 월요일 📞 +351-239-853-076 🏠 www.loggia.pt

수도원 옆 클래식 카페 ⋯⋯⋯ ②
산타크루즈 카페 Santa Cruz Cafe

코임브라를 대표하는 카페다. 1923년 산타크루즈 수도원 건물 일부에서 카페를 운영하기 시작해 100년간 이어져왔다. 인테리어는 수도원 특유의 경건하고 우아한 분위기다. 카푸치노(€1.8)나 맥주(€2)를 클래식한 테이블에 앉아 마시니 맛이 상승되는 기분이 든다. 화장실로 통하는 목재 문마저 고풍스럽다. 학기가 시작되면 코임브라 대학교 학생들의 사랑방이 된다. 코임브라를 찾는 여행자를 위해 저녁 6시 이후에 무료 파두 공연도 연다.

🚶 코임브라Coimbra 역에서 도보 13분
📍 Praça 8 de Maio, 3000-300
🕐 08:00~24:00(일요일 ~20:00)
📞 +351-239-833-617
🏠 www.cafesantacruz.com

바칼랴우의 모든 것 ⸻ ③

솔라 두 바칼랴우 Solar do Bacalhau

구시가 중심에 자리한 2층 규모의 바칼랴우 전문 레
스토랑으로 여유롭게 식사를 즐기기 좋은 분위기다.
입구 바로 옆 바칼랴우 저장고에는 거대한 바칼랴우
가 가득하고, 메뉴판은 바칼랴우 메뉴만 한 장이 넘는
다. 바칼랴우 요리(€13.95~22.5)를 주문할 때 원하는
부위를 골라서 주문할 수 있다는 점이 인상적이다. 바
칼랴우 메뉴만큼 포르투갈 와인 리스트도 다양하다.
다른 레스토랑에서 보기 드문 문어밥 아로즈 드 폴보
(€19.5)도 판매한다.

🚶 코임브라Coimbra 역에서 도보 4분 📍 Rua da Sota 10,
3000-392 🕐 12:00~15:00, 19:00~22:00
📞 +351-239-098-990

황금빛 대서양 해안

포르투갈 남부
Algarve

라구스와 알부페이라, 파루가 자리한 포르투갈 남부의 알가르브 해안가는 365일 중 300일이 맑은 휴양지다. 이 지역을 색으로 표현한다면 푸른 바다와 황금빛 절벽이다. 해안선을 따라 웅장한 해안 절벽과 그림 같은 해변이 펼쳐진다. 그중에서도 동굴 천장에서 빛이 쏟아지는 배나길 동굴이 포르투갈 남부의 비경으로 꼽힌다. 베나길 동굴을 가까이에서 보려면 보트 투어를 해야 하며, 투어 종류에 따라 동굴로 가기 전 대서양 바다를 헤엄치는 돌고래와 만날 수도 있다.

AREA ① 라구스
AREA ② 알부페이라·파루

포르투갈 남부
한눈에 보기

비행기로 갈 경우 포르투갈 남부의 관문은
공항이 있는 파루지만, 여행자가 주로 머물며 시간을
보내는 휴양지는 라구스와 알부페이라다.
라구스와 알부페이라는 기차로 이동하기 쉽고,
서로 다른 매력을 느낄 수 있어 시간이 된다면
두 지역 모두 여행하기를 추천한다.
포르투갈 남부 여행의 백미라 불리는
베나길 동굴은 라구스와 알부페이라 사이
라고아Lagoa에 자리해 라구스와 알부페이라
두 도시의 선착장에서 보트를 타고
베나길 동굴 투어를 다녀올 수 있다.

**리스본까지
기차 2시간 30분**

**리스본까지
버스 3시간 40분**

라구스
Lagos

기차 1시간 10분

AREA ······ ①
라구스

리스본에서 버스나 기차로 가기 좋은 남부 휴양지다. 구
시가에서 가까운 바타타 해변부터 카밀루 해변까지 해안
선을 따라 해변이 즐비한데, 모두 걸어서 갈 수 있는 거리
다. 특히, 도나 아나 해변 인근에서 폰타 다 피에다드 등대
까지 나무 데크로 만든 산책로를 걸으면 라구스의 매력에
흠뻑 빠져든다.

포르투까지
비행기 1시간 10분

알부페이라
Albufeira

기차 30분

파루
Faro

AREA ⋯⋯②
알부페이라·파루

파루 공항을 이용하는 여행자라면 알부페이라와 파루를 묶어서 여행하기 좋다. 알부페이라는 남부에서도 구시가와 해변이 가깝고 대형 리조트가 많아 여행자들이 몰려오는 휴양지다. 해변은 낮은 지대에, 구시가는 언덕 위에 있다 보니 계단은 물론 에스컬레이터, 엘리베이터를 타고 해변을 오르내리는 재미가 있다. 파루의 경우 알부페이라와 달리 구시가와 해변이 멀어서 배를 타고 이동해야 하지만, 작고 아담한 구시가는 걸어서 한두 시간이면 둘러 볼 수 있다.

해안 따라 절경의 연속

라구스 Lagos

#푸른 대서양 바다 #황금빛 해안 절벽
#아찔한 트레킹 코스 #카약 투어

라구스는 대항해 시대 엔히크 왕자가 이끄는 탐험대가
미지의 세계로 나아가는 출발점이었던 해안 도시다.
해안을 따라 걸으면 독특한 모양의 암석과 세찬 파도가 치는
바다가 빚어내는 비경이 이어진다. 라구스의 여름은 무척 덥지만
평균 수온이 20~22ºC로 바다에 풍덩 뛰어들어 더위를
식히기 좋다. 여름이 지나도 보트 투어나 카약을 타고 신비로운
풍경을 만끽 할 수 있다.

라구스
여행의 시작

남부 해안에 자리한 라구스는 포르투보다 리스본에서 이동하는 편이 가깝다. 리스본에서 라구스까지 기차 이용 시 약 3시간 40분, 버스 이용 시 약 3시간 50분이 걸린다. 단, 기차는 직행이 없어 갈아타야 하고, 고속버스를 타면 한 번에 갈 수 있다. 포르투에서 라구스까지 기차로 갈 경우 2회 환승해야 하며 7시간 이상 걸린다.

리스본

오리엔트 버스 터미널 ········· 버스 3시간 50분~, €7~ ········· 라구스 버스 터미널

세트 히우스 버스 터미널 ········· 버스 3시간 40분~, €13~ ········· 라구스 버스 터미널

오리엔트 역 ········· 기차 3시간 45분~, €13~ ········· 라구스 역

라구스

어떻게 갈까?

리스본 ▶ 라구스 | 버스 Bus

리스본 오리엔트 버스 터미널에서 플릭스버스(1일 9회 운행)를 타고 라구스 버스 터미널Terminal Rodoviário de Lagos까지 이동할 수 있다. 소요 시간은 3시간 50분. 세트 히우스 버스 터미널에서는 헤데 익스프레수스(1일 21회 운행)를 타면 3시간 40분 만에 라구스 버스 터미널에 도착한다. 둘 다 휴게소에서 1회 쉬어간다.

🕐 라구스행 09:15~18:15, 리스본행 07:30~21:30 💶 €7~19 🏠 www.omio.com

기차 CP

리스본에서 라구스까지 직행편이 없어 투느스Tunes 역을 경유해야 한다. 리스본 오리엔트 역에서 AP·IC열차를 타고 출발해 투느스에서 R열차로 환승해 라구스Lagos 역까지 가면 된다. 소요 시간은 경유를 얼마나 하느냐에 따라 달라지며 최소 3시간 45분이 걸린다.

🕐 라구스행 08:31~17:23, 리스본행 06:10~17:20 💶 €13~26 🏠 www.cp.pt

어떻게 다닐까?

라구스 역이나 버스 터미널에서 구시가까지는 걸어서 이동할 수 있지만, 짐이 많은 경우 택시를 추천한다. 라구스 구시가와 해변 역시 도보로 이동 가능하다. 단, 이동 시간과 체력을 아끼려면 버스와 택시를 적절히 이용하자. 관광지를 순환하는 관광 열차도 있다.

버스 Bus

라구스 역과 버스 터미널에서 구시가, 일부 해변까지는 버스 1·2·3번 등이 오가는데 배차 간격이 긴 편이다. 라구스 역 앞의 Estação CP 정류장에서 버스에 탑승해 목적지로 이동하면 된다.

€ €1.2~

택시 Taxi

일반 택시와 우버를 이용할 수 있다. 라구스에서는 아직 볼트와 프리나우가 사용 불가능하다.

라구스 관광 열차 Lagos Tourist train

1시간에 1대 간격으로 운행하는 관광 열차다. 1일권을 구입하면 놀이동산에 온 기분으로 라구스 선착장, 폰타 다 피에다드, 도나 아나 해변, 메이아 해변 등 9개 정류장을 홉 온 홉 오프로 탈 수 있다. 7~9월 성수기에는 운영 시간이 길어지니 홈페이지에서 스케줄 확인 후 이용해보자.

🕐 10:00~19:50
€ 1회권 일반 €4, 4세 이하 무료, 1일권 €5.5
🏠 touristtrainlagos.com

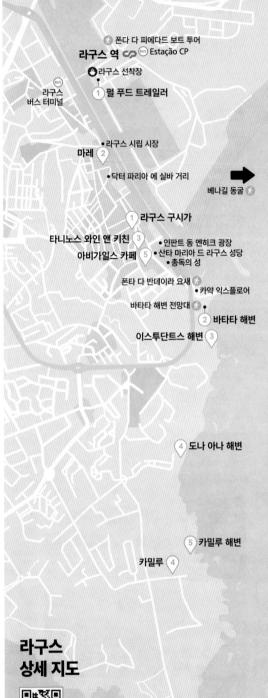

폰다 다 피에다드 보트 투어
라구스 역 CP BUS Estação CP
라구스 선착장
라구스 버스 터미널
펄 푸드 트레일러 ①
라구스 시립 시장
마레 ②
닥터 파리아 에 실바 거리
베나길 동굴
라구스 구시가 ①
타니노스 와인 앤 키친
아비가일스 카페 ⑤
인판트 동 엔히크 광장
산타 마리아 드 라구스 성당
총독의 성
폰타 다 반데이라 요새
카약 익스플로어
바타타 해변 전망대
바타타 해변 ②
이스투단트스 해변 ③
도나 아나 해변 ④
카밀루 해변 ⑤
카밀루 ④

라구스 상세 지도

폰다 다 피에다드 등대
폰다 다 피에다드 산책로

0   200m

라구스
추천 코스

라구스는 크지 않은 도시지만 구시가와 해변을 둘러보고 베나길 동굴 투어까지 즐기려면 최소 2일은 필요하다. 첫날은 라구스의 구시가와 해변을 누비고, 둘째 날 아침 일찍 베나길 동굴 투어를 떠나보자.

🕐 소요 시간 8시간~

💶 예상 경비 교통비 €19~ + 식비 €50~ + 쇼핑 비용 = 총 €69~

✅ 참고 사항 구시가에서 가까운 바타타 해변과 에스투디단테스 해변은 걸어가고, 카밀루 해변은 택시를 이용해 시간과 체력을 아껴보자. 여름날 도보로 이동할 때 선글라스와 모자는 필수다. 해변에서 일광욕을 즐기며 맥주를 마시고 싶다면, 비치 타월과 맥주를 준비하자.

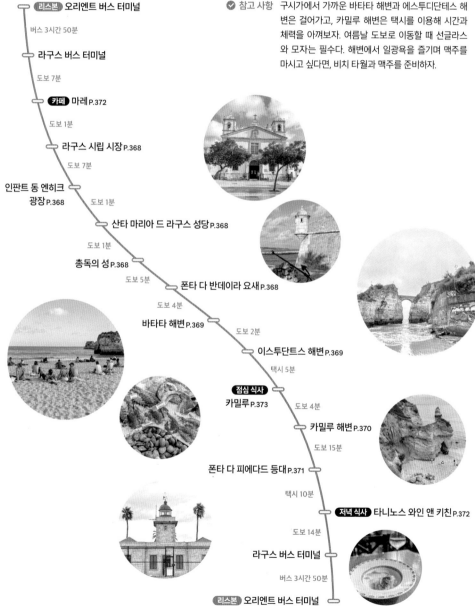

리스본 오리엔트 버스 터미널

버스 3시간 50분

라구스 버스 터미널

도보 7분

카페 마레 P.372

도보 1분

라구스 시립 시장 P.368

도보 7분

인판트 동 엔히크 광장 P.368

도보 1분

산타 마리아 드 라구스 성당 P.368

도보 1분

총독의 성 P.368

도보 5분

폰타 다 반데이라 요새 P.368

도보 4분

바타타 해변 P.369

도보 2분

이스투단트스 해변 P.369

택시 5분

점심 식사 카밀루 P.373

도보 4분

카밀루 해변 P.370

도보 15분

폰타 다 피에다드 등대 P.371

택시 10분

저녁 식사 타니노스 와인 앤 키친 P.372

도보 14분

라구스 버스 터미널

버스 3시간 50분

리스본 오리엔트 버스 터미널

라구스 구시가
Lagos Old Town

라구스 시립 시장Mercado Municipal de Lagos에서 구시가 탐방을 시작해 보자. 시장 구경 후 닥터 파리아 에 실바 거리 Rua Dr. Faria e Silva를 따라 걸으면 아기자기한 골목길이 펼쳐진다. 골목을 산책하다 가야할 곳은 엔히크 왕자의 동상이 서 있는 인판트 동 엔히크 광장Plaza Infante Dom Henrique이다. 엔히크 왕자는 1419년 알가르브 지역 총독으로 부임해 라구스를 기지로 아프리카 항해를 지휘했다. 동상 뒤의 산타 마리아 드 라구스 성당 Igreja de Santa Maria de Lagos은 소박한 외관과 달리 내부가 화려하다. 성당 옆길은 16세기에 지은 총독의 성Castelo de Lagos으로 통한다. 성을 지나 폰타 다 반데이라 요새까지 역사의 숨결을 느끼며 걸을 수 있다.

🚶 라구스Lagos 역에서 도보 11분
📍 라구스 시립 시장 Avenida dos Descobrimentos, 8600-668

폰타 다 반데이라 요새
Forte da Ponta da Bandeira

17세기 후반 라구스 방어를 위해 지은 해군 요새다. 해자 위에 도개교로 연결된 입구로 들어서면 성 바바라를 기리는 작은 예배당과 옥상으로 향하는 길이 펼쳐진다. 옥상에 오르면 푸른 바다가 넘실대는 파노라마 전망을 실컷 감상할 수 있다.

🚶 라구스 시립 시장에서 도보 12분
📍 Cais da Solaria, 8600-645
🕐 10:30~13:00, 14:00~18:00
✖ 월요일, 1/1, 부활절, 5/1, 12/1, 12/24·25
📞 +351-282-761-410
🏠 museu.cm-lagos.pt

감자를 닮은 바위가 총총 ······ ②

바타타 해변 Praia da Batata

인판트 동 엔히크 광장에서 도보 5분 거리, 구시가에서 가장 가까운 해변이다. 바타타는 포르투갈어로 '감자'를 뜻하는데, 해변에 있는 기암괴석이 감자를 닮아 붙은 이름이다. 파도가 잔잔해 수영하기 좋고, 백사장이 넓어 일광욕하기에도 좋다. 비치 바와 샤워실, 화장실을 갖추고 있다. 여름에는 안전요원이 상주하며 해변에서 비치발리볼 대회도 열린다. 해변 바로 옆에 카약 익스플로어스Kayak Explorers라는 업체가 있어 체력이 좋은 여행자라면 2시간 30분 동안 카약을 타고 라구스의 해안 절벽을 둘러보는 카약 투어를 즐겨도 좋다.

🚶 버스 1·2번 Praça do Infante 정류장에서 도보 6분
📍 Praia da Batata, 8600-315

놓쳐서는 안될 뷰!
바타타 해변 전망대
Miradouro Praia da Batata

바타타 해변의 기암괴석과 해변을 갈매기 시점으로 내려다보고 싶다면 해변 뒤편의 전망대에 올라보자. 폰타 다 반데이라 요새부터 바타타 해변까지 웅장한 파노라마 뷰가 펼쳐진다.

아치형 다리가 근사한 ······ ③

이스투단트스 해변

Praia dos Estudantes

바타타 해변의 매혹적인 기암괴석에 뚫린 동굴 터널을 통과하면 도착하는 호젓한 해변이다. 규모가 아담해서 마치 프라이빗 해변에 머무는 기분마저 든다. 해변 앞으로 폰테 두 안티구 피냥 다리Ponte do Antigo Forte do Pinhão가 보이는 풍경이 이 해변의 매력 포인트다. 다리와 해변을 배경으로 기념사진을 남겨보자.

🚶 버스 1·2번 Praça do Infante 정류장에서 도보 7분
📍 Praia dos Estudantes, 8600-315

절벽 사이에 숨겨진 낙원 ······ ④

도나 아나 해변
Praia Dona Ana

포르투갈 남부에서 아름답기로 손꼽히는 해변이다. 절벽 사이에 숨어 있어 나무 계단을 내려가야 도착하는데, 그 길도 드라마틱하다. 해변에 서면 바다에서 솟아오른 기암괴석 사이로 철썩이는 파도가 비경을 선사한다. 해변에 나무 데크와 샤워기가 있고 비치파라솔도 빌릴 수 있다. 바타타 해변에서 도보 20분 거리에 위치해 바타타 해변, 이스투단트스 해변을 둘러본 뒤 도나 아나 해변에서 망중한을 즐겨도 좋다. 해변 주위에 호텔도 많은 편이다.

🚶 버스 2번 Praia Dona Ana 정류장에서 도보 2분 📍 Praia Dona Ana, 8600-315

계단 아래로 펼쳐지는 환상적인 비경 ······ ⑤

카밀루 해변 Praia do Camilo

약 200개의 나무 계단 아래의 은밀한 해변이다. 계단을 내려가면 절벽 사이 모래와 고운 해변이 반긴다. 비치타월을 깔고 일광욕을 즐기기에 완벽한 보드라운 모래 사장이다. 특히 여름에는 해수욕을 즐기는 사람들로 붐비니 일찍 가서 자리 잡기를 추천한다. 해변에 샤워기와 비치바는 있지만 비치파라솔을 빌려주는 곳이 아니니 비치타월을 준비하자. 해수욕을 즐기지 않더라도 해변을 향하는 계단 곳곳이 포토존이라 멋진 사진을 남기기도 좋다. 카밀루 해변 앞에는 유명한 해산물 레스토랑 겸 카페 카밀루가 있으니 이왕이면 해수욕과 맛집 투어라는 일석이조 스케줄로 방문해보자.

🚶 버스 2번 Estrada Ponta da Piedade 정류장에서 도보 15분
📍 Praia do Camilo, 8600-315

자연이 빚은 해안 절벽,
폰타 다 피에다드 즐기는 법

폰타 다 피에다드는 라구스를 대표하는 해안 절벽 지대로 수 세기 동안 거친 파도와 바람에 깎여져 만들어졌다. 손으로 조각한 듯한 동굴과 바위, 바다가 한 폭의 그림처럼 어우러진다. 폰타 다 피에다드 산책로를 따라 트레킹을 하며 그 풍경을 즐기거나, 보트를 타고 바다 위에서 내륙을 바라볼 수 있다.

산책로를 따라 걸어보기

도나 아나 해변 근처의 시작점(구글맵 Ponta da Piedade Boardwalk Start Point 검색)에서부터 폰타 다 피에다드 등대 앞까지 이어지는 약 1.3km 나무 데크 길이다. 카밀루 해변 앞에서 시작해 폰타 다 피에다데 등대까지 걸어도 좋다. 절벽을 따라 이어지는 나무 데크 길을 걷다, 등대 앞 바다로 향한 계단을 내려가면 폰다 다 피에다드를 마주할 수 있다.

보트 투어로 둘러보기

라구스 선착장에서 출발하는 보트 투어에 참가하면 스피드 보트나 카약을 타고 도나 아나 해변과 카밀루 해변을 차례로 둘러본 후 폰타 다 피에다데의 황금빛 절벽과 동굴, 기암괴석을 가까이에서 감상할 수 있다. 투어 종류에 따라 1시간 15분에서 2시간 15분 정도가 소요된다. 일몰 시간에 보트를 타면 노을로 물드는 바다는 덤이다.

€ €25~40 🏠 **Days of Adventure** www.daysofadventure.com, **BlueFleet** www.bluefleet.pt

폰다 다 피에다드 등대 Farol da Ponta da Piedade

빨간 지붕이 돋보이는 등대로 폰타 다 피에다드 산책로의 종착점이다. 1913년 운영을 시작해 과거에는 등대지기가 불을 밝혔지만, 지금은 자동화로 작동한다. 라구스 구시가에서 등대까지 도보로 40분, 자동차로 10분 거리다. 택시나 라구스 관광 열차를 이용해 등대까지 이동할 수도 있다. 렌터카 여행 중이라면 등대 주차장에 주차 후 산책로를 걸으면 된다. 등대 앞에 공중화장실이 있지만 관리가 잘 되는 편은 아니다.

📍 Farol da Ponta da Piedade, 8600

오이스터 한 입, 와인 한 잔 ······ ①
펄 푸드 트레일러 Pearl Food Trailer

선착장을 바라보며 신선한 굴과 와인
을 세트 메뉴(굴 3개+와인 €9~)로
즐기기 좋은 푸드 트럭이다. 세트 메
뉴에서 €1를 추가하면 스파클링 와
인을 마실 수 있다. 푸드 트럭이지만 테
이블이 있어 노천카페 같은 분위기가 장점이다. 라구스 선착장, 기
차역과 가까워 베나길 투어 전후나 기차역을 오가는 길에 들러보
자. 단, 현금만 받는다.

🏃 라구스Lagos 역에서 도보 5분 📍 Marina de Lagos Edifício da
Administração, 8600-315 🕐 12:00~19:00

시장 위 루프톱 카페 ······ ②
마레 Mare

라구스 시립 시장 꼭대기의 루프톱 카
페 겸 레스토랑으로 탁 트인 전망이 시
원스럽다. 하루를 여는 아침에 에스프레
소(€1.5)나 아메리카노(€2.5)를 마시며 라구스 풍경을 바라봐도
좋고, 하늘이 붉게 물드는 저녁에 칵테일과 노을을 음미해도 좋다.
샐러드부터 해산물, 고기까지 든든하게 먹고 싶다면 오션뷰 BBQ
뷔페(€23.9)를 이용하자.

🏃 라구스Lagos 역에서 도보 11분 📍 Rua da Capelinha, Avenida dos
Descobrimentos 1, 8600-734 🕐 10:00~23:00
📞 +351-282-799-419 🏠 www.mare-lagos.com 📷 marelagos

골목이 낭만이 깃든 와인 바 ······ ③
타니노스 와인 앤 키친
Taninos-Wine & Kitchen

라구스의 밤, 노천 테이블에 앉아 다양한
타파스와 와인을 즐기기 좋은 와인 바다. 와
인 종류가 다채로우며 잔(€5.5~)으로 주문할 수 있다. 타파스는 남
부 특산물인 꼴두기볶음Lulinhas Fritas(€9.5~), 농어 세비체Ceviche
Robalo(€9.5~) 등 싱싱한 해산물로 만든 요리가 인기다. 양이 적은
편이라 2명이 식사한다면 3개 이상 주문해도 좋다.

🏃 라구스Lagos 역에서 도보 19분 📍 Rua Silva Lopes 19, 8600-623
🕐 월요일 16:00~22:00, 화~금요일 16:00~22:30, 토요일 12:00~22:30
❌ 일요일 📞 +351-282-144-354

해변 앞 해산물 맛집 ······ ④
카밀루 Camilo

현지인도 추천하는 해산물 전문 레스토랑으로 맛과 전망을 겸비한 곳이다. 카밀루 해변으로 내려가는 길목에 있어 해변을 오가는 길에 점심 식사를 위해 방문하기 좋다. 단, 인기가 많아 예약하지 않고 가면 줄을 서서 기다려야 할 수도 있다. 이왕이면 테라스 자리에 앉아 맛과 여유를 즐겨보자. 어떤 생선을 주문할지 망설여진다면 입구에서 전시된 싱싱한 생선을 보고 직접 골라도 된다. 꼴뚜기볶음Lulinhas Fritas "Algarvia"(€17.5)은 꼭 맛봐야할 메뉴로 여기에 화이트 와인까지 곁들이면 금상첨화다. 와인은 잔으로도 주문 가능하다. 식사할 시간이 부족한 경우 레스토랑 옆 카페에서 음료만 마실 수도 있다.

🚶 버스 2번 Estrada Ponta da Piedade 정류장에서 도보 12분 📍 Estrada da Ponta da Piedade, Praia do Camilo, 8600-544 🕐 12:00~22:00(일요일 ~17:00) ❌ 월요일 📞 +351-968-691-143 🏠 www.camilorestaurante.com

브런치 즐기기에 딱 ······ ⑤
아비가일스 카페 Abigail's Cafe

팬케이크, 샌드위치, 팔라펠 등 현지 식재료로 만든 건강한 브런치 메뉴를 선보이는 카페다. 모든 메뉴는 직접 만들며, 채식 메뉴와 글루텐 프리 빵도 판다. 아메리카노(€2.5)에 아보카도 샌드위치(€9.95)나 파스텔 드 나타(€2.5)를 가볍게 즐겨도 좋고, 든든한 채식 음식을 맛보고 싶다면 비건 버거(€17.95)를 주문해도 좋다. 자체 제작한 티셔츠, 에코백도 판다.

🚶 라구스Lagos 역에서 도보 20분 📍 Rua Henrique Correia da Silva 8, 8600-597 🕐 09:00~16:00 📞 +351-966-932-269 🏠 www.abigailsportugal.com

•

신비로운 비경 탐험,
베나길 동굴 Algar de Benagil

베나길 동굴은 해식 동굴과 기암괴석이 많은 포르투갈 남부에서 가장 신비로운 경관으로 꼽힌다.
동굴 천장에는 구멍이 뚫려 있어 그 사이로 보이는 청아한 하늘과 황금빛 암석이 경이로운 비경을 연출한다.
바다와 해식 동굴이 빚어내는 풍경을 온몸으로 만끽하려면 보트 투어를 하면 된다.

투어의 종류

베나길 동굴은 카약 투어, 스피드 보트 투어, 카타마란 보트 투어 3가지로 즐길 수 있다. 카약 투어는 동굴 가장 가까이 갈 수 있지만, 2시간 동안 직접 노를 저어야 한다. 스피드 보트는 속도를 즐기며 베나길 동굴까지 편하게 다녀올 수 있다. 보트에서 편히 앉아 투어를 즐기고 싶다면 카타마란 보트 투어를 선택하면 된다. 카약과 보트 크기 특성상 작을수록 동굴 안으로 깊이 들어 갈 수 있다. 단, 2024년 9월 이후 3가지 투어 모두 안정상의 문제로 동굴 내부 하차는 금지되었다.

투어하기 가장 좋을 때

아침의 경우 바람이 약해서 보트를 타고 더 많은 곳에 접근할 수 있다. 해 질 녘에는 노을과 함께 더욱 황금빛으로 물든 동굴을 볼 수 있어 특별하다.

투어 출발지

베나길 동굴은 라구스와 알부페이라 사이, 라고아Lagoa에 위치한다. 스피드 보트나 카타마란 보트 투어는 라구스 선착장Marina de Lagos과 알부페이라 선착장Marina de Albufeira에서 출발한다. 알부페이라에서 출발 시 30분 더 소요되는데, 투어에 돌고래 관람이 포함되어 있기 때문이다. 대서양 바다를 헤엄치는 돌고래 떼를 볼 수 있는 확률이 높으니 기대해도 좋다. 돌고래 관찰 후 해안선을 따라 베나길 동굴로 이동한다. 카약 투어는 라고아의 알반데이라 해변Praia de Albandeira에서 출발한다. 픽업 서비스가 없기 때문에 라고아까지 직접 이동해서 참여해야 한다.

투어 예약 방법

마이리얼트립, 클룩, 에어비앤비 등 여행 상품 예약 사이트를 통해 예약 가능하며, 라구스 선착장이나 알부페이라 선착장에서 직접 현장 구매해도 된다. 성수기에는 미리 예약하는 게 안전하며 비수기라면 현장에서 보트를 보고 선택해도 좋다.

베나길 동굴 종류별 투어 총정리

	카약 투어	스피드 보트 투어	카타마란 보트 투어
소요 시간 및 요금	라고아 2시간, €35~	라구스 선착장 2시간, €30~ 알부페이라 선착장 2시간 30분, €35~	라구스 2시간, €25~ 알부페이라 2시간 30분, €32~
베나길 동굴 접근	가장 가까움	두 번째로 가까움	다소 멀리서 봄
돌고래 관찰	없음	알부페이라 출발 시 포함	알부페이라 출발 시 포함
탑승감	흔들림	많이 흔들림	안정적이고 편안함
구명조끼	착용	착용	미착용
화장실	없음	없음	있음

AREA ·····②

지중해를 닮은 휴양지

알부페이라 Albufeira
파루 Faro

#유럽인이 사랑하는 휴양지 #지중해풍 구시가
#돌핀 투어 #파루 공항

포르투갈 남부에서 가장 번화한 해변을 품은 알부페이라는
유럽인이 사랑하는 휴양지다. 구시가와 연결되는 해변과
바, 클럽 덕분에 여름에는 매일이 축제 분위기다. 대규모 리조트가
많고 알부페이라 선착장에서 베나길 동굴 투어를 다녀올 수
있다는 점도 인기 요인이다. 알부페이라에서 자동차로
30분 거리에 위치한 파루는 구시가와 해변이 멀지만 공항이 있어
비행기를 타고 포르투갈 남부에 오는 여행자가 머물곤 한다.

알부페이라·파루
여행의 시작

알부페이라는 리스본에서 버스나 기차로 3시간 이내로 갈 수 있으나, 포르투에서는 8시간 이상 걸린다. 파루의 경우 공항이 있어 비행기로 갈 경우 리스본에서 45분, 포르투 1시간 10분이 걸린다. 리스본에서 알부페이라까지는 버스나 기차를 이용해도 편하지만, 포르투에서 출발하는 경우 파루까지 비행기로 이동한 뒤 알부페이라로 버스나 기차, 택시로 이동하는 것을 추천한다. 유럽 타 도시에서 알부페이라로 갈 때도 파루 공항을 이용하면 편리하다.

리스본		알부페이라		파루
오리엔트 역	⋯ 기차 2시간 30분~, €11~ ⋯	알부페이라-페헤이라스 역	⋯ 기차 30분~, €5~ ⋯	파루 역
오리엔트 버스 터미널	⋯ 버스 2시간 45분~, €7~ ⋯	알부페이라 버스 터미널/ 아베니다 다 리베르다드 정류장		
세트 히우스 버스 터미널	⋯ 버스 2시간 50분~, €19~ ⋯	알부페이라 버스 터미널		

어떻게 갈까?

리스본 ▶ 알부페이라 | 기차 CP

리스본 오리엔트 역에서 직행 열차를 타면 2시간 30분에서 3시간 10분 만에 알부페이라-페헤이라스Albufeira-Ferreiras 역에 도착한다. 알부페이라-페헤이라스 역은 구시가와 떨어져 있어 시내로 이동할 때 택시를 이용하는 것을 추천한다.

🕐 알부페이라행 08:23~18:40, 리스본행 06:45~22:25 💶 €11~27 🏠 www.cp.pt

버스 Bus

헤데 익스프레수스, 알사가 리스본 오리엔트 버스 터미널과 세트 히우스 버스 터미널에서 알부페이라 버스 터미널Terminal Rodoviário de Albufeira을 오간다. 플릭스버스는 오리엔트 버스 터미널에서만 연결된다. 플릭스버스는 알부페이라 버스 터미널이 아닌 아베니다 다 리베르다드Avenida da Liberdade 정류장(구글맵 FLIXBUS ALBUFEIRA 검색)으로 도착하니 주의하자. 시간대별로 이동 시간에 차이가 있으니 오미오 앱이나 홈페이지에서 예약할 때 이동 소요 시간을 잘 확인하자.

🕐 알부페이라행 05:00~23:00, 리스본행 06:45~22:25 💶 €7~19 🏠 www.omio.co.kr

리스본/포르투 ▶ 파루 | 비행기 Airplane

리스본 공항에서 파루 공항까지 포르투갈 국적기 TAP을 타면 45분 만에 도착한다. 포르투 공항에서 저비용항공사 라이언에어를 이용하는 경우 1시간 10분 만에 파루 공항에 도착한다.

파루 ▶ 알부페이라 | 기차 CP

파루Faro 역에서 알부페이라-페헤이라스 역까지는 기차 편이 다양하다. AP열차로 20분, IC열차로 25분, R열차로 35~40분이면 알부페이라-페헤이라스 역에 도착한다. R열차가 10~20분이 더 걸리지만 요금이 €5로 가장 저렴하다.

🕐 알부페이라행 07:00~20:50, 파루행 06:45~22:25 💶 €5~15 🏠 www.cp.pt

버스 Bus

파루 버스 터미널Terminal Rodoviário de Faro에서 플릭스버스를 타면 40분 만에 알부페이라의 아베니다 다 리베르다드 정류장(구글맵 FLIXBUS ALBUFEIRA 검색)에 도착한다. 단 1일 1회만 운행한다. 알부페이라행은 새벽에 출발, 파루 행은 밤에 출발한다.

🕐 알부페이라행 06:00, 파루행 22:35 € €6~ 🏠 www.omio.co.kr

택시 Taxi

파루 공항에서 알부페이라 구시가까지 택시를 타면 30분이면 도착한다. 우버를 부를 경우 €25~ 정도에 이동 가능하니 밤에 도착할 경우 이용해보자.

어떻게 다닐까?

알부페이라-페헤이라스 역에서 구시가까지는 택시로 10분, 플릭스버스가 도착하는 아베니다 다 리베르다드 정류장에서 구시가까지는 도보로 6분 거리다. 헤데 익스  프레수스와 알사가 도착하는 알부페이라 버스 터미널에서 구시가까지는 도보 25분 거리로 택시로 이동하길 추천한다. 알부페이라 구시가 중심에서 해변과 베나길 동굴 투어 출발지인 알부페이라 선착장까지도 걸어서 갈 수 있는 거리. 단, 숙소가 구시가 외곽인 경우 택시로 이동하는 것을 추천한다. 차량 배차 서비스 앱은 우버만 사용 가능하고, 볼트와 프리나우는 아직 이용할 수 없다.
파루 공항에서 파루 구시가까지는 택시로 10분, 파루 역과 버스 터미널에서 구시가도 걸어서 이동 가능하다. 파루 구시가는 걸어서 충분히 돌아볼 수 있는 작은 규모다.

알부페이라·파루
추천 코스

알부페이라는 골목마다 카페, 레스토랑이 가득해 구시가와 해변을 넘나들며 풍경과 미식을 만끽하는 즐거움이 크다. 알부페이라의 구시가와 해변 탐방은 하루면 충분하지만 시간 여유가 있다면, 알부페이라에 2~3박 머물며 해변에서 일광욕과 수영을 여유롭게 즐기기를 추천한다. 라구스까지 가지 않는 경우 반나절은 알부페이라 선착장에서 출발하는 베나길 동굴 투어에 참여하자.

🕐 소요 시간　6시간~

💶 예상 경비　교통비 €32~ + 식비 €70~ + 쇼핑 비용 = 총 €102~

✅ 참고 사항　여름 성수기에 일광욕과 바다 수영을 즐길 예정이라면 비치파라솔을 빌리거나 비치타월을 준비하면 좋다.

[리스본] 오리엔트 역

기차 2시간 30분

알부페이라-페헤이라스 역

택시 10분

알부페이라 구시가 P.380

도보 8분

파우 다 반데이라 전망대 P.380

도보 5분

페스카도르스 해변 P.381

도보 3분

[점심 식사] 오 카트라이우 P.382

도보 1분

[카페] 도나텔라 P.382

도보 4분

터널 해변 P.381

도보 5분

페네쿠 계단 P.380

도보 2분

알부페이라 전망대 P.380

택시 15분

[저녁 식사] 아데가 티코스타 P.383

택시 10분

알부페이라-페헤이라스 역

기차 2시간 30분

[리스본] 오리엔트 역

해변 앞 눈부시게 하얀 마을 ····· ①

알부페이라 구시가
Albufeira Old Town

알부페이라 구시가는 해변 앞 하얀 건물과 구불구불한 골목, 각양각색의 전망대로 이루어져 있다. 그 덕에 해변과 구시가 그리고 해변을 둘러싼 전망대를 오가며 시간을 보내기 더없이 좋다. 구시가에서 가장 가까운 전망대는 파우 다 반데이라 전망대로 이 전망대에서 에스컬레이터를 타면 페스카도르스 해변으로 내려갈 수 있다. 터널 해변에서 서쪽의 페네쿠 계단이나 페네쿠 엘리베이터Elevador do Peneco를 이용하면 윗동네에 오를 수 있다. 페네쿠 엘리베이터에서 조금만 걸으면 나무 데크가 바다를 향해 뻗은 알부페이라 전망대에 도착한다.

🚶 아베니다 다 리베르다드Avenida da Liberdade 정류장에서 도보 6분
📍 Largo Eng. Duarte Pacheco 9, 8200-210

구시가 주변의 3대 전망대

파우 다 반데이라 전망대 Miradouro do Pau da Bandeira
언덕 위 하얀 석회 건물과 해변을 한눈에 담을 수 있는 최적의 장소다. 벤치에 앉아 유유자적 전망을 음미해보자. 일몰 무렵에는 바다가 황금빛으로 물들어 낭만을 더한다.

🚶 아베니다 다 리베르다드Avenida da Liberdade 정류장에서 도보 14분 📍 Rua Sacadura Cabral 23, 8200-176

페네쿠 계단 Escadaria do Peneco
예술 작품 같은 순백의 계단을 오르내리며 조금씩 다른 각도에서 해변을 조망할 수 있어 전망대라고도 불린다. 계단에 서서 해변을 배경으로 사진을 남기기도 좋다.

🚶 아베니다 다 리베르다드Avenida da Liberdade 정류장에서 도보 12분 📍 Rua Latino Coelho, 8200-071

알부페이라 전망대 Observation Deck Albufeira
골목 사이로 바다를 향해 쭉 뻗은 나무 데크가 근사하다. 어느 방향에서 보느냐에 따라 다른 전망을 감상할 수 있으며, 데크 가운데의 조각 작품도 멋스러운 분위기를 더한다. 고양이가 유난히 모여들어 '캣 제티Cat Jetty'라고도 불린다.

🚶 아베니다 다 리베르다드Avenida da Liberdade 정류장에서 도보 15분 📍 Rua Latino Coelho 29, 8200-123

●

알부페이라의 양대 해변 즐기기

여름철 알부페이라에 가는 이유는 드넓은 해변과 푸른 바다에 있다. 구시가 앞으로 양대 해변을
차례로 즐겨보자. 구시가를 관통하는 길, 루아 5 드 오투브루Rua 5 de Outubro를 걷다 보면 터널이 나오고
이곳을 통과하면 터널 해변이 펼쳐진다. 터널 해변 동쪽으로는 페스카도르스 해변이 이어진다.

터널 밖은 바다
터널 해변 Praia do Túnel

해변의 입구가 터널이다. 터널을 지나 마주하는 황금빛 모래사장과 맑은 해변이 드라마틱하게
다가온다. 해변에는 유료 비치파라솔이 즐비한데, 자리를 잡으면 요금을 받으러 직원이 온다. 시
원한 음료도 팔지만 직접 준비해 가는 센스를 발휘해보자. 해변을 둘러싼 새하얀 절벽 중 하나
는 윗마을로 가는 계단이다. 계단 근처에 샤워기도 있다.

🚶 아베니다 다 리베르다드Avenida da Liberdade 정류장에서 도보 10분 　📍 Praia do Túnel 8200-146

어부의 해변에서 휴양지로
페스카도르스 해변 Praia dos Pescadores

과거 어부가 고기를 잡아오던 해변이라 '어부의 해변'
이란 뜻의 이름을 얻었지만 지금은 휴양지의 정석을
보여준다. 파우 다 반데이라 전망대에서에서 가까우
며, 해변에서 에스컬레이터를 타고 전망대에 올라가
는 길이 이색적이다. 바다는 맑고 잔잔하며 해변에 비
치파라솔이 있어 여름철 해수욕을 즐기러 인파가 몰
려든다. 해변 가까이에 샤워실, 화장실, 카페, 레스토
랑 등이 있어 오래 머물기 그만이다.

🚶 아베니다 다 리베르다드Avenida da Liberdade 정류장
에서 도보 11분 　📍 Praia dos Pescadores 8200-001

브레이크 타임 없는
해산물 맛집 ...... ①
오 카트라이우 O Catraio

포르투갈 전통 요리 레스토랑이다. 바칼랴우, 해물밥 등 웬만한 포르투갈 해산물 요리는 다 맛볼 수 있다. 그중 올리브 오일로 구운 문어에 감자, 당근, 브로콜리 등 채소구이를 곁들인 문어 스테이크, 폴보 라가레이루(€17.5)가 인기 메뉴다. 와인 가격이 저렴한 편이니 와인과 함께 즐겨보자. 야외 테이블에 앉으면 활기찬 구시가의 분위기를 느끼며 식사하기 좋다. 브레이크 타임이 없어 애매한 시간에도 식사할 수 있다는 장점이 있다.

🚶 아베니다 다 리베르다드Avenida da Liberdade 정류장에서 도보 11분 📍 Rua 5 de Outubro 75, 8200-094 🕐 12:00~22:00 ❌ 일요일 📞 +351-938-186-637

아이스크림 먹을까,
와플 먹을까 ...... ②
도나텔라 Donatella

구시가 골목 안 길모퉁이에 둥지를 튼 도나텔라는 아이스크림 가게 겸 노천카페다. 아이스크림을 테이크아웃해도 되지만 차양을 드리운 야외 테이블이 있어 앉아서 거리 풍경을 바라보며 당 충전하기 좋다. 도나텔라의 시그니처 메뉴는 바로 구워주는 와플(€4.5~)로 취향에 따라 토핑을 선택할 수 있어 골라 먹는 재미가 있다. 포르투갈 국민 간식 파스텔 드 나타(€1.5)도 판매하니 아메리카노(€2)와 함께 즐겨보자.

🚶 아베니다 다 리베르다드Avenida da Liberdade 정류장에서 도보 11분
📍 Travessa 5 de Outubro 1, 8200-002
🕐 09:00~19:00

구시가와 선착장 사이 전망 맛집 ····· ③
키오스크 마르 Kioske Mar

언덕 위 전망 좋은 노천 바로 알부페이라 구시가와 선착장 사이에 위치한다. 바다의 키오스크라는 뜻의 이름처럼 키오스크와 야외 테이블이 전부지만, 망망대해를 바라보며 쉬어가기 더할 나위 없다. 키오스크 마르에 앉아 있으면 알부페이라 선착장에서 베나길 투어를 오가는 보트가 보인다. 와인(잔 €2.5), 포트와인(€3.5), 생맥주(€2.5~3.5) 등 각종 주류와 파스텔 드 나타(€1.5)를 판매한다. 아페롤 스프리츠, 모히토 같은 칵테일(€6)도 구비하고 있다. 단, 일찍 문을 닫고 현금만 받는다.

🚶 아베니다 다 리베르다드Avenida da Liberdade 정류장에서 도보 22분 📍 Rua Corredor Águas, 8200-394 🕐 10:00~17:00

카타플라나의 정석 ····· ④
아데가 티코스타 Adega TiCosta

1981년부터 패밀리 레시피로 만들어온 카타플라나가 맛있기로 소문난 음식점이다. 카타플라나는 2인분씩 주문 가능하며, 밥과 감자가 따라 나온다. 종류는 돼지고기 카타플라나(€39), 생선 카타플라나(€39), 아귀 카타플라나(€45) 3가지. 이중 생선 카타플라나는 그날그날 신선한 생선 여러 종류를 넣어 풍성한 맛을 즐길 수 있다. 꼴두기볶음Small Fried Squids Algarve Style(€12) 또한 인기 메뉴다. 구시가와 멀지만 일부러 찾아오는 여행자가 많은데, 주변 숙소에 묵는다면 반드시 들러야 할 곳이다.

🚶 아베니다 다 리베르다드Avenida da Liberdade 정류장에서 택시로 11분
📍 Estrada das Açoteias, Sitio do Roja Pé, 8201-877 🕐 12:00~15:00, 19:00~22:00
❌ 일요일 📞 +351-289-502-781
🏠 www.restauranteadegaticosta.com

공항 옆 항구 도시 산책, 파루 Faro

비행기로 오는 여행자들에게
포르투갈 남부의 관문 역할을 하는
항구 도시다. 구시가 가까이에
공항이 있어 늘 비행기 소리가
들리지만, 중세 성벽으로 둘러싸인
구시가는 아기자기한 골목이
매력적이고, 파루 항구 너머로는
해안 습지대와 석호로 이루어진
리아 포르모사 자연공원이
펼쳐지는 것도 이 도시 특유의
매력이다.

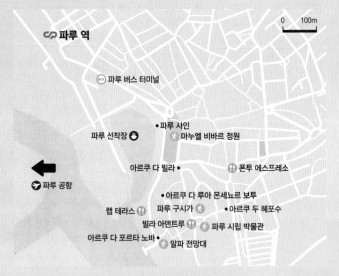

항구 도시의 얼굴
파루 선착장 Doca de Faro

파루의 해안선을 따라 요트와 배가 그림같이 정박해 있는 항구다. 여기서 석호와 습지대를 탐험하는 리아 포트모사 투어를 떠날 수 있다. 선착장 앞에 '파루 사인Faro Sign'이 있어 인증 사진을 남기는 여행자들이 줄을 선다. 선착장 주변으로 노천 레스토랑과 카페가 즐비하며 산책로가 잘 정비돼 있어 걷기도 좋다. 낮에는 활기가 가득하고, 해 질 녘에 불빛을 밝히면 낭만이 묻어난다.

🚶 파루Faro 역에서 도보 7분 　📍 Praça Dom Francisco Gomes 5, 8000-168

리아 포르모사 자연공원
Parque Natural da Ria Formosa

해안선을 따라 석호, 습지대, 섬으로 구성된 독특한 지형으로 1987년 자연공원으로 지정됐다. 유럽과 아프리카를 오가는 철새들의 주요 서식지로, 도요물떼새를 비롯해 흰왜가리, 회색왜가리, 저어새, 플라밍고 등의 조류가 서식한다. 파루 선착장에서 보트를 타고 이곳을 돌아보는 투어가 진행된다.

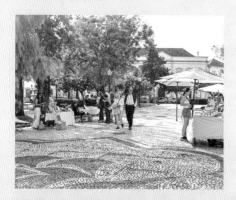

주말에는 벼룩시장이 열리는
마누엘 비바르 정원 Jardim Manuel Bivar

파루 선착장과 구시가를 잇는 아담한 공원으로 이름은 근대화에 힘쓴 마누엘 비바르에서 따왔다. 중앙에 놓인 동상이 바로 마누엘 비바르. 주중에는 벤치에 앉아 풍경을 감상하기 좋고 주말에는 벼룩시장이 열려 공예품 쇼핑도 할 수 있다. 벼룩시장은 현금만 받으니 현금을 챙겨가자.

🚶 파루Faro 역에서 도보 9분
📍 Praça Dom Francisco Gomes 12, 8000-269

파노라마 전망에 가슴이 탁 트이는
알파 전망대 Mirador ALFA

구시가로 통하는 문, 아르쿠 다 포르타 노바Arco da Porta Nova 앞으로 북대서양 바다가 펼쳐지는 전망대다. 언덕이 아니라 평지에 있지만, 기찻길 너머 출렁이는 바다와 그 위를 떠다니는 배들을 실컷 볼 수 있다. 이 전망대 앞 선착장에서 보트를 타면 파루 해변으로 이동할 수 있다.

🚶 파루Faro 역에서 도보 13분
📍 Rua Comandante Francisco Manuel Apoio, 8000-138

중세 성벽에 둘러싸인

파루 구시가 Faro Old Town

지다드 벨랴Cidade Velha라 불리는 중세 성벽에 둘러싸인 구시가는 여러 세기의 문화가 중첩된 건축과 아기자기한 골목길이 매력 포인트다. 성벽에는 4개의 문이 있는데, 마누엘 비바르 정원에서 가까운 아르쿠 다 빌라Arco da Vila가 대표적인 문이다. 12세기에 무어인이 만든 아르쿠 두 헤포수Arco do Repouso와 아르쿠 다 루아 몬세뇨르 보투Arco da Rua Monsenhor Boto도 옛 모습을 간직하고 있다. 아르쿠 다 루아 몬세뇨르 보투를 지나 마주하는 파루 대성당은 구시가의 중심이다. 1251년에 건립되었으며 고딕, 르네상스, 바로크 양식이 조화를 이룬다. 대성당에서 포르타 노바 거리Rua da Porta Nova를 지나 아르쿠 다 포르타 노바 쪽으로 나가면 파루의 해안선 바다가 펼쳐진다.

🚶 파루Faro 역에서 도보 13분 📍 파루 대성당 Largo da Sé 11, 8000-138

파루 시립 박물관
Museu Municipal de Faro

구시가 안의 오래된 수도원 건물에 자리한 박물관으로 고대 로마부터 중세, 근대에 이르는 유물을 소장한다. 예수와 성모 마리아를 묘사한 목조 조각상, 중세 제단화 등이 볼거리다. 회랑과 정원이 아름다워 그 안을 거닐기만 해도 마음에 여유가 차오른다.

🚶 파루Faro 역에서 도보 14분
📍 Largo Dom Afonso III 14, 8000-167
🕐 평일 10:00~18:00, 주말 10:30~17:00
❌ 월요일 💶 일반 €2, 13~26세 €1,
12세 이하 무료 ※일요일 14:00 이전 무료입장
📞 +351-289-870-827
🏠 www.cm-faro.pt/pt/68441/museu-municipal-de-faro.aspx

386

박물관 옆 노천 레스토랑
빌라 아덴트루 Vila Adentro

파루 시립 박물관 근처 유서 깊은 건물
에 자리한 레스토랑으로 널찍한 야외
테이블에 앉아 식사를 즐기기 좋다. 해
물밥(2인 €43~), 카타플라나(2인 €45~)
뿐만 아니라 맛조개 요리Naco de Xarém
com Lingueirão à Bulhão Pato(€14) 등 남부 스타일의 해산물
요리를 주문할 수 있다. 다양한 메뉴만큼 북부부터 남부까지 다양
한 포르투갈 와인 리스트도 구비하고 있다.

🚶 파루Faro 역에서 도보 13분 　📍 Praça Dom Afonso III 17, 8000-167
🕐 10:00~22:30 　📞 +351-289-052-173 　🏠 www.vilaadentro.pt

활기찬 노천카페
폰투 에스프레소 Ponto Expresso

15세기 건물에 둥지를 튼 카페다. 가벼운 아침 식사나
점심을 먹기 좋은 분위기다. 노천 테이블에 앉으면 맞
은편 17세기에 귀족 가문의 저택 팔라시오 벨마르수
Palácio Belmarço를 바라보며 커피나 맥주를 홀짝이는
즐기기 좋다. 커피엔 토스트(€4.5~), 맥주엔 비파나 샌
드위치(€2.2)를 곁들여보자. 베이컨 치즈버거(€4.7)와
비건 버거(€4.9)도 판다.

🚶 파루Faro 역에서 도보 12분 　📍 Rua Alexandre
Herculano 2, 8000-269 　🕐 08:00~19:00 　❌ 일요일
📞 +351-912-453-341

리아 포르모사 자연공원이 보이는
랩 테라스 LAB Terrace

알가르브 라이프 사이언스 센터 건물에
숨어 있는 루프톱 바다. 리아 포르모사 자
연공원 위를 물들이는 노을을 보며 맥주
(€2.5~)를 홀짝이기 좋다. 칵테일(€8~)도
주문 할 수 있다. 여름에는 재즈 공연도 열
린다. 단, 일몰이 잘 보이는 자리에 앉으려면 미리 가서
자리를 선점해야 한다.

🚶 파루Faro 역에서 도보 13분 　📍 Rua Comandante
Francisco Manuel, 8000-250 　🕐 월~수요일 15:30~
21:00, 목·일요일 15:00~21:00, 금·토요일 15:00~22:00
📞 +351-919-224-112

PART 4

실전에
강한
여행 준비

한눈에 보는 여행 준비

01 여권 발급

- 전국 시·도·구청 여권과에서 신청 가능
- 본인만 직접 신청 가능(미성년자의 경우 부모 신청 가능)
- 여권용 사진 1매, 신분증, 여권 발급 신청서 1부 준비
- 발급 소요 기간 2주, 발급 비용 50,000원
  (10년 복수 58면 기준)

🏠 발급 관련 사이트

외교부 여권 안내 www.passport.go.kr

02 항공권 구매

- 한국-포르투갈은 여행 시기, 체류 기간, 구매 시점에 따라 가격 변동
- 항공사 홈페이지, 온·오프라인 여행사, 항공권 가격 비교 사이트를 통해 구매 가능
- 땡처리 티켓을 이용하면 저렴하나 스케줄 선택의 폭이 좁음
- 포르투갈 국내선은 탑 포르투갈(www.flytap.com)을 이용하면 저렴

🏠 항공권 가격 비교 사이트

스카이스캐너 www.skyscanner.com
카약 www.kayak.com
와이페이모어 www.whypaymore.co.kr
네이버 항공권 flight.naver.com

03 숙소 예약

- 온·오프라인 여행사, 호텔 전문 예약 사이트, 호텔 가격 비교 사이트를 통해 예약 가능
- 현지인의 집을 빌리는 레지던스, 다른 사람과 함께 이용하는 호스텔, 항공권과 호텔이 패키지로 묶인 에어텔 상품 등 선택지는 다양
- 접근성, 방 크기, 룸 컨디션, 조식 등 자신에게 맞는 조건 고려하기
- 예약 시에는 이용 고객의 후기를 꼼꼼히 참고할 것

🏠 숙소 예약 관련 사이트

호텔스닷컴 www.hotels.com
아고다 www.agoda.com
부킹닷컴 www.booking.com
호텔스컴바인 www.hotelscombined.com
호스텔월드 www.hostelworld.com
에어비앤비 www.airbnb.com
민다 www.theminda.com

04 증명서 발급

- 영문 운전면허증(국내 운전면허증 뒤 영문으로 정보를 표기한 면허증)이 있는 경우 그대로 사용 가능
- 영문 운전면허증은 운전면허 시험장 또는 경찰서 교통민원실에서 당일 발급 가능
- 신분증, 증명사진 2매 준비, 발급 비용은 국문+영문 운전면허증 10,000원, 국문+영문+모바일 운전면허증 15,000원
- 영문 면허증이 없는 경우 국제운전면허증 발급 필요
- 학생은 국제학생증 발급(입장료, 교통비 등 할인 혜택)
- 국제학생증 ISIC는 KLM 항공권, 알사 버스, 플릭스버스 할인
- 국제학생증 ISEC는 제로니무스 수도원, 벨렝탑, 무어성 등 할인

🏠 발급 관련 사이트

안전운전 통합민원 www.safedriving.or.kr
국제학생증 ISIC www.isic.co.kr
국제학생증 ISEC www.isecard.co.kr

05 여행자보험 가입

- 여행 중 도난, 분실, 질병, 상해 사고 등을 보상해주는 1회성 보험
- 온라인 사이트에서 가입 또는 공항에서 현장 가입 가능
- 출국일 이후 현지에서는 여행자보험 가입이 불가능함
- 일정액 이상 환전하면 은행에서 가입해주는 서비스 보험도 있음
- 보상 조건과 한도액, 사고 발생 시 구비 서류 등 확인

♠ 보험사 사이트
KB손해보험 다이렉트 direct.kbinsure.co.kr
삼성화재 다이렉트 direct.samsungfire.com
현대해상 다이렉트 direct.hi.co.kr

06 현지 투어 예약

- 현지에서 개인적으로 하기 어려운 활동은 투어 이용이 유리
- 당일 투어, 반일 투어 등 이용 시 사전 예약 필수
- 코스, 비용, 포함/불포함 사항, 가이드, 후기 등 꼼꼼히 비교하기

♠ 예약 관련 사이트
마이리얼트립 www.myrealtrip.com
클룩 www.klook.com
케이케이데이 www.kkday.com
에어비앤비 www.airbnb.com

07 여행 예산 고려 및 환전

- 포르투갈은 한국처럼 신용카드 사용이 자유로운 편이며 애플페이도 사용 가능
- 신용카드 사용 시 환전 수수료가 부담스럽다면, 환전 수수료 없는 충전식 선불 체크카드(트래블월렛, 트래블로그) 등 사용 추천
- 신용카드 또는 체크카드 비율을 높이고 현금은 소액만 소지하면 편리함
- 하루 예산과 전체 예산을 고려하여 신용카드와 현금 사용 비율 결정하기
- 각 은행의 영업점이나 공항 환전소에서 유로 환전 가능
- 은행 모바일 앱을 통해 미리 신청 후 수령도 가능
- 수수료가 저렴한 은행의 체크카드로 현지 ATM에서 인출도 가능

08 짐 꾸리기

- 구매한 항공권의 무료 수하물 규정 확인 필수
- 기내 반입용 수하물은 18인치 이하만 가능(무게는 항공사별로 다름)
- 100ml 이상의 액체류는 기내 반입 불가(100ml 이하는 30×20cm 사이즈의 지퍼백에 수납하기)
- 라이터, 배터리 제품은 화재 위험에 따라 위탁 수하물로 부칠 수 없음
- 식품, 특히 육가공품은 대부분의 국가에서 반입 금지 품목이니 주의 필요

✈ 포르투갈 공항, 어디로 갈까?

 포르투 **프란시스쿠 사 카르네이루 공항**
Aeroporto Francisco Sá Carneiro

포르투 시내에서 북서쪽으로 약 11km 떨어진 곳에 있는 공항으로 주로 유럽의 다른 도시에서 오는 항공편이 많다. 터미널이 하나여서 리스본 공항보다 규모가 작지만 환전소와 ATM, 유심을 파는 통신사 대리점, 렌터카 사무실(허츠Hertz, 아비스Avis, 식스트Sixt 등)과 같은 편의 시설을 잘 갖추고 있다. 환전소는 영어로 '커런시 익스체인지Currency Exchange'라고 적힌 안내판을 찾으면 된다.

🏠 www.portoairport.pt/en/opo/home

················ 장점 ················
· 리스본 공항에 비해 사람이 적어 한산한 편
· 입국 심사가 오래 걸리지 않고, 공항을 빨리 빠져 나올 수 있음
· 포르투 지하철 E선 아에로포르투 역이 공항과 연결되어 있어 시내 중심의 지하철 D선 상 벤투 역까지 30분이면 이동 가능

················ 단점 ················
· 인천공항 출발 기준 비행 편이 리스본 공항에 비해 적음

 리스본 **움베르투 델가두 공항**
Aeroporto Humberto Delgado

리스본 북쪽에 위치한 포르투갈 최대 공항으로 2개의 터미널이 있다. 제1 터미널은 대한항공, 탑, 에어프랑스, KLM, 터키항공, 에티하드 등 일반 항공사 전용이고, 제2 터미널은 이지젯, 라이언에어, 부엘링 등 저비용 항공사LCC 전용이다. 두 터미널 사이는 걸어서 갈 수 있는 거리지만, 무료 셔틀버스를 타면 3분 만에 이동할 수 있다. 셔틀버스는 새벽 3시 30분부터 밤 12시 30분까지 12분 간격으로 운행된다. 각 터미널마다 환전소와 ATM이 있다. 공항 내 통신사(보다폰Vodafone) 대리점에서 유심을 구입할 수도 있다. 허츠, 아비스, 식스트 등 렌터카 사무실은 통신사 대리점 근처에 모여 있다.

🏠 www.lisbonairport.pt/en/lis/home

················ 장점 ················
· 주변 유럽 도시를 오가는 비행기 편이 포르투행보다 많음
· 포르투 인아웃보다 리스본 인아웃 항공권이 저렴한 편
· 리스본 지하철 Vm선 아에로포르투 역이 공항과 연결되어 있어 시내 중심의 지하철 Vd선 호시우 역까지 30분이면 이동 가능

················ 단점 ················
· 이용객이 많은 공항이어서 항상 붐비는 편

한국 출국 후 포르투갈 이동까지
공항별 비용과 소요 시간 전격 비교

공항	포르투 공항		리스본 공항	
이동	인천 - 포르투	공항 - 상 벤투 역	인천 - 리스본	공항 - 호시우 역
교통비	1,300,000원~	€2.85(약 4,300원)	1,600,000원~	€1.85(약 2,800원)
소요 시간	18시간~	30분~	15시간 35분~	30분~
총합계	1,304,300원~ 최소 18시간 30분 소요		1,602,800원~ 최소 16시간 5분 소요	

＊ 인천-리스본은 직항, 인천-포르투는 암스테르담, 파리 등 유럽을 경유하는 비수기 항공편 기준이며 경유지 대기 시간은 포함하지 않은 최소 비행 소요 시간
＊ 리스본 공항-호시우 역, 포르투 공항-상 벤투 역 이동은 지하철 기준
＊ 환율 €1 = 약 1,500원 기준

남부 파루 공항
Aeroporto Internacional de Faro

포르투갈 남부 파루에 위치한 국제공항으로, 리스본, 포르투에 이은 제3 공항이다. 아시아보다는 유럽으로 이동하는 항공사가 대부분이며 유럽 대표 저비용 항공사인 라이언에어와 이지젯에서 유럽을 잇는 노선이 많다. 공항 내에 허츠, 식스트 등 렌터카 사무실이 있으며, 공항 버스 정류장에서 바무스Vamus 버스를 타면 파루 시내는 물론, 알부페이라, 라구스까지 이동 가능하다. 파루 공항에서는 파루 시내뿐 아니라 알부페이라까지도 택시로 이동가능하다.

⌂ www.faroairport.pt/en/fao/home

········· 장점 ·········

· 공항이 작고 한산해서 짐을 찾는 데 시간이 덜 걸린다.
· 유럽 타 도시에서 포르투갈 남부로 이동 시 저비용 항공사를 이용해 지렴하게 이동할 수 있다.
· 북아프리카와 가까워 모로코나 이집트까지도 직항을 이용할 수 있다.

········· 단점 ·········

· 짐은 일찍 나오지만 직원 수가 적어 입국 심사는 오래 걸리는 편이다.

브라가
기마랑이스
포르투
프란시스쿠 사 카르네이루 공항
포르투

아베이루
코스타 노바

코임브라

나자레
바탈랴
알코바사
토마르
오비두스

신트라
카보 다 호카
리스본
카스카이스
움베르투 델가두 공항
리스본

· 인천-리스본 15시간 35분~
· 인천-(1회 경유)-포르투 18시간~

파루 공항
파루

라구스
알부페이라
파루

숙소는 어느 지역이 좋을까?

포르투 지역

상 벤투 역 남쪽

포르투의 중심인 상 벤투 역과 활기찬 쇼핑가 플로레스 거리 사이에 호텔, 호스텔, 레지던스가 많다. 특히 포르투 공항에서 시내로 이동할 때도 편하고, 기차를 타고 아베이루, 브라가 같은 근교로 이동하기도 좋다. 이 일대에 숙소를 잡으면 동 루이스 1세 다리, 포르투 대성당, 클레리구스탑, 렐루 서점 등을 도보로 둘러보기 편하고, 밤에 도루강 변 야경을 즐기기도 좋다.

빌라 노바 드 가이아

봐도 봐도 질리지 않는 히베이라의 전망과 모루 정원의 석양을 흠뻑 즐기고 싶다면 빌라 노바 드 가이아에 숙소를 잡아보자. 포르투에 4박 이상 머문다면, 빌라 노바 드 가이아에서 2박, 상 벤투 역 남쪽에서 2박을 하는 것도 괜찮은 방법이다. 단, 빌라 노바 드 가이아에서 강 건너로 이동하려면 동 루이스 1세 다리를 걸어서 건너거나 언덕 위 지하철역까지 오르막길을 걸어야 해서 시간과 체력이 소모되니, 동 루이스 1세 다리와 가까운 강변에 숙소를 잡는 것이 좋다.

리스본 지역

아우구스타 거리 주변

아우구스타 거리 주변에서도 호시우 역과 호시우 광장 근처의 교통이 좋은 평지에 숙소를 잡으면, 오르막길을 오르는 수고를 덜고 이동 시간과 체력까지 아낄 수 있다. 코메르시우 광장은 물론 아우구스타 거리 서쪽의 카르무 수도원 주변까지 도보로 둘러보기 좋다. 호시우 역에서 기차

를 타면 40~50분 만에 근교 여행지 신트라에 도착한다. 아우구스타 거리 주변에 파스텔 드 나타 맛집, 레스토랑, 카페, 루프톱 바 등이 있어 일정을 소화한 후 숙소 근처에서 저녁 식사를 하기도 좋다. 호시우 광장 주변은 밤늦도록 차량과 행인이 오가는 곳이어서 소음이 있는 편이다.

아우구스타 거리 서쪽

아우구스타 거리 서쪽 '타임아웃 마켓' 근처 평지에 숙소를 잡으면 숙소에서 먹을 음식을 포장해 오기도 좋고, 주변의 카페나 바를 즐기기도 좋다. 타임아웃 마켓 인근 핑크 스트리트와 그린 스트리트에는 늦은 밤까지 문을 여는 바가 많다. 타임아웃 마켓에서 도보 3분 거리에 있는 카이스 두 소드레 역에서 기차를 타면 40분 만에 근교 여행지 카스카이스로 이동할 수 있고, 카이스 두 소드레 페리 터미널에서는 페리를 타고 알마다에 다녀올 수 있다. 리스본 여행의 백미인 벨렝까지 한 번에 가는 트램을 타기도 좋다.

포르투갈의 숙소 종류

- **호스텔 & 게스트하우스** Hostel & Guest House 저렴한 숙소에 묵으며 세계 각국에서 온 친구도 사귀고 싶다면 호스텔이나 게스트하우스를 예약하자. 서유럽에서도 포르투갈의 호스텔과 게스트하우스는 가격 대비 객실 상태가 괜찮은 편이다. 객실은 개인실과 다인실로 나뉘고 화장실(샤워실)은 대부분 공용이며, 다인실에 묵더라도 거실, 부엌, 세탁실 등 공용 공간을 이용할 수 있다.

- **레지던스** Residence 호텔이 모여 있는 번화가보다 현지인이 사는 동네에 머물고 싶다면 레지던스를 예약해보자. 포르투, 리스본, 코임브라 등의 도시에는 구시가의 오래된 건물을 활용해 전망도 좋고 인테리어도 예쁜 레지던스가 많다. 세탁기가 있을 경우 빨래도 할 수 있고, 마트에서 장을 봐서 부엌을 이용할 수 있다는 것이 장점이다. 레지던스는 에어비앤비가 다양한 편이며 부킹닷컴, 아고다 등도 호텔 예약 사이트에서도 찾아볼 수 있다. 같은 숙소라도 요금이 다를 수 있으니 수수료와 청소비가 포함되어 있는지 따져보고 저렴한 사이트에서 예약하자.

- **호텔** Hotel 조용하고 쾌적한 숙소에서 편안하게 머물고 싶다면 호텔이 답이다. 글로벌 체인 호텔도 있지만, 구시가에는 오래된 건물에 자리한 작은 규모의 부티크 호텔이 많은 편이다. 도심의 호텔은 주차비를 따로 내야 하는 경우도 있다.

- **포우자다** Pousada 중세 고성이나 웅장한 저택 등을 개조해 만든 럭셔리 호텔이다. 세월이 깃든 고풍스러운 인테리어는 그대로 살리면서 내부를 현대적으로 리모델링해 수영장, 욕조, 레스토랑, 뷔페식당 등 호텔과 같은 고품격 서비스를 누릴 수 있다. 하룻밤 머무는 것만으로도 잊지 못할 추억을 만들 수 있다. 현재 포르투갈에는 리스본, 포르투, 오비두스, 코임브라 등에 40여 개의 포우자다가 있다.

숙소 예약 전 확인 사항

☐ **가파른 언덕에 있는가?** 지하철역에서 가까운 거리에 위치한 숙소더라도 가파른 언덕을 올라야 하는 경우가 있다. 구글맵 라이브 뷰로 미리 확인해보자.

☐ **엘리베이터는 있나?** 포르투와 리스본 구시가의 호스텔과 레지던스는 물론 호텔도 엘리베이터가 없을 수 있다. 짐이 많을 경우 엘리베이터 없는 숙소는 여행길이 아니라 고생길이 될 수도 있다.

☐ **조식 포함 요금인가?** 호텔 예약 사이트 할인가로 예약할 경우 조식이 포함되지 않는 경우가 대부분이다. 예약 사이트 리뷰에서 식당 전망과 조식의 품질을 확인해보고, 아름다운 전망을 바라보며 아침 식사를 즐길 수 있는 곳이라면 조식을 추가해서 예약하거나 현장 결제를 해서 즐겨보자.

여행 일정 정하기와 경비 절약의 팁

포르투갈 여행 일정 정하기

포르투, 리스본 두 도시와 근교만 여행하려고 해도 최소 7박 8일은 필요하다. 관광지와 근교 여행지가 다양한 리스본은 4박, 리스본에 비해 적은 포르투는 3박이 적당하다. 만일 리스본, 포르투 중 한 도시와 근교만 여행한다면 리스본은 최소 3박 4일, 포르투는 2박 3일을 계획하는 것이 좋다.

포르투갈 전체 여행 예산 잡기

전체 여행 예산은 미리 예매해야 하는 항공료와 숙박비를 별도로 잡고, 현지에서 사용하게 되는 일비를 입장료+교통비+식사비+쇼핑과 기타 비용 등으로 고려해 잡으면 된다. 한 도시에서 명소를 관람하며 여행하는 경우 하루에 사용하게 되는 평균 비용은 입장료 €20~+식사비 €50~+교통비 €10~20=€80~90(120,000~135,000원) 정도로 잡을 수 있다. 7박 8일의 경우 €80×8=€640가 된다.

환전 수수료 아끼기

원화를 유로로 환전하는 대신, 외화 충전식 카드를 이용해 수수료도 아끼고 번거로움을 줄여보자. 토스, 트래블월렛, 트래블로그, SOL트래블은 유로 환전 수수료와 해외ATM 현금 출금 수수료가 무료다. 토스와 트래블로그는 자동 환전 서비스까지 제공한다. 유로 사용 후 원화로 재환전 수수료는 토스만 무료다. 토스는 토스뱅크, 트래블로그는 하나은행, SOL트래블 신한은행 계좌가 있어야 하지만 트래블월렛은 연결 계좌 제한이 없다. 트래블월렛과 SOL트래블의 경우 잔액이 부족해도 외화가 자동 충전된다. 카드 발급 기간은 최소 5~7일 소요되니 여행 떠나기 10일 전에는 신청할 것. 단, 어떤 카드를 써도 그때그때 변화하는 환율의 영향을 받는다. 환율이 저렴할 때 외화를 미리 환전해두고 여행 시 카드로 결제하거나 ATM에서 인출해서 사용하면 경제적이다.

가장 비중이 큰 항공권 저렴하게 예매하기

유럽 항공권은 출발 9개월 전부터 특가가 나오고 방학과 여름 휴가철이 겹치는 7~9월, 추석, 크리스마스, 설 연휴 등이 성수기로 가격이 치솟는다. 일정을 정했다면 스카이스캐너, 네이버 항공권 등을 수시로 검색해서 저렴한 항공권을 찾아보자. 비수기에 떠난다고 해도 출발 직전에 항공권을 예매하면 남아 있는 좌석이 얼마 없어 가격이 올라간다. 여행 일정 기준 최소 3개월 전에 예매하기를 추천한다.

교통비는 미리 예약해 할인 받기

기차와 버스 승차권도 빨리 살수록 저렴하다. 포르투갈 국영 철도 CP는 출발 2개월 전부터 예매 가능하며 일찍 살수록 프로모션가로 저렴하게 구매할 수 있다. 알사의 경우 회원 가입 후 1~2일이 지나면 이메일로 프로모션 할인 코드를 보내준다. 이왕이면 미리 가입해서 할인된 가격으로 예약하자. ISIC 국제학생증을 발급받았다면 알사와 플릭스버스에서 15% 할인받아 예매할 수 있다.

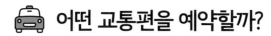

🚕 어떤 교통편을 예약할까?

비교 분석! 리스본-포르투 이동 시 교통수단별 특징

	비행기	기차	버스
소요 시간	출발이 지연될 수 있다. 이동 시간은 55분이지만, 체크인과 공항에서 시내로 이동하는 데 시간이 꽤 걸린다.	출발 시간이 정확한 편이다. 버스보다 조금 빠른 편으로 3시간 정도가 소요된다.	상대적으로 정시 출발 확률이 낮은 편이다. 버스에 따라 소요 시간이 다르며 3시간 15분 이상 걸린다.
종류	포르투갈 국영 항공 TAP	포르투갈 국영 철도 CP	헤데 익스프레스스Rede Expressos, 알사Alsa, 플릭스버스Flixbus
운행 간격	1일 약 10회	1일 18회	1일 10~20회
요금	편도 €47~ (23kg 위탁 수하물 €30~)	편도 €14~ (2등석 기준, 1등석은 비용 추가)	편도 €7~ (좌석 지정 비용이 추가될 수 있음)
짐 보관	분실 위험이 낮다. 다만, 짐 규격과 추가 요금은 확인이 필요하다.	분실 가능성이 있다. 짐 규격은 확인할 필요가 없다.	분실 위험이 낮다. 다만, 짐 규격과 추가 요금은 확인이 필요하다.
와이파이	이용 불가	무료로 이용 가능	무료로 이용 가능
추천 예약 앱	스카이스캐너, 카약	CP 또는 오미오	오미오

스카이스캐너에서 리스본-포르투 항공권 예약하는 법

① 출발지, 도착지, 원하는 날짜, 인원수 등을 입력한 후 검색한다.

② 원하는 시간과 가격대의 항공 스케줄을 클릭한다.

③ 목록 중 최저가로 살 수 있는 사이트를 클릭해 이동한다.

④ 해당 사이트에서 티켓 가격(위탁 수하물이 포함된 가격인지, 추가 시 얼마인지)을 확인한 후 결제한다.

기차 CP

포르투갈의 국영 철도 CP는 버스보다 요금은 비싸지만 쾌적하게 이동할 수 있다. 종류는 고속열차 AP, 급행열차 IC, 일반열차 R, 근교선 U, 총 4가지로 소요 시간과 배차 간격이 달라진다.

🏠 www.cp.pt

고속열차

알파펜둘라 AP : Alfa Pendular 리스본, 포르투, 코임브라 등의 주요 도시를 고속으로 이동하는 열차다. 좌석 지정 구매를 해야 탑승할 수 있다. 홈페이지 또는 역내 자동 발매기나 판매 창구에서 구입 가능하다.

급행열차

인터시데이즈 IC : Intercidades 고속열차보다 저렴하게 리스본, 포르투 같은 도시로 이동할 수 있다. 마찬가지로 좌석 지정 구매를 해야 탑승할 수 있다. 홈페이지 또는 역내 자동 발매기나 판매 창구에서 구입 가능하다.

일반열차 & 근교선

레기오날 R : Regional & 우르바노 U : Urban 가까운 거리를 이동하는 R기차와 U기차는 포르투에서 브라가나 아베이루, 리스본에서 신트라나 카스카이스 등 근교로 이동할 때 유용하다. 운행 횟수가 많아 예매할 필요는 없다. 역내 자동 발매기나 판매 창구에서 승차권을 쉽게 구입할 수 있으며, 일부 열차는 교통카드로도 탑승할 수 있다.

유레일 포르투갈 패스
Eurail Portugal Pass

3~8일간 포르투갈 내 기차를 무제한으로 탑승할 수 있는 패스다. 개시일로부터 1개월 이내에 3~8일간 분산 또는 연속으로 이용할 수 있다. 사용을 시작하려면 반드시 매표소에서 여권과 패스 티켓을 보여주고 확인 과정을 마쳐야 한다. 개시한 시간부터 24시간을 1일로 친다. 패스를 확인하지 않고 기차에 탑승할 경우 부정승차로 간주된다.

💶 3일 $105, 4일 $129, 5일 $152, 6일 $175, 8일 $216
※2등석 기준
🏠 www.eurail.com/ko

CP 홈페이지나 앱에서 회원 가입을 하면 승차권을 예약할 수 있다. 출발일 기준 2달 전에 예매창이 열린다. 일찍 예매하면 프로모션가로 저렴하게 살 수 있다. 예약 변경은 한 번만 가능하니 일정을 확정한 후 기차표를 예매하자.

① 출발지 '포르투 캄파냐Porto-Campanhã', 목적지 '리스본 산타 아폴리아나Lisboa-Santa Apoliana(영문 지원이어도 리스보아Lisboa라고 표기됨)'를 입력하고, 1등석1st을 탈지, 2등석 2nd을 탈지 좌석과 인원수를 고른 후 'Submit'를 클릭한다.

② 검색 결과를 보고 원하는 요금과 시간을 선택한다. 프라이스Price 옆 프로모션 티켓Promo Ticket을 고르면 할인가에 구매할 수 있다. 시간표 아래 '정책 동의' 문구를 체크한 후 'Continue'를 클릭한다.

③ 이름, 여권 번호, 할인 옵션을 선택한 다음 'Amount to pay'를 클릭한다.

④ 승차권의 정보와 가격을 확인한 다음 'Continue'를 클릭한다.

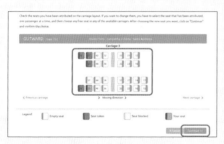

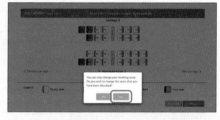

⑤ 원하는 좌석을 지정하고 'Continue'를 클릭한다.

⑥ 예약 변경은 단 한 번만 가능하다는 안내창이 뜰 때 'Yes'를 클릭하면 다음으로 넘어간다.

⑦ 예약 사항을 전달받을 이메일과 전화번호를 입력한 후 'Continue'를 클릭한다.

⑧ 신용카드, 페이팔 등 결제 수단을 선택해 정보를 입력한 후 'Pay now'를 클릭해 결제한다.

버스 Bus

기차보다 저렴하지만 이동 시간은 기차와 크게 차이가 나지 않는 교통수단이다. 대도시 간 이동 시에는 같은 구간에 다양한 버스가 있어 선택의 폭이 넓다. 반면, 포르투갈 북부나 중부의 소도시는 배차 간격이 넓은 편이다. 평균 3~4개월 전 버스 업체 홈페이지와 앱에서 예매창이 열리며 버스 업체마다 취소 규정이 다르니 확인 후 예약하자.

포르투-리스본 이동 시

포르투갈 브랜드 헤데 익스프레수스, 스페인 브랜드 알사, 유럽 저가 버스 브랜드 플릭스버스를 타고 이동할 수 있다. 이동하는 요일과 시간에 따라 탈 수 있는 버스와 가격이 달라지며, 플릭스버스가 제일 저렴하다. 원하는 일정에 맞춰 이동하려면 포르투-리스본 구간은 예약하는 편이 안전하다. 헤데 익스프레수스는 홈페이지와 앱 구동이 잘 되지 않으니 오미오로 예매하기를 추천한다. 알사와 플릭스버스도 오미오에서 예약할 수 있다.

🏠 **헤데 익스프레수스** rede-expressos.pt
🏠 **알사** www.alsa.com
🏠 **플릭스버스** global.flixbus.com

기차와 버스를 동시에 예약하고 싶다면, 오미오 Omio

오미오는 포르투갈뿐 아니라 유럽의 도시를 오고 갈 때 필요한 교통수단을 예약할 수 있는 앱이다. 기차와 버스 승차권을 편하게 하나의 앱에서 예매하고 싶은 여행자에게 추천한다. 당일 예약도 가능하다.

🏠 www.omio.co.kr

포르투갈 북부와 중부 이동 시

북부 소도시 브라가-기마랑이스는 로두노르테Rodonorte, 나자레-알코바사, 알코바사-바탈랴 같은 중부 소도시는 테주Tejo 버스를 타고 이동할 수 있다. 소도시 간 버스 승차권은 터미널 창구에서 구입할 수 있다. 오비두스나 바탈랴 같은 소도시는 터미널이 따로 없어 버스 정류장에서 승하차를 하게 된다. 이 경우 승차권은 기사에게 현금을 내고 사면 된다.

🏠 **로두노르테** www.rodonorte.pt/en
🏠 **테주** www.rodotejo.pt

주요 버스 터미널

포르투 캄파냐 버스 터미널 Terminal Intermodal de Campanhã

캄파냐 역과 가까운 버스 터미널로 포르투와 리스본을 오가는 헤데 익스프레수스, 알사, 플릭스버스가 정차한다.

🚶 지하철 A·B·C·E선 캄파냐Campanhã 역에서 도보 4분
📍 Rua de Bonjóia 691 4300, 4300-084

리스본 세트 히우스 버스 터미널 Terminal Rodoviário de Sete Rios

리스본 북쪽의 지하철 자르딩 주로지쿠 역 인근에 위치한 버스 터미널이다. 포르투, 브라가, 코임브라 등의 도시를 오가는 헤데 익스프레수스 버스와 알사 버스가 정차한다.

🚶 지하철 Az선 자르딩 주로지쿠Jardim Zoológico 역에서 도보 5분
📍 Lisboa Sete Rios, 1500

리스본 오리엔트 버스 터미널 Terminal Rodoviário da Gare do Oriente

리스본 동쪽 오리엔트 역과 연결된 버스 터미널로 포르투를 오가는 알사와 플릭스버스가 정차한다. 마드리드, 그라나다, 세비야 등 스페인 주요 도시로 이동할 때도 이 터미널을 이용한다.

🚶 지하철 Az선 오리엔트Oriente 역에서 도보 2분   📍 Avenida Dom João II, 1900-233

오미오 앱에서 포르투-리스본 버스 예약하는 법

① 오미오에서 출발지 '포르투', 목적지 '리스본'을 입력하고 원하는 날짜와 인원수를 입력한 뒤 '검색'을 누른다.

② 상단 두 번째 탭의 버스 아이콘을 누른 뒤 검색 결과를 비교해 원하는 시간과 가격의 버스 편을 고른다.

③ 선택한 버스 편에서 원하는 좌석 등급과 요금을 누른다.

④ 영문 이름과 성, 여권 번호, 거주 국가를 입력한 뒤 '여행항목 세부정보 보기'를 클릭한다.

⑤ 세부 정보를 확인하고 결제 방식을 선택해 결제한 뒤 이메일로 온 전자 티켓을 확인한다.

어떤 입장권과 투어를 예약할까?

예약 관련 사이트

여행 일정을 짠 후에는 현지에서 이용할 시티패스나 입장권, 체험 등을 미리 예약해두면 한결 여유롭다. 대부분 하루 전까지 예약할 수 있지만, 원하는 시간대의 입장권이나 투어가 매진되면 일정에 차질이 생기니 여행을 떠나기 전에 미리미리 예약하자. 리스보아 카드와 페나성 입장권은 클룩, 케이케이데이에서 구입 가능하며, 도루밸리 와이너리 투어는 마이리얼트립과 에어비앤비 익스피리언스에서 예약 가능하다. 렐루 서점과 포트와인 셀러 투어의 경우 해당 브랜드 홈페이지에서 예약해야 한다.

🏠 **클룩** www.klook.com 🏠 **케이케이데이** www.kkday.com
🏠 **마이리얼트립** www.myrealtrip.com
🏠 **에어비앤비 익스피리언스** www.airbnb.co.kr/experiences

리스보아 카드

리스보아 카드는 리스본과 리스본 근교 관광지의 무료입장 또는 입장료 할인과 교통카드 기능을 갖춘 시티패스로, 사이트에서 예약하면 약간의 할인을 받을 수도 있다(단, 예약 취소는 불가능하다). 리스본 공항 입국장이나 시내 지정 교환처에서 바코드를 제시하면 실물 카드로 교환해주니 리스본에서 여행을 시작하는 여행자라면 공항에서 바로 지하철을 이용해보자.

페나성 & 정원 입장권

리스본 근교 여행의 하이라이트인 페나성 & 정원은 시간에 맞춰 입장해야 하는 명소다. 현장에서 구매하려면 줄 서서 대기하는 데만 1시간씩 허비할 수도 있다. 온라인으로 예매해 원하는 시간에 입장하면 효율적이다.

도루밸리 와이너리 투어

전용 차량을 타고 도루밸리로 이동해 와이너리 2~3곳을 방문해 테이스팅을 하는 투어로 점심 식사가 포함되어 있다. 현지 가이드가 영어로 투어를 진행하며, 소규모이므로 예약이 필수다. 이동 거리가 있다 보니 투어는 8~10시간 정도가 소요되며, 현지 교통 상황이나 방문 일정 등에 따라 투어 시간이 달라질 수 있다.

렐루 서점

소설가 조앤 롤링이 《해리포터》 속 마법 학교의 계단을 만드는 데 영감을 준 장소로 홈페이지에서 입장권을 사서 입장 시간을 예약하고 그 시간에 맞춰 가야 한다. 하루 전에도 예약할 수 있지만, 원하는 시간이 있다면 빨리 예약하는 것이 좋다. 입장권은 실버, 골드, 플래티넘 3가지로 골드 구입 시 독점 컬렉션 중 1권의 책을 받을 수 있다.

🏠 www.livrarialello.pt

포트와인 셀러 투어

포르투 빌라 노바 드 가이아의 포트와인 셀러 투어는 오디오 가이드를 가지고 셀프로 둘러보는 테일러스를 제외하면 모두 정해진 시간에 소규모로 진행된다. 원하는 포트와인 셀러의 홈페이지에서 투어를 미리 예약하자.

🏠 **그라함** www.grahams-port.com
샌드맨 www.sandeman.com
카렘 www.calem.pt

현지에서 어떤 앱이 필요할까?

구글맵 Google Maps 현재 위치에서 목적지까지 가는 방법을 도보, 대중교통, 차량 세 가지 방식으로 상세히 알려준다. 렌터카로 여행할 때도 구글맵만 있으면 어디든 찾아갈 수 있다. 길 찾기 서비스뿐만 아니라 구글맵으로 장소를 검색해 정보와 리뷰 등을 찾아볼 수 있고, 예약도 가능하다. 가고 싶은 장소를 저장하고 공유할 수도 있다.

파파고 Papago·구글 번역 Google Translate 번역 앱으로 음성 번역뿐 아니라 이미지 번역까지 지원한다. 현지인과 대화할 때는 음성 번역을 사용하고, 메뉴판을 읽을 때는 번역기의 카메라 기능을 쓰면 된다. 포르투갈어 번역은 파파고보다 구글 번역이 정확도가 높은 편이다.

오미오 Omio 도시 간 이동 수단을 알아볼 때 유용하다. 출발지와 목적지를 입력하면 비행기, 기차, 버스 등 이용 가능한 교통수단과 소요 시간을 알려준다. 바로 예약할 수 있다는 것이 장점이다.

우버 Uber·볼트 Bolt·프리나우 Freenow 포르투갈은 유럽에서도 모바일 차량 배차 서비스가 저렴한 나라다. 비용은 우버-볼트-프리나우 순으로 저렴하다. 배차가 잘 되지 않을 경우를 대비해 2가지는 다운받아두자.

국영 철도 CP 포르투에서 리스본 등 다른 도시로 이동할 때 필요한 기차 승차권을 구입할 수 있는 앱이다. 기차만 이용한다면 이 앱 하나만 깔아도 충분하다.

아큐웨더 AccuWeather 상세한 일기예보를 알고 싶다면 아큐웨더를 다운받아두자. 현재 위치를 기반으로 실시간 날씨를 알려준다. 비가 오는 경우 몇 분 후 비가 그치는지까지 알 수 있다.

더포크 TheFork 포르투, 리스본 등 여러 도시의 레스토랑을 예약할 때 유용한 앱이다. 예약금을 미리 내는 경우는 없다.

해외 데이터는 어떤 것으로 사용할까?

데이터 로밍
국내 통신사의 데이터 로밍 서비스를 이용

장점 · 통신사 고객센터에 연락하거나 인천공항 통신사 카운터에서 신청하면 현지 도착 즉시 쓸 수 있다.
· 한국 전화번호로 문자 메시지 전송 및 통화가 가능하다.
· SKT는 Baro를 이용해 무료 통화가 가능하고, LGU+는 음성 전화 수·발신이 무제한 무료다. KT는 KT 사용자끼리 여러 명이서 데이터를 나눠 쓸 수 있는 요금제도 있다.

단점 · 해외 데이터 중 가장 요금이 비싸다.
· 통신사에 따라 다르지만, 여럿이 함께 쓰는 요금제가 한정적이다.

 이런 사람 추천!
· 여행 중에도 한국으로 전화나 문자 연락을 해야 하는 1인 여행자

무료 와이파이
리스본, 포르투 등 도시의 호텔이나 호스텔, 레스토랑, 카페에서 대부분 무료 와이파이를 제공한다. 데이터를 아껴야 한다면 숙소나 카페에서는 와이파이를 사용하자.

유심 USIM
유럽 통신사의 유심 칩으로 교체해 사용

장점 · 10일 이상 여행 시 가장 저렴하다.
· 현지에서도 바로 살 수 있다. 단, 국내에서 온라인으로 구입하면 더 저렴하다.

단점 · 유심 칩을 교체한 후 설정을 변경해야 한다.
· 한국 전화번호로 통화가 불가능하다.
· 국내에서 쓰던 통신사 유심 칩을 따로 보관해야 하는 번거로움이 따른다. 분실에 주의하자.

 이런 사람 추천!
· 스마트폰만 사용하는 1인 여행자
· 10일 이상 장기로 여행하는 사람

포켓 와이파이
와이파이 단말기를 대여해 사용

장점 · 포켓 와이파이 기기 하나를 대여해 2~3명이 동시에 데이터를 쓸 수 있다.
· 1일 평균 요금이 6,000원대로 데이터 로밍보다 저렴하다.
· 노트북이나 태블릿PC를 이용할 때도 포켓 와이파이로 데이터를 쓸 수 있다.
· 대여할 때 이용 국가를 여러 나라로 신청하면 포르투갈 외 타 유럽 국가에서도 사용할 수 있다.

단점 · 데이터 로밍처럼 출국 당일에 신청할 수는 없다. 최소 출국 3일 전에 신청해야 택배로 받거나 인천 공항에서 수령할 수 있다.
· 충전을 해야 쓸 수 있으므로 대여 시 같이 주는 충전기를 들고 다녀야 한다.
· 포켓 와이파이와 충전기의 분실 우려가 있다.
· 귀국 후 카운터에 직접 반납해야 한다.

이런 사람 추천!
· 2~3인의 일행이 여행 내내 함께 다니는 경우
· 스마트폰과 노트북, 태블릿PC 등을 동시에 쓰는 여행자

이심 eSIM
QR코드를 인식해 유럽 통신사의 심을 등록

장점 · 유심 칩을 교체할 필요 없이 구매처에서 받은 QR코드를 이용해 개통할 수 있다.
· 유심처럼 저렴하며 기존에 사용하던 유심 칩을 분실할 걱정이 없다.

단점 · 사용할 수 있는 스마트폰이 한정적이다.
· 스마트폰에 익숙하지 않으면 설정이 어려울 수 있다.
· 한국 전화번호로 통화가 불가능하다.

이런 사람 추천!
· 스마트폰 사용에 능숙한 1인 여행자
· 유심 칩 분실이 걱정되는 사람

한국에서 포르투갈로, 출입국 절차

한국 출국 과정

STEP 01 탑승 수속

탑승 2~3시간 전부터 항공사 카운터에서 탑승 수속을 밟을 수 있다. 온라인 체크인으로 좌석을 미리 지정해놓아도 카운터에서 위탁 수하물을 접수해야 한다. 수하물 규정에 따라 무게를 초과하면 추가 비용을 내거나 현장에서 무게를 줄여야 하니 미리 몇 킬로그램인지 체크하고 가자.

STEP 02 환전 & 로밍

온라인으로 환전을 신청했다면 해당 은행 창구에서 수령하자. 데이터 로밍을 신청한다면 통신사 카운터에, 포켓 와이파이를 빌린다면 해당 업체 카운터에 들러 픽업하고 출국장으로 이동하면 된다.

STEP 03 보안 검색

보안 검색대를 통과할 때는 겉옷을 벗고 노트북은 가방에서 꺼내야 한다. 기내 반입 금지 물품을 소지하고 있을 경우 버리거나 다시 항공사 카운터로 가서 수하물로 부쳐야 하니 미리 확인하자.

STEP 04 출국 심사

자동 출입국 심사 게이트에서 여권 스캔 후 양손 검지 지문과 얼굴 순으로 확인하고 나면 출국 심사가 끝난다. 마스크나 선글라스를 쓰고 있으면 얼굴 확인이 되지 않으니 미리 벗는다.

STEP 05 면세점 쇼핑 후 탑승 게이트로 이동

출국 심사장 밖은 면세점이다. 면세점 쇼핑을 즐기거나, 사전에 구입한 면세품을 인도받자. 공항 라운지를 이용할 수 있는 카드가 있다면 라운지에서 시간을 보내는 것도 좋다. 어디에서 시간을 보내든 탑승 시간에 맞춰 미리 게이트 앞으로 이동하자.

포르투갈 입국 과정

STEP 01 유럽여행정보인증제도 신청

포르투갈은 유럽연합EU 회원국으로 2027년 이후부터 18~70세 여행자는 유럽여행정보인증제도ETIAS를 신청한 후 출국해야 한다. 추후 개설될 웹사이트를 통해 신청할 수 있으며, 한 번 승인받으면 3년간 추가 발급 없이 EU 회원국에 방문할 수 있다. 발급 비용은 €7(예정)다.

STEP 02 유럽 타 도시 경유 시 입국 심사

포르투갈 도착 전 유럽 타 국가의 공항을 경유했다면 그곳에서 입국 심사를 받게 된다. 어디든 EU와 EU가 아닌 지역으로 심사 창구가 나뉘어 있으니 '모든 여권All passports'이나 '외국인Foreigners' 창구로 가서 여권을 보여주고 입국 심사를 받으면 된다.

STEP 03 포르투갈 입국 심사

입국 심사 시 별도 서류는 필요치 않고 여권만 보여주면 된다. 왜 왔는지, 얼마나 머물지 질문을 받으면 정확하게 대답하자.

STEP 04 수하물 찾기

전광판을 보고 탑승한 항공편이 표시된 레일로 이동해 수하물을 찾으면 된다. 비슷한 가방이 많으니 가방에 부착된 짐표와 내가 받은 짐표의 번호가 일치하는지 확인하자. 만약 짐이 나오지 않는다면 탑승한 항공사에 분실 신고를 해야 한다.

STEP 05 세관 신고

세관 신고서는 따로 필요하지 않다. 수하물을 찾고 나서 별도로 신고할 물건이 없다면 입국장으로 나가면 된다.

찾아보기

포르투

🔆 명소

1번 트램	159
가이아 케이블카	147
그라함	151
그릴로스 성당	111
긴다이스 푸니쿨라	113
동 루이스 1세 다리	144
렐루 서점	129
루아 다스 알다스 전망대	110
리베르다드 광장	133
마토지뉴스 해변	162
모루 정원	146
볼사 궁전	112
비토리아 전망대	108
산타 카타리나 거리	128
산투 일드폰수 성당	131
상 벤투 역	108
상 프란시스쿠 대성당	111
샌드맨	149
서핑 라이프 클럽	163
세라 두 필라르 수도원	146
세랄베스 현대미술관	158
소아레스 두스 레이스 국립 미술관	134
솔티 웨이브 서프	163
수정궁 정원	134
알마스 성당	130
와우	147
인판트 동 엔히크 정원	111
카렘	149
카르무 성당	131
카사 다 무지카	157
카스텔로 두 케이주	161
쿠에베두	151
클레리구스 성당	133
클레리구스탑	132
테일러스	150
페르골라 다 포즈	160

포르투 대성당	109
플로레스 거리	110
피시나 다스 마레스	161
하벨루 크루즈	114
히베이라 광장	113

🍴 맛집

나타 스위트 나타	122
더 로열 칵테일 클럽	138
라그 세뇨르 두 파드랑	165
로툰다 다 보아비스타	164
루프톱 플로레스	119
마이 커피 포르투	122
마제스틱 카페	136
메르카두 베이라 리우	152
메르카두 봉 수세수	164
뮤로 두 바칼라우	121
베이스 포르투	137
브라상 알리아도스	135
비냐스 달류	121
아 그라데	120
아데가 상 니콜라우	120
아르 드 리우	153
어니스트 그린스	136
제니스	137
카사 구에데스 루프톱	135
카사 포르투게사 두 파스텔 드 바칼라우	152
카펠라 인코뮴	138
칸티나 32	118
타임아웃 마켓	116
타파벤투	117
테라스 라운지 360º	153
파롤 다 보아 노바	121
파브리카 다 나타	118
프라이아 다 루즈	165

🛍 상점

메이아 두지아	124

볼량 시장	139
카사 나탈	141
카사 오리엔탈	140
카스텔벨	124
쿠토	140
클라우스 포르투	123
토란자	123
판타스틱 월드 오브 포르투기스 캔	154
페르난데스 마투스	141
프로메테우 아르테사나투	124

아베이루·코스타 노바

살포엔테	180
아베이루 옛 기차역	178
아베이루 운하 & 몰리세이루	176
엠1882	181
오 바이루	179
오 텔례이루	179
코스타 노바	182
코스타 노바 줄무늬 마을	182
코스타 노바 해변	183
트리카나 드 아베이루	181
프라카 두 페이스	178

브라가·기마랑이스

기마랑이스	192
기마랑이스 케이블카	195
기마랑이스성	193
봉 제수스 계단	188
봉 제수스 두 몬트	189
봉 제수스 두 몬트 푸니쿨라	189
브라가 대성당	190
브라간사 공작 저택	194
산타바바라 정원	190
아 브라질레이라	191
카르틸류	191
페냐 성소	195

포르투갈 건국 도시 성벽 195
호텔 두 엘레바도르 레스토랑 191

리스본

🔵 명소
28번 트램 250
국립 판테온 253
굴벤키안 미술관 256
그라사 대성당 251
그라사 전망대 255
루이스 드 카몽이스 광장 232
리버 크루즈 220
리스본 대성당 252
리스본 스토리 센터 221
마르팅 모니즈 광장 251
마트 & 센트럴 테주 267
발견 기념비 263
베라르두 컬렉션 미술관 268
벨렝탑 266
보카 두 벤투 파노라마 엘리베이터 245
산타 루치아 전망대 254
산타 주스타 엘리베이터 217
산타 카타리나 전망대 234
산투 안토니우 성당 251
상 도밍고스 성당 223
상 비센트 드 포라 수도원 253
상 조르즈 성 249
상 카를루스 국립 극장 232
상 페드루 알칸타라 전망대 235
상 호케 성당 & 박물관 231
세뇨라 두 몬트 전망대 255
시아두 국립 현대미술관 232
아센소르 다 글로리아 235
아센소르 다 비카 234
아우구스타 거리 216
아주다 국립 궁전 268
아줄레주 국립 박물관 257
알마다 244

제로니무스 수도원 264
카르무 수도원 231
카사 도스 비쿠스 256
카스텔루 정원 245
코메르시우 광장 218
파두 박물관 253
페르난두 페소아의 집 233
포르타스 두 솔 전망대 255
피게이라 광장 223
해군 박물관 266
헤스타우라도레스 광장 221
호시우 광장 222
호시우 역 222

🔴 맛집
네이버후드 240
랑도 271
리스보아 투 에 우 259
만테이가리아 227
무제우 다 세르베자 228
바이 더 와인 241
봉자르딩 225
샤피토 아 메사 258
아 브라질레이라 239
아 세비체리아 238
아 진지냐 224
아카소 237
오리베스 페티스케이라 259
오 아르쿠 226
우마 마리스퀘이라 225
카스트루 226
카이스 1929 228
카페 다 가라젱 258
코펜하겐 커피 랩 259
타임아웃 마켓 236
파브리카 다 나타 227
파브리카 커피 로스터스 240
파빌량 시네스 241
파스테이스 드 벨렝 269

판다 칸티나 226
폰투 피날 244
프라데 도스 마레스 238
호시우 가스트로바 224

🟢 상점
LX 팩토리 270
도둑시장 260
돌리발 243
레르 드바가르 271
베나모르 1925 271
베르트란드 서점 242
비스타 알레그르 242
코스타 노바 243
콤파냐 포르투게사 두 샤 243
큐티폴 242
토란자 260

신트라

로마리아 드 바코 290
메타모포시스 290
몬세라트 287
무어성 287
신트라 왕궁 289
아제냐스 두 마르 291
아제냐스 두 마르 레스토랑 291
아제냐스 두 마르 전망대 291
페나성 & 정원 285
피리퀴타 I 290
헤갈레이라 별장 288

카스카이스·카보 다 호카

노사 세뇨라 다 루즈 요새 296
마레칼 카르모나 공원 297
산타 마르타 등대 박물관 297
오 페스카도르 301
지옥의 입 300

카보 다 호카 302
카스카이스 마리나 296
카스트로 기마랑이스 백작 박물관 300
콘세이상 해변 & 두케사 해변 299
하이냐 해변 298
하이펀 301
히베이라 해변 299

오비두스

마둑 316
메르카두 바이올로지코 317
바 이븐 에릭 렉스 316
산타 마리아 성당 315
상 티아고 315
오비두스성 313
진지냐 다 포르타 7 317

나자레

나자레 등대 325
나자레 북쪽 해변 325
나자레 해변 322
메모리아 소성당 324
성모 마리아 성당 324
수베르쿠 전망대 323
아센소르 다 나자레 323
아키 델 마르 327
온다스 뷰포인트 324
카사 피레스 아 사르디냐 326
타베르나 두 8 오 80 327
타베르나 아피시온 326
토스카 가스트로바 326
파노라마 전망대 324
페데르네이라 전망대 322

알코바사·바탈랴

바탈랴 수도원 336

안토니우 파데이루 335
알코바사 수도원 333
트린다드 335

토마르·파티마

삼위일체 성당 345
성모 마리아 발현 예배당 345
성모 마리아 수태 예배당 342
인센사투 카페 리브라리아 343
카페 파라이주 343
크리스투 수도원 341
타베르나 안티쿠아 343
토마르 성채 342
파티마 대성당 344
파티마 성소 344
헤푸블리카 광장 342

코임브라

과학 박물관 351
구대성당 354
궁전 351
로기아 356
마샤두 드 카스트루 국립 미술관 352
망가 정원 352
산타크루즈 수도원 354
산타크루즈 카페 356
상 미겔 예배당 351
솔라 두 바칼라우 357
신 산타클라라 수도원 355
신대성당 352
주앙 5세 도서관 351
케브라 코스타스 거리 353
코임브라 대학교 350
퀸타 다스 라그리마스 정원 355
파두 아우 센트루 353
페헤이라 보르게스 거리 355

라구스

도나 아나 해변 370
라구스 구시가 368
마레 372
바타타 해변 369
베나길 동굴 374
아비가일스 카페 373
이스투단트스 해변 369
카밀루 373
카밀루 해변 370
타니노스 와인 앤 키친 372
펄 푸드 트레일러 372
폰타 다 피에다드 371

알부페이라·파루

도나텔라 382
랩 테라스 387
마누엘 비바르 정원 385
빌라 아덴트루 387
아데가 티코스타 383
알부페이라 구시가 380
알파 전망대 385
오 카트라이우 382
키오스크 마르 383
터널 해변 381
파루 384
파루 구시가 386
파루 선착장 385
페스카도르스 해변 381
폰투 에스프레소 387